"十二五"职业教育国家规划教材

经全国职业教育教材审定委员会审定

罐头生产

第二版

梁文珍　崔东波　主编

GUANTOU

SHENGCHAN

U0205602

化学工业出版社

·北京·

内 容 提 要

本书是"十二五"职业教育国家规划教材，经全国职业教育教材审定委员会审定出版。

本教材的编写，以职业能力培养为重点，根据行业、企业发展需要和完成职业岗位实际工作任务所需要的知识、能力、素质要求重构课程内容。理论知识以实用为主，够用为度。教材以项目教学为引领，以工作任务为主线，以产品为导向，图文并茂，设计了7个项目，18个教学任务，阐述了水果类罐头、果汁类罐头、果酱类罐头、蔬菜类罐头、水产类罐头、肉禽类罐头等90余种罐头的生产工艺和技术要点。每个教学任务都按照"教、学、做、评"一体化的原则来设计，内容安排既方便教学又接近生产实际。内容丰富，可操作性强。

本书可作为高等职业教育食品类专业的教学用书，同时也可作为园艺、生物技术等专业的选用教材，还可作为中等职业教育相关专业的参考教材，也可作为从事罐头加工的企事业技术管理人员的参考用书。

图书在版编目（CIP）数据

罐头生产/梁文珍，崔东波主编．—2版．—北京：
化学工业出版社，2020.9（2023.4重印）
"十二五"职业教育国家规划教材
ISBN 978-7-122-37167-6

Ⅰ.①罐…　Ⅱ.①梁…②崔…　Ⅲ.①罐头食品-食品
加工-高等职业教育-教材　Ⅳ.①TS294

中国版本图书馆 CIP 数据核字（2020）第 094827 号

责任编辑：李植峰　　　　　　　　　文字编辑：李　玥
责任校对：宋　玮　　　　　　　　　装帧设计：王晓宇

出版发行：化学工业出版社（北京市东城区青年湖南街 13 号　邮政编码 100011）
印　　装：北京印刷集团有限责任公司
787mm×1092mm　1/16　印张 19　字数 520 千字　　2023 年 4 月北京第 2 版第 4 次印刷

购书咨询：010-64518888　　　　　　售后服务：010-64518899
网　　址：http://www.cip.com.cn
凡购买本书，如有缺损质量问题，本社销售中心负责调换。

定　　价：59.00 元　　　　　　　　　　　　　　　　版权所有　违者必究

《罐头生产》（第二版）编写人员

主　　编　梁文珍　崔东波

副 主 编　路红波　张广燕　赵雪平　苑广志

编写人员　（按姓名汉语拼音排列）

　　　　　陈丽娟（大连理想食品有限公司）

　　　　　崔东波（辽宁农业职业技术学院）

　　　　　董彩军（南通农业职业技术学院）

　　　　　高　鲲（辽宁农业职业技术学院）

　　　　　梁文珍（辽宁农业职业技术学院）

　　　　　刘嘉琳（辽宁农业职业技术学院）

　　　　　路红波（辽宁农业职业技术学院）

　　　　　田晓玲（辽宁农业职业技术学院）

　　　　　苑广志（辽宁农业职业技术学院）

　　　　　张广燕（辽宁农业职业技术学院）

　　　　　赵雪平（内蒙古农业大学职业技术学院）

主　　审　孟宪军（沈阳农业大学）

前　言

　　中国是世界主要的罐头生产和出口国之一，约有 400 多个罐头品种，出口到 120 多个国家和地区。随着人们生活水平的提高，方便、健康、营养、安全的罐头食品也越来越受到消费者的欢迎。因此，我国的罐头行业以自身的优势稳定持续地增长，也推动了社会对该领域实用型、技能型人才的需求。

　　本教材在编写上，力求打破以往学科体系的课程结构，以职业能力培养为重点，按工学结合、任务驱动的理念，根据行业、企业发展需要和完成职业岗位实际工作任务所需要的知识、能力、素质要求构建课程内容。不流于形式，而是重在内容的实用性、可操作性、规范性、严谨性。

　　全书包括 7 个项目，共 18 个任务，介绍了水果、果汁、果酱、蔬菜、水产、肉禽等 90 余种罐头的生产技术，并配有大量的相关图片，使产品生产过程更直观，一目了然，便于学生更轻松地掌握罐头生产的基本知识与基本操作。最后一个项目功能性罐头生产，让学生自选项目、自行设计生产方案、自行组织生产，目的是培养学生的综合能力、创新能力。本书将罐头企业的安全管理安排在附录中，以方便学生学习查阅。

　　教材在编写过程中，收集了大量的企业生产案例，并将企业实际生产操作过程的照片、工艺参数、问题分析与解决方法等资料编于书中。在工艺、设备、容器包装以及标准、法规等都力求新颖，与国际水平接轨。

　　本书适合作为食品加工技术专业罐头生产课程的教材，也可作为罐头生产企业技术人员的参考用书。

　　由于编者水平和经验有限，书中不妥之处在所难免，敬请读者批评指正。

编者

2020 年 1 月

第一版前言

罐头是目前世界上唯一一种不依赖任何防腐剂而能在常温下贮藏和流通的加工食品。它依靠排气、密封、杀菌而使食品得以长期保存，不需要也不允许加入任何防腐剂。 罐头食品范围很广、很宽，凡是经密封杀菌或杀菌密封（即无菌包装）达到商业无菌，能在常温下长期保存的食品，均应视为罐头食品。 因此，广义的罐头除了传统认为的罐头外，还包括果汁、菜汁、果冻、沙司、蛋白饮料等这类先杀菌再包装的食品，也包括香肠、火腿等这类用耐热的塑料肠衣包装的食品。

中国是世界主要的罐头生产和出口国之一，约有 400 多个罐头品种出口到 120 多个国家和地区。 随着人们生活水平的提高，方便、健康、营养、安全的罐头食品也会越来越受到消费者的欢迎。 我国的罐头行业以自身的优势稳定持续地增长，也推动了社会对该领域实用型、技能型人才的需求。

本教材编写力求打破以往学科体系的课程结构，以职业能力培养为重点，按工学结合、任务驱动的理念，根据行业、企业发展需要和完成职业岗位实际工作任务所需要的知识、能力、素质要求构建课程内容。 教材不流于形式，而是重在内容的实用性、可操作性、规范性、严谨性。

本书共分两大部分。 一是罐头生产知识贮备，其中包括罐藏容器、罐头生产主要设备、罐头生产工艺综述、罐头生产安全管理四部分内容。 系统地阐述了与罐头生产相关的主要知识点。 二是罐头生产学习情境，共分五个学习情境：水果罐头生产；蔬菜罐头生产；水产类罐头生产；肉禽类罐头生产；功能性罐头生产。 每个情境中包括 3～4 个任务，按开展理实一体、任务驱动的教学模式而选取内容，每个任务包括多个案例，教学过程中可以根据当地的原料资源任意选取开展教学。 其中"功能性罐头生产"是在学生掌握罐头生产的基本知识和技能后，进行自选项目、自行设计的综合性创新实训项目，目的是培养学生的创新能力，提高学生综合分析和解决问题的能力，增强学生学习和职业拓展能力，提高专业素养。 本书收集了大量的企业生产案例，并将企业实际生产操作过程的部分图片、工艺参数、问题分析与解决方法等资料编于书中。 在工艺、设备、容器包装以及标准、法规等内容都力求新颖，跟上国际水平。

本书由主编梁文珍负责全书的组织、统稿和修改。 具体编写分工如下：吴佳莉编写知识贮备一、知识贮备四；路红波编写知识贮备二、学习情境三；崔东波编写知识贮备三、学习情境四；陈丽娟、田晓玲、张海涛编写知识贮备三中的罐藏原料与原料处理；梁文珍编写学习情境一；张广燕编写学习情境二；苑广志编写学习情境五。 孟宪军教授审阅了书稿，在此深表感谢！

　　本书适合作为食品加工技术专业教材，也可供罐头生产企业的技术人员参考。

　　由于编者水平有限，缺乏经验，书中不妥之处在所难免，敬请读者批评指正。

编者

2011 年 1 月

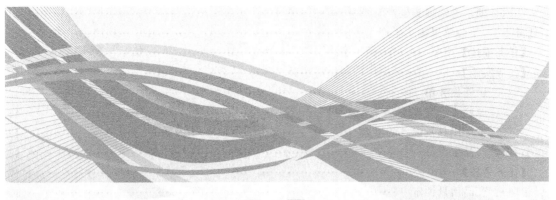

目 录

概　述

一、罐头食品的概念及特点

（一）罐头食品的概念

凡是食品经密封杀菌或杀菌密封（即无菌包装）达到商业无菌，能在常温下长期保存者，均应视为罐头食品。包括传统的用马口铁罐、玻璃罐、铝合金罐罐装食品，用铝塑复合包装材料制成的各种软罐头和无菌大包装食品；先经灭菌再包装制成的利乐包饮料如各种果汁、菜汁、果冻、沙司、蛋白饮料等；用可耐热杀菌的塑料罐、塑料肠衣制成的各种火腿肠等等均应视为罐头食品。

目前市售的罐头可以概括为七大类，即糖水水果类、果汁类、果酱类、蔬菜类、水产类、肉禽类及其他类。其中产量最多的是水果类，其次是蔬菜类，两者合计占罐头总产量的70%以上。

（二）罐头食品的特点

罐头是目前世界上唯一一种不依赖任何防腐剂而能在常温下贮藏和流通的加工食品。其保存的原理是依靠密封杀菌，达到商业无菌要求，不需要也不允许加入任何防腐剂。因此罐头食品具有多方面的优点：

① 罐头食品经过高温杀菌，食用安全可靠，并且营养丰富，能在常温下长期保存。

罐头食品保质期长，并且贮藏期间营养物质变化少，能保持原有风味。因此是一种很有优势的保存方法。

② 罐头品种多样，可以满足不同消费者的需要。

罐头约有400个品种，可以按照各个地区的饮食习惯来设计配方，也可以为儿童、老年人、特殊岗位工作的人或有特殊疾病的人设计不同的产品，满足各类人群的需要。

③ 罐头是我国出口创汇的主要食品之一，可换取外汇。

据不完全统计，我国自新中国成立以来，罐头已出口到世界上120多个国家和地区，出口总量1450万吨，创汇132亿美元。

④ 有不同包装形式，又不易破碎，便于携带，因此对国防、工矿、勘测、探险等各方面的流动性工作人员，尤为方便。可以随时打开直接食用。

⑤ 罐头食品能调节市场的淡旺季，保证果蔬等季节性产品的常年供应。

⑥ 罐头厂建厂投资少，见效快，有利于农业的产业化和农副产品的增值。

⑦ 罐头易消化但品质不及新鲜食品，且消耗包装容器成本高。

二、罐头工业发展概况

（一）罐头工业发展的历史

罐藏技术起始于 19 世纪初，至今已有 200 多年的历史。

1795 年，法国拿破仑对欧洲多国发动战争，由于士兵营养不良，免疫力下降，致使疾病流行，于是悬赏 12000 法郎，征求新鲜食品的保存方法。

1804 年，法国的食品烹调师尼古拉·阿佩尔（Nicolas Appert）研究获得成功。他的保存方法是将肉和黄豆装入坛子中，再轻轻塞上软木塞（保证气体能自由进出坛子）置于热水浴中加热，至坛内食品沸腾 30～60min，取出趁热将软木塞塞紧，并涂蜡密封。经过保藏试验证明，用这种方法保藏的食品具有较长的保存期。但当时他并不明白保藏的机理。

1809 年，阿佩尔向当时的拿破仑政府提出了自己的发明，获得了 12000 法郎的奖金。

1810 年，阿佩尔撰写并出版了《动物和植物物质的永久保存法》一书，书中提出了罐藏的基本方法——排气、密封和杀菌，并介绍了 50 多种食品的保存方法。

1812 年，阿佩尔正式开设了一家罐头厂，命名为"阿佩尔之家"，这就是世界上第一家罐头厂。为此阿佩尔被后人誉为"罐头工业之父"。

1862 年，法国生物学家路易斯·巴斯德（Louis Pasteur）首先揭示了物质腐败与微生物之间的关系，并阐明了防腐的方法，使罐头的杀菌原理有了科学的依据。

1873 年，巴斯德又提出了加热杀菌的理论。罐头杀菌技术的发展是罐头工业史上的一个里程碑。

1948 年，多尔（Dole）工程公司的 Martin 研制出用超热蒸汽对空罐和罐盖进行杀菌并进行无菌装填、密封的设备，使得无菌装罐工艺获得成功。无菌灌装工艺的出现是罐头工业历史中的另一个重要的里程碑。

随着罐藏技术的进步，罐藏容器也在不断地发展，由早期的玻璃罐扩大到涂料铁罐、易拉罐、蒸煮袋等，使罐头工业更加迅猛发展。

目前罐头工业已发展成为大规模的现代化工业。全世界罐头总产量已近 5000 万吨，主要生产国有美国、意大利、西班牙、法国、日本、英国等。世界人均年罐头消费量为 10kg（美国达 90kg），罐头品种达 2500 多种。

（二）我国罐头工业的现状及发展前景

我国的罐头工业开始于 1906 年，上海泰丰食品公司是我国首家罐头厂，而后沿海各省先后兴建罐头厂，到 1949 年全国罐头全年总产量 484t。新中国成立后，罐头工业有了很大发展，到 1995 年全国罐头总产量达到 310 多万吨，罐头生产企业达 2000 多家，职工 20.9 万人，约有 400 个品种，出口到 120 多个国家和地区。

在国内工业食品中，罐头食品出口创汇虽名列前茅，但在国际罐头食品出口量中所占份额甚少。我国幅员广阔，发展罐藏资源潜力很大，亦具有丰富的劳动力资源，只要充分掌握各种有利因素，我国罐头食品出口将有很大潜力。

近年来，国内消费市场正在起步。来自中国食品工业协会的调查表明，随着居民生活水平的提高，出行、旅游不断增加，食品消费观念和方式正在悄然改变，很多家庭试图从厨房中解放出来，罐头食品正以其方便、卫生、易贮存的特点，适应了人们的日常需要，日益受到人们的青睐。另外，我国罐头消费水平还很低，以人均年消费量计算，美国为 90kg，西欧发达国家和地区为 50kg，日本为 23kg，我国仅为 1kg。可见，国内市场尚未真正启动，潜力巨大。

目前，我国的罐头行业已将未来 5 年的发展重点指向了国内市场。中国罐头工业协会的一位负责人称，我国罐头行业已经具备了满足国内市场迅速增长的生产能力，全国罐头行业重点生产企业近500家，年生产能力近300万吨，品种上千个；农副产品等原料供应充足；形成了一批老字号和龙头企业；浙江、福建、山西等地的区域优势日益明显。

在口味上，目前的罐头食品已不再是食品供应紧张时的简单替代品，众企业力求为消费者提供"家里做不出的味道"，使罐头食品进入一日三餐，包括素菜、水果、肉食、调料等。

总之，扩大罐头食品内需，是今后的重要任务。国内市场是发展罐头食品的最大市场，也是最可靠的市场。随着我国人民生活条件的不断提高，人们对罐头食品的需求将会越来越多，为此扩大内需应作为今后发展罐头食品的主攻方向。

项目1 水果罐头生产

【知识目标】

◆ 掌握罐头长期保存的机理。明确罐头生产过程中排气、密封、杀菌的作用和要求。
◆ 明确罐藏容器的种类。掌握各种容器的检验方法。
◆ 掌握罐头生产所需的机械设备。
◆ 明确糖水水果罐头对原料的要求。
◆ 掌握糖水水果罐头生产的工艺流程及操作要点。
◆ 掌握罐头检验的内容和方法。

【能力目标】

◆ 正确估算原辅材料用量。
◆ 正确选择和处理生产水果罐头的原辅料。
◆ 正确使用与维护糖水水果罐头生产机械设备。
◆ 会生产糖水水果罐头。
◆ 能够根据罐头要求的开罐浓度计算需要配制的糖液浓度，并会配制糖溶液。
◆ 能够正确检验罐头食品的各项指标。
◆ 能正确检查、记录和评价生产效果。

【知识贮备】

一、罐头食品的保存机理

食品腐败变质主要是由于微生物的生长繁殖和食品内所含酶的活动所致。而微生物的生长繁殖及酶的活动必须具备一定的环境条件，罐头食品之所以能长期保存主要是加工过程中采用了排气、密封和杀菌等工序，创造了一个不适合微生物生长繁殖及酶活动的环境来实现的。

（一）排气对罐制品质量的影响

排气是将罐内、原料内、容器顶隙部位及溶解在罐液中的空气排出，提高罐内真空度的操作过程。

排气处理直接影响罐制品的质量。如果罐内残留的 O_2 过多，罐头在贮藏期间易发生腐败变质、品质下降以及罐内壁的腐蚀等不良现象。通过排气可抑制好气性细菌及霉菌的生长发育，防止产品的腐败变质；还可防止或减轻铁罐内壁的氧化腐蚀；减少维生素 C 等营养物质的损失，较好地保持产品的色、香、味，延长罐头的贮藏寿命。另外，还可防止或减轻加热杀菌时空气膨胀而使铁皮罐头变形和玻璃罐"跳盖"等现象的发生。排气良好的罐头因内压低于外压，底盖呈内凹状，便于与腐败变质而胀罐的罐头区分，有利于成品检查。

罐头排气应达到一定的真空度。罐制品真空度是指罐外大气压与罐内残留气压的差值。一般要求在 26.7～40kPa。罐头真空度常用罐头真空计来测定。

（二）密封对罐制品质量的影响

罐头密封，使罐内食品与罐外环境完全隔绝，不再受到外界空气及微生物污染而引起腐败。罐头密封性的好坏直接影响到罐头保存期的长短，不论何种包装容器，如果未能获得严格的密封，就不能达到长期保存的目的，因此，罐头生产过程中应严格控制密封的操作，保证罐头的密封效果。

（三）罐制品杀菌的理论依据

杀菌是罐头生产过程中的重要环节，是决定罐头食品保质期的关键。

1. 罐制品杀菌的意义

① 杀死一切对罐内食品起腐败作用和产毒致病的微生物；

② 破坏酶的活性；

③ 起到调煮作用，改进食品质地和风味。

要注意的是罐头杀菌和细菌学上灭菌含义的不同：罐头杀菌不是杀灭所有微生物，而是杀死造成食品腐败的微生物，即达到"商业无菌"状态。所谓商业无菌，是指在一般商品管理条件下的贮藏运销期间，不致因微生物所败坏或因致病菌的活动而影响人体健康。

2. 杀菌对象菌的选择

各种罐头食品，由于原料的种类、来源、加工方法和加工条件等不同，使罐头食品在杀菌前存在不同种类和数量的微生物。生产中不可能也没有必要对所有的不同种类的微生物进行耐热性试验，而是选择最常见的、耐热性最强、具有代表性的腐败菌或引起食品中毒的微生物作为主要的杀菌对象菌。一般认为，如果热力杀菌足以消灭耐热性最强的腐败菌时，则耐热性较低的腐败菌很难残留；芽孢的耐热性比营养体强，若有芽孢菌存在，则应以芽孢菌为主要的杀菌对象。

罐头食品的酸度是选定杀菌对象菌的重要因素。以 pH 4.5 为界，食品可以分为酸性和低酸性两大类。在 pH 4.5 以下的酸性或高酸性食品中，将霉菌和酵母菌这类耐热性低的微生物作为主要杀菌对象，在杀菌中比较容易控制和杀灭。而 pH 4.5 以上的低酸性食品，杀菌的主要对象是那些能在无氧或微量氧的条件下活动且产生孢子的厌氧性细菌，这类细菌的孢子耐热性强。罐头食品工业上，通常采用能产生毒素的肉毒梭状芽孢杆菌的孢子作为杀菌对象菌。

3. 罐制品杀菌工艺条件的确定

罐制品合理的杀菌工艺条件，是确保质量的关键，而杀菌的工艺条件主要是确定杀菌的温度和时间。

杀菌工艺条件制定的原则是在保证罐藏食品安全性的基础上，尽可能地缩短杀菌时间，以减少热力对食品品质的影响。

杀菌温度的确定是以对象菌为依据，一般以对象菌的热力致死温度作为杀菌温度。杀菌时间的确定则受多种因素的影响，在综合考虑的基础上通过计算 F 值来确定。F 值就是在恒定的加热标准温度条件下（121℃或 100℃），杀灭一定数量的细菌营养体或芽孢所需要的时间（min），也称为杀菌效率值、杀菌致死值或杀菌强度。F 值包括安全杀菌 F 值和实际杀菌条件下的 F 值两个内容。安全杀菌 F 值是在瞬间升温和降温的理想条件下估算出来的，安全杀菌 F 值也称为标准 F 值，它被作为判别某一杀菌条件合理性的标准值。它的计算是通过杀菌前罐内食品微生物的检验，选出该种罐头食品常被污染的腐败菌的种类和数量并以对象菌的耐热性参数为依据，用计算方法估算出来的。但在实际生产的杀菌过程都有一个升温和降温过程，在该过程中，只要在致死温度下都有杀菌作用，所以可根据估算的安全杀菌 F 值和罐头内食品的导热情况制定杀菌式来进行实际试验，并测其杀菌过程中罐头中心温度的变化情况，来算出罐头实际杀菌 F 值。有关罐头安全杀菌 F 值的估算和杀菌实际条件下 F 值的计算可参考《罐头工业手册》等有关书籍。要求实际杀菌 F 值应略大于安全杀菌 F 值，如果小于安全杀菌 F 值，则说明杀菌不足，应适当提高杀菌温度或延长杀菌时间；如果大于安全杀菌 F 值过多，则说明杀菌过度，应适当降低杀菌温度或缩短杀菌时间，以提高和保证食品品质。

4. 影响杀菌效果的主要因素

（1）微生物的种类和数量 不同的微生物耐热性差异很大，嗜热性细菌耐热性最强，芽孢比营养体更耐热。而食品中微生物数量，尤其是芽孢数量越多，在同样致死温度下所需时间越长。

食品中微生物数量的多少取决于原料的新鲜度和杀菌前的污染程度。所以采用的原料要求新鲜清洁，从采收到加工要及时，加工的各工序之间要紧密衔接，不要拖延，尤其装罐以后到杀菌之间不能积压，否则罐内微生物数量将大大增加而影响杀菌效果。另外，工厂要注意卫生管理、用水质量及与食品接触的一切机械设备和器具的清洗和处理，使食品中的微生物减少到最低限度，否则会影响罐头食品的杀菌效果。

（2）食品的性质和化学成分 微生物的耐热性，在一定程度上与加热时的环境条件有关。食品的性质和化学成分是杀菌时微生物存在的环境条件，因此食品的酸、糖、蛋白质、脂肪、酶、盐类等都能影响微生物的耐热性。

① 原料的酸度（pH） 原料的酸度对微生物耐热性的影响很大。大多数产生芽孢的细菌在 pH 中性时耐热性最强，随着食品 pH 的下降，微生物的耐热性逐渐下降，甚至受到抑制，如肉毒杆菌在 pH<4.5 的食品中生长受到抑制，也不会产生毒素，所以细菌或芽孢在低 pH 的条件下是不耐热处理的，因而在低酸性食品中加酸（如醋酸、乳酸、柠檬酸等，以不改变原有风味为原则），可以提高杀菌效果。

② 食品的化学成分 罐头内容物中的糖、盐、淀粉、蛋白质、脂肪及植物杀菌素等对微生物的耐热性有不同程度的影响。如装罐的食品和填充液中的糖浓度越高，杀灭微生物芽孢所需的时间越长；浓度很低时，对芽孢耐热性的影响也很小。但糖的浓度增加到一定程度时，由于造成了高渗透压的环境又具有抑制微生物生长的作用。0%~4% 的低浓度食盐溶液对微生物的耐热性有保护作用，而高浓度食盐溶液则降低微生物的耐热性。食品中的淀粉、蛋白质、脂肪也能增强微生物的耐热性。另外某些食品含有植物杀菌素，如洋葱、大蒜、芹菜、胡萝卜、辣椒、生姜等，对微生物有抑制或杀菌的作用，如果在罐头食品杀菌前加入适量具有杀菌素的蔬菜或调料，可以降低罐头食品中微生物的污染程度，降低杀菌条件。

酶也是食品的成分之一。在罐头食品杀菌过程中，几乎所有的酶在 80~90℃ 的高温下，几分钟就可能破坏。但是过氧化酶对高温有较强的抵抗力，因此在检验热处理效果时经常把过氧化酶作为检验的对象。

（3）传热的方式和传热速度 罐头杀菌时，热的传递主要是借助热水或蒸汽为介质，因此杀菌时必须使每个罐头都能直接与介质接触。其次热量由罐头外表传至罐头中心的速度，对杀菌有很大影响。影响罐头食品传热速度的因素主要有：

① 罐头容器的种类和型式　常见的罐藏容器中，传热速度蒸煮袋最快，马口铁罐次之，玻璃罐最慢。罐型越大，则热从罐头外表传至罐头中心所需时间越长，而以传导为主要传热方式的罐头更为显著。

② 食品的种类和装罐状态　流质食品如果汁、清汤类罐头等由于对流作用而传热较快，但糖液、盐水或调味液等传热速度随其浓度增加而降低。块状食品加汤汁的比不加汤汁的传热快。果酱、番茄沙司等半流质食品，随着浓度的升高，其传热方式以传导占优势而传热较慢。糖水水果罐头、清渍类蔬菜罐头由于固体和液体同时存在，加热杀菌时传导和对流传热同时存在，但对流传热为主，故传热较快。食品块状大小、装罐状态对传热速度也会直接产生影响，块状大的比块状小的传热慢，装罐紧密的传热较慢。总之，各种食品含水量多少、块状大小、装填松紧、汁液多少与浓度、固液体食品比例等都会影响传热速度。

③ 罐内食品的初温　罐头在杀菌前的中心温度（即冷点温度）叫初温。通常罐头的初温越高，初温与杀菌温度之间的温差越小，罐中心加热到杀菌温度所需的时间越短。因此，杀菌前应提高罐内食品初温（如装罐时提高食品和汤汁的温度、排气密封后及时杀菌），这对于不易形成对流和传热较慢的罐头更为重要。

④ 杀菌锅的形式和罐头在杀菌锅中的位置　回转式杀菌比静置式杀菌效果好，时间短。因前者能使罐头在杀菌时进行转动，罐内食品形成机械对流，从而提高传热性能，加快罐内中心温度升高，因而可缩短杀菌时间。

(4) 海拔高度　海拔高度影响气压的高低，故能影响水的沸点温度。海拔高，水的沸点低，杀菌时间应相应增加。一般海拔升高 300m，常压杀菌时间在 30min 以上的，应延长 2min。

二、常用的罐藏容器及检测

为使罐藏食品能够长期贮存，并且保持一定的色、香、味及原有的营养价值，符合食品卫生要求，同时又适应工业化生产，罐藏容器应符合以下要求：一是对人体无毒害；二是具有良好的密封性；三是具有良好的耐腐蚀性；四是适合大规模的工业化生产；五是适应人民生活不断增长的要求。目前生产上常用的罐藏容器有玻璃罐、马口铁罐和蒸煮袋。

（一）玻璃罐

1. 玻璃罐特性

优点：①玻璃罐透明，可直接看到内容物，质量直观可靠。②玻璃罐化学性质稳定，耐腐蚀性最好。③生产玻璃的原料丰富，价格低廉，而且玻璃罐可以重复使用。

缺点：重量大，易碎，传热速度慢，高温杀菌的升温及冷却过程操作复杂等。

质量优良的玻璃罐应为透明、无色或略带青色，具有良好的化学稳定性和热稳定性，在正常的加热加压杀菌条件下不破裂。罐身平整光滑，厚薄均匀，不得有严重气泡和裂纹。罐口圆而平整，底部平坦。

2. 玻璃罐组成

玻璃罐的基本组成部分：罐口、罐身和罐底，见图 1-0-1。

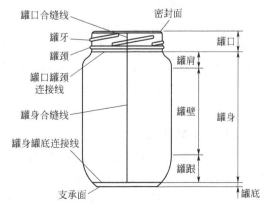

图 1-0-1　玻璃罐的基本组成

（1）**罐口** 由密封面、罐牙（玻璃突缘）（连续细纹）、罐颈、罐口合缝线等几个部分组成。

（2）**罐身** 由罐肩、罐壁、罐跟、罐身合缝线组成。

（3）**罐底** 由罐身罐底连接线和支承面组成。

3. 玻璃罐类型

常用的玻璃罐按照密封形式和使用罐盖不同分为：卷封式、旋转式、抓式、撬开式、压封扭开式等类型。

（1）**卷封式** 盖子采用镀锡板或涂料铁，盖内放有橡皮胶垫圈，卷封时由于滚轮的推压将盖子与罐密封。这种卷封方法密封性能良好，但罐盖开启不方便。

（2）**旋转式** 盖缘内侧的牙数有 4 个（四旋式）或 6 个（六旋式），垫圈是以塑胶为原料经浇注盖内烘烤成型、旋转盖子使盖牙嵌合于封口突起部位即可密封。其特点表现为使用简便，不用任何工具就能开启，使用量很大。

（3）**抓式** 盖子没有螺纹，一般用铝板制成，盖内填料为塑料胶，盖子与容器配套后在盖上加压，使盖子的圆边部分在数处向内侧钩合密封。开启也较方便。

（4）**撬开式** 撬开式又称侧封式，广泛应用于高温杀菌食品的瓶盖。垫圈为截切橡胶垫圈，部分嵌入罐盖卷曲部分，固定于盖内。只要将盖由上向瓶口压下即可密封，因为盖内垫圈与瓶口密接而保持气密不漏，所以使用的盖子又称为侧封盖。

（5）**压封扭开式** 压封扭开式兼有撬开式盖的简单封盖及旋转式盖的简易开启方式，塑料垫圈覆盖肩及盖壁内面，与瓶口上缘及侧缘密接形成密封。

4. 玻璃罐密封性检测

罐头瓶具有成本低、外观美、可以重复使用、化学稳定性好等优点，所以仍广泛用作罐藏食品的包装容器。为了保证罐藏产品的质量，罐头瓶在使用前必须对其外观质量和特性进行认真检验。

（1）**罐头瓶耐热急变性试验** 先将罐头瓶浸入 40℃温水中浸泡 5min，取出立即浸入 100℃沸水中浸泡 5min，取出再浸入 60℃热水中浸泡 5min，仔细观察整个过程中罐头瓶的破裂情况，在急热温差为 60℃、急冷温差为 40℃时，罐头瓶均不应破裂。

（2）**罐头瓶耐稀酸侵蚀试验** 良好质量的罐头瓶能抵抗稀酸溶液的侵蚀。向罐头瓶内注入稀酸（10%醋酸溶液），加入 5 滴 1%酚酞指示剂后置于沸水中加热 30min，观察瓶内稀酸溶液的颜色变化。要求其酸性不消失，或稀酸溶液呈红色。

（二）马口铁罐

马口铁罐是由两面镀锡的低碳薄钢板（俗称马口铁）制成。由于镀锡的方法有两种：热浸法和电镀法，故马口铁有热浸铁和电镀铁之分。我国罐头生产中大部分采用电镀铁。对于含酸量较高或含蛋白质、含硫较高的食品，长期与锡层接触会发生腐蚀作用，因而常在与食品接触的锡层表面涂上涂料，经烘干制成涂料铁。涂料的遮盖性好，使罐的抗腐蚀性能显著提高。涂料的种类有抗酸涂料（如油树脂）和抗硫涂料（如环氧酚醛树脂）。

1. 罐型分类及规格

马口铁罐按制造方法不同可分为接缝焊接罐（三片罐）和冲底罐（二片罐）两大类。按罐型不同可分为圆罐、方罐、椭圆罐、马蹄形罐等。一般将除圆罐以外的空罐称为异型罐。所有罐型中又以三片罐的产量最大，大多数罐头食品都采用这种罐型。各类罐型的分类编号见表 1-0-1、表 1-0-2、表 1-0-3、表 1-0-4。

表 1-0-1　我国罐型分类编号

类别	编号	类别	编号
圆罐	按内径外高排列	椭圆罐	500
冲底圆罐	200	冲底椭圆罐	600
方罐	300	梯形罐	700
冲底方罐	400	马蹄形罐	800

表 1-0-2　圆罐罐型规格

罐号	成品规格标准尺寸/mm			计算体积/cm³	备注
	公称直径	内径 d	外高 H		
15267	153	153.4	267	4823.72	
15234	153	153.4	234	4213.83	
15179	153	153.4	179	3197.33	
15173	153	153.4	173	3086.44	
1589	153	153.4	89	1533.89	专用罐型
1561	153	153.4	61	1016.49	专用罐型
10189	105	105.1	189	1587.62	
10124	105	105.1	124	1023.71	
10120	105	105.1	120	989.01	
1068	105	105.1	68	537.88	
9124	99	98.9	124	906.49	
9121	99	98.9	121	883.45	
9116	99	98.9	116	845.04	
980	99	98.9	80	568.48	专用罐型
968	99	98.9	68	476.29	
962	99	98.9	62	430.20	
953	99	98.9	53	361.06	
946	99	98.9	46	307.29	
8160	83	83.3	160	839.27	
8117	83	83.3	117	604.93	
8113	83	83.3	113	583.13	
8101	83	83.3	101	517.73	
889	83	83.3	89	419.63	
871	83	83.3	71	354.24	
860	83	83.3	60	294.29	
854	83	83.3	54	261.59	
846	83	83.3	46	217.99	
7127	73	72.9	127	505.05	
7116	73	72.9	116	459.13	
7113	73	72.9	113	446.61	
7106	73	72.9	106	417.39	
789	73	72.9	89	346.44	
783	73	72.9	83	321.39	

罐号	成品规格标准尺寸/mm			计算体积/cm³	备注
	公称直径	内径 d	外高 H		
778	73	72.9	78	300.52	
763	73	72.9	63	237.91	
755	73	72.9	55	204.52	
751	73	72.9	51	187.83	
748	73	72.9	48	175.31	
6101	65	65.3	101	314.81	
672	65	65.3	72	221.04	
668	65	65.3	68	207.64	
5113	52	52.3	113	272.83	
5104	52	52.3	104	210.53	
599	52	52.3	99	199.79	
589	52	52.3	89	178.31	
539	52	52.3	39	70.89	

表 1-0-3　方罐及冲底方罐罐型规格

罐号	公称尺寸/mm×mm	空罐成品规格尺寸/mm			计算体积/cm³
		内长 L	内宽 b	外高 H	
301	100×88	100	88.0	113.0	941.60
302	142×98	141.5	97.5	49.0	593.24
303	142×98	141.5	97.5	38.0	441.48
304	93×47	92.8	46.8	92.0	375.91
305	95×51	95.0	51.0	82.0	368.22
306	93×47	92.8	46.8	56.5	220.74
401	142×98	141.5	97.5	35.0	441.48
402	130×85	130.0	85.0	32.0	320.45
403	123×75	123.0	75.0	32.0	267.52
404	116×78	116.0	78.0	24.0	190.01
405	106×75	106.0	74.5	22.0	150.04

表 1-0-4　椭圆罐及冲底椭圆罐罐型规格

罐号	公称尺寸/mm×mm	空罐成品规格尺寸/mm			计算体积/cm³
		内长 L	内宽 b	外高 H	
501	147×71	145.2	70.8	46.5	327.00
502	145×71	145.2	70.8	35.5	238.18
601	160×108	159.6	107.5	37.5	464.60
602	175×95	175.0	95.0	36.0	430.89
603	165×91	165.0	90.5	34.5	369.43
604	126×83	125.5	83.0	31.0	229.07

水果罐头常用型号马口铁罐见图 1-0-2～图 1-0-9。

图 1-0-2   15173# 马口铁罐

图 1-0-3   9121# 马口铁罐

图 1-0-4   8160# 马口铁罐

图 1-0-5   7133# 马口铁罐

图 1-0-6   7116# 马口铁罐

图 1-0-7   5133# 马口铁罐

图 1-0-8   778# 马口铁罐

图 1-0-9   668# 马口铁罐

2. 马口铁罐常见检测项目、方法

罐头能够长期保存不变坏，主要是靠容器的密封。影响密封的关键在于底盖的二重卷边结

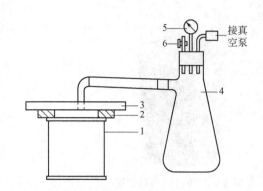

图 1-0-10　直接减压试漏装置（陈仪男，2010）

1—空罐；2—密封衬垫；3—试漏板；

4—气液分离瓶；5—真空表；6—通气阀

构、底盖、胶膜的质量，因此容器使用前通常要进行密封性、封口三率、密封胶垫圈质量、涂膜固化性、抗酸、抗硫、耐冲压性等检测，以确保罐头产品的综合质量。

（1）罐头密封性检验　将已洗净的空罐，经35℃烘干。根据设备条件进行减压或加压试漏。

方法①：减压试漏。

a. 直接减压试漏法（图 1-0-10）　烘干的空罐内小心注入清水至八九成满，将一带橡胶圈的有机玻璃板妥当安放在罐头压启端的卷边上，使之能保持密封。启动真空泵，关闭放气阀，用手按住盖板，控制抽气，使真空表从 0Pa 升到 6.8×10^4 Pa（510mmHg）的时间在 1min 以上，并保持此真空度 1min 以上，倾侧空罐仔细观察罐内底盖卷边及焊缝处有无气泡产生，凡同一部位连续产生气泡，应判断为泄漏，记录漏气的时间和真空度，并在漏气部位做上记号。

b. 间接减压试漏法（图 1-0-11）　先把待测试空罐两端卷封好，将玻璃缸内装盛清水，留有一定空隙度，然后将空罐样品浸没于缸内的水中，可在空罐上压一重物使空罐沉于水中，再将玻璃缸密封好；启动真空泵，将玻璃缸内空气抽出，当缸内真空度达到 6.8×10^4 Pa 时，维持 1min 同时观察空罐泄漏概况，记录泄漏时的真空度，并在泄漏部位做好记号。

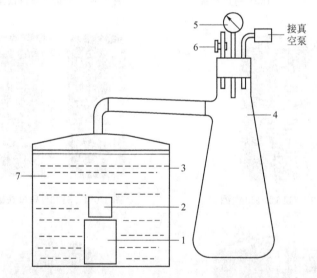

图 1-0-11　间接减压试漏装置（陈仪男，2010）

1—空罐；2—压块；3—玻璃水缸；4—气液分离瓶；5—真空表；6—通气阀；7—清水

方法②：加压试漏（图 1-0-12）。用橡皮塞将空罐的开孔塞紧，开动空气压缩机，慢慢开启阀门，使罐内压力逐渐加大，同时将空罐浸没在盛水玻璃缸中，仔细观察罐外底盖卷边及焊缝处有无气泡产生，直至压力升至 7×10^4 Pa，并保持 2min，凡同一部位连续产生气泡，应判断为泄漏，记录漏气的时间和压力，并在漏气部位做上记号。

（2）封口三率检测　测定程序：①确定分析点（图 1-0-13 所示 3 点）；②按图 1-0-13 的 1、2、3 部位对卷边宽度 W 进行计量检测；③切割机切取接缝对面 3 点的卷边截面；④投影仪量（图 1-0-15）身钩 BH、盖钩 CH；⑤解剖（用钳子沿罐边拉去罐盖，轻轻敲下整圈盖钩），观察敲下的整圈盖钩卷边线的紧密度及完整率，测量 1、3 部位身钩 BH 和盖钩 CH 的长度；⑥据 W、t_c（盖的铁皮厚）、t_b（身的铁皮厚）、BH、CH 用仲裁法计算。

测试 1：叠接率。用卷边投影仪测定图 1-0-14 所示卷边的 a、b 数值，其中 a 为叠接长度 OL，即盖钩和身钩的重合长度，b 为理论叠接长度，按（a/b）× 100％ 计算叠接率。

测试 2：紧密度（TR％）。紧密度是指卷边内部盖钩上平服部分占整个盖钩宽度的百分比，以盖钩皱纹来衡量。所谓皱纹，是指卷边内部解体后，盖钩边缘上肉眼可见的凹凸不平的皱曲现象（见图 1-0-15）。

测试 3：接缝盖钩完整率（JR％）。卷边解体后观察，卷边接缝部位盖钩发生内垂唇现象。即有效盖钩占整个盖钩宽度的百分比为接缝盖钩完整率，目测时以 25％ 为一级评定（见图 1-0-16）。

（3）罐盖密封胶、耐冲压性检验

测试 1：密封胶质量试验

a. 塑化程度

① 巴氏杀菌罐盖经 100℃ 水加热 30s 即与装有中心温度达 80℃ 以上的热水样罐（留适当顶隙）密封，然后在 100℃ 水中加热 30min，冷却至室温，开盖观察，应无内外挤胶现象，且胶膜不应有发黏现象。

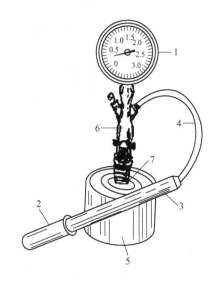

图 1-0-12　加压试漏装置（陈仪男，2010）

1—压力表；2—打气筒手柄；3—打气筒；
4—橡皮管；5—空罐；6—试漏器
手柄；7—橡皮垫圈

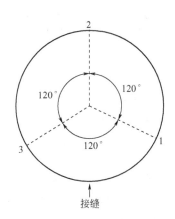

图 1-0-13　检测部位

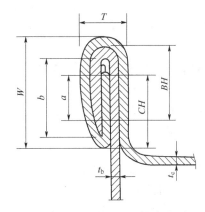

图 1-0-14　叠接长度和叠接率的测量

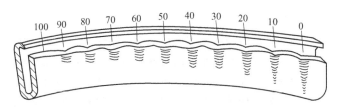

图 1-0-15　二重卷边紧密度（陈仪男，2010）

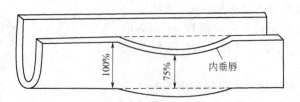

图 1-0-16　罐盖钩完整率（陈仪男，2010）

② 高温杀菌罐盖经 100℃ 水加热 30s 即与装有中心温度达 80℃ 以上的热水样罐（留适当顶隙）密封，然后在 121℃ 水中加热 30min，冷却至室温，开盖观察，应无内流胶和胶膜发黏现象。

b. 附着力试验　与上述方法相同试验后观察胶膜附着力情况，胶膜与盖应粘接牢固、不移位。

测试 2：耐冲压性检验。将罐盖放入 20% 硫酸铜溶液（200g 硫酸铜溶解于 700mL 蒸馏水＋84mL 浓盐酸的酸溶液中）中浸泡 2min（或 5% 硫酸铜溶液浸泡 30min）后取出，用水清洗干净，观察罐盖内外涂膜腐蚀情况，膨胀圈涂膜应无密集腐蚀点。

（4）涂膜耐蒸煮性　将罐体或罐盖整体浸没于盛有蒸馏水的惰性容器中，另外一个试样置于不加水的惰性容器中，将试验容器置于高压锅内，加热至 121℃ 并保持 30min，自然降压冷却后取出试样，观察涂膜状况，应内涂膜不泛白、不剥离、不脱落，外涂膜无明显失光、不剥离、不脱落，印刷图案无明显褪色。

（5）抗酸性检测　121℃ 耐酸蚀试验：把罐体或盖整体浸没在盛有 20g/L 柠檬酸溶液或 3% 的醋酸溶液的专用密闭容器内，并将密封容器置于高压锅中，加温至 121℃，恒温 30min 后自然降压、冷却后取出，目测检查，内壁涂膜应无变色、无气泡、无脱落、无泛白现象。

（6）抗硫性检测　121℃ 耐硫蚀试验：把罐体或盖整体浸没在盛有 L-半胱氨酸盐酸盐（0.5g/L）、磷酸二氢钾（3.6g/L）、磷酸氢二钠（7.2g/L）的混合溶液中，并将密闭容器置于高压锅中，加温至 121℃，恒温 30min 自然降压，待冷却后目测检查，内壁涂膜应无明显硫斑和脱落现象。

（三）复合材料包装袋（蒸煮袋）

塑料金属复合薄膜的出现，使罐藏工业在包装上发生重大的改革，用聚酯铝箔、聚烯烃等多层复合薄膜制成的蒸煮袋，应用于食品工业作为罐藏容器，对加工处理后的农副产品进行装袋、熔封、杀菌、冷却制成新型的罐头食品。这种罐头食品由于采用软质的包装材料，故称为软罐头。

用蒸煮袋包装罐头食品由于容器重量轻、体积小，可节省仓贮容积，单位重量的包装材料可装较多的食品，一般每吨蒸煮袋可装食品 20～40t，蒸煮袋由于材料薄，受热面积大，传热快，可缩短 1/3～1/2 杀菌时间，节约能源；这种包装易开启，食用方便，可以直接冷食或短时间加热后即可食用，用薄膜不会与内容物起化学作用造成腐蚀，食用时安全卫生，除少数带骨、坚硬和需要成形的食品外，对一般肉禽水果类产品（如米饭、汤品及饮料等）均可使用。

1. 蒸煮袋材料性能要求

要有良好的防湿阻气性能；要有良好的卫生性，耐油脂性，无臭味；要有良好的耐热性、耐蒸煮性，蒸煮后尺寸稳定，对强度的影响小，同时耐寒性也好；热封性要好，热封强度要高，热封的尺寸稳定性要好，不会因热封而收缩，即使污染，仍有良好的热封强度；印刷性好，印刷油墨的耐蒸煮性要好，由于蒸煮袋的印刷一般都采用反印刷，为此应使用耐蒸煮的反印刷油墨，而且，印刷油墨和黏合剂的残留溶剂少；蒸煮袋的填充性能要好，口袋要容易开口；有良好的力学性能，耐冲击性要好，耐针孔性要好；透明蒸煮袋要有一年保存期，不透明蒸煮袋有两年以上常温存放期；容易包装捆扎，便于陈列展销；价格合理，外表美观。

2. 各种薄膜的性能

生产软罐头的蒸煮袋是由各种薄膜组成的，但单一的薄膜不能满足食品包装与贮藏的要求。人们选择不同的材料加以复合，相互补充改善性能，生产出多种类型的复合薄膜。各种薄膜的性能见表1-0-5。

表 1-0-5 各种薄膜的性能

性能	薄膜材料
不透明	纸、铝箔、着色塑料薄膜
透明	玻璃纸、塑料薄膜
刚性	纸、铝箔、高密度聚乙烯、拉伸聚丙烯、聚酯、聚氯乙烯、普通玻璃纸、醋酸酯
水蒸气遮蔽性	铝箔、高密度和低密度聚乙烯、聚偏二氯乙烯、拉伸聚丙烯、两面防潮玻璃纸、聚酯
气体遮蔽性	铝箔、聚偏二氯乙烯、聚酯、尼龙、普通玻璃纸、醋酸酯、乙烯-乙烯醇共聚物
耐油性	玻璃纸、铝箔、普通玻璃纸、聚偏二氯乙烯、聚酯、尼龙、拉伸聚丙烯、乙烯-醋酸乙烯共聚物
低温特性	纸、铝箔、高密度和低密度聚乙烯、拉伸聚丙烯、乙烯-醋酸乙烯共聚物、聚酯、尼龙、聚氯乙烯
高温特性	铝箔、高密度聚乙烯、拉伸聚丙烯和未拉伸聚丙烯、聚酯、尼龙、纸
热封性	高密度和低密度聚乙烯、聚氯乙烯、聚偏二氯乙烯、尼龙、拉伸聚丙烯、乙烯-醋酸乙烯共聚物
印刷适应性	纸、铝箔、普通玻璃纸、聚氯乙烯、聚酯、尼龙、拉伸聚丙烯、未拉伸聚丙烯、醋酸酯

3. 蒸煮袋的种类

蒸煮袋的种类见表1-0-6。

表 1-0-6 蒸煮袋种类

分类方法	蒸煮袋种类
内容物食品保存性	不透明蒸煮袋(带铝箔) 透明蒸煮袋(不带铝箔)〈 阻隔性 / 非阻隔性
杀菌方法	普通蒸煮袋(RP-F):耐 100～121℃杀菌 高温杀菌蒸煮袋(hiRP-F):耐 121～135℃杀菌 超高温杀菌蒸煮袋(VRP-F):耐 135～150℃杀菌
净含量	小袋:100g 以下 一般袋:180～500g 业务大袋:1000g 以上
外表形状	平袋:四方封口 立袋:竖放

4. 蒸煮袋的结构和性能

蒸煮袋的结构材料一般可分为三层：内层材料、中间层材料和外层材料。

（1）内层材料 蒸煮袋内层材料及用途见表1-0-7。

特殊聚乙烯：黏结性能得到改善、耐冲击性优良，但在120℃下蒸煮以后，有一定的臭味，影响到食品的色、香、味。透明度差，仅为半透明，适宜做不透明的蒸煮袋内层材料。

中密度聚乙烯：无臭味，但强度比较差，耐热性也不够，耐油脂性能差，易受油脂的侵蚀，目前都用丙烯代替聚乙烯。

表 1-0-7　蒸煮袋内层材料及用途

材料	使用最高温度/℃	用途
中密度聚乙烯	110	一般蒸煮袋
特殊聚乙烯	120	一般蒸煮袋
聚丙烯	125	一般蒸煮袋
特殊聚丙烯	145	高温短时间杀菌蒸煮袋
尼龙 12	150	超高温杀菌用蒸煮袋
特殊聚酯	150	超高温杀菌用蒸煮袋

流延聚丙烯：耐热性和透明性优良，但耐冲击强度不够理想，热合温度也较高，高温蒸煮袋内层材料一般采用乙烯改性的乙-丙无规共聚物。制袋和成封条件为：160℃±5℃，0.3～0.5s，0.15MPa。有较高的热封强度，耐油性好，无臭味，耐热水蒸煮性好。改性聚丙烯薄膜层可采用 T 形口模挤出流延法生产，制得的薄膜无拉伸，透明度高，热封性好，流延聚丙烯薄膜也称 CCP 薄膜。

尼龙 12：仅用于 140～150℃ 的杀菌温度的蒸煮袋，试剂上尼龙和特殊聚酯一般不用作内层材料的，因为热封温度太高、热封机械要经常处于临界高温下操作，设备易损坏。

（2）中间材料层　中间层随使用目的的不同有较大的差别，它主要给蒸煮袋良好的阻隔性，补充表面层强度的不足，使用铝箔为中间层，使蒸煮袋正式成为具有长期保存食品的软罐头，并逐渐取代金属罐。铝箔的针孔度直接与蒸煮袋的阻隔性有关，铝箔厚度达 $25\mu m$，针孔度为零。铝箔愈厚，阻隔性愈好，厚度在 $13\mu m$ 的铝箔透湿性已很小。考虑成本因素，一般均采用 $9\sim$ $15\mu m$ 厚的铝箔为中间层材料。

（3）外层材料　蒸煮袋的外层材料为蒸煮袋提供良好的反印刷性，为此，要求透明度高，有良好的耐热性和耐水蒸煮性；高的机械强度，有一定刚性、耐磨、耐冲击、耐针孔性。所以外层材料一般采用尼龙、聚酯和聚丙烯。为进一步提高外层材料的性能，提高强度，增加透明度，减少树脂用量一般使用双向拉伸薄膜。

5. 复合软包装材料检验项目及方法

（1）外观检验　要确保软罐头食品在加工及贮运过程中的质量，在生产前必须对每批蒸煮袋的质量进行检验。检验要点：每批检样以 100 袋为基准。

① 尺测：长宽（mm），封边宽度（mm）。

② 厚度：100 只袋总厚度（mm），每只袋厚度（μm）。

③ 测重：100 只袋总重量（g），每只袋重量（g）。

④ 手感：手感封口强度（进行拉力试验，简单地采用目测——在封口的中间及边上取点，剪 10mm 宽封口边，进行拉力试验，观察其封口表面是否形成完全的黏合）。

⑤ 目测平整与否，分层与否，有无波纹、针孔、斑点及其他缺陷等。

（2）强度检验　使用封口强度测试器对封边进行封口强度测定：取封口边宽 15mm、长 100mm，展开 180°，用专用测量仪器进行拉力试验，测其热合处断裂时的最大值。

三、糖水水果罐头生产工艺

（一）工艺流程

```
                    空罐准备
                      ↓
原料选择→预处理→装罐→排气→密封→杀菌→冷却→检验→贴标、包装→成品
                      ↑
                  罐液的配制
```

（二）工艺要点

1. 原料选择

罐藏用的水果原料要求新鲜，可食部分大，糖酸含量高，单宁含量少，组织致密，硬实，大小均匀，形状整齐，颜色好，无病虫害、无严重损伤；另外，罐藏原料成熟度要适当，一般要求略高于坚熟，稍低于鲜食成熟度。不同种类的水果以及同一种类的不同品种罐藏成熟度的要求都有所不同。

2. 原料预处理

包括挑选、分级、清洗、去皮、去核（芯）、切分、修整、抽空以及热烫等处理。

（1）挑选、分级 水果原料生产前首先要进行挑选，剔除霉烂、病虫害及畸形果实。挑选主要是通过人的感官检验，在固定的工作台或传送带上进行。然后再按大小、色泽和成熟度进行分级，以便于机械化操作，提高生产效率，保证产品质量，得到均匀一致的产品。分级的方法有手工分级和机械分级两种。圆形水果常用的分级设备见图 1-0-17、图 1-0-18。

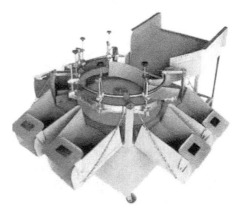

图 1-0-17　滚筒式分级机　　　　　　　图 1-0-18　圆盘式分级机

（2）清洗

① 清洗目的　清洗的目的是除去水果原料表面附着的泥沙、污物、大量的微生物及残留的农药等，保证产品清洁卫生。清洗用水必须清洁，符合饮用水标准。

② 清洗方法　常见的洗涤方法有水槽洗涤、滚筒式洗涤（如图 1-0-19）、喷淋式洗涤、压气式洗涤等。有时为了较好地去除果面上残留的农药，常在洗涤用水内加入少量的化学药剂，一般常用的化学药剂有 0.5%～1.5% 盐酸溶液、0.1% 高锰酸钾或 600mg/kg 漂白粉等。

（3）去皮　有的水果表皮粗厚、坚硬，不能食用；有的水果表皮具有不良风味，对加工制品有一定的不良影响，这样的水果必须进行去皮处理。去皮的方法有手工去皮、机械去皮、碱液、热力去皮和酶法去皮、冷冻去皮等。

① 手工、机械去皮　手工去皮是应用特别的刀、刨等手工工具削皮，应用较广。机械去皮采用专门的机械进行，常用的机械去皮机主要有旋皮机（图 1-0-20）、擦皮机（图 1-0-21）和特种去皮机（图 1-0-22）三类。

a. 旋皮机　旋皮机是在特定的机械刀架下将水果皮旋去，适合于苹果、梨、柿、菠萝等大型果品。

b. 擦皮机　擦皮机是利用内表面有金刚砂、表面粗糙的转筒或滚轴，借摩擦力的作用擦去表皮。适用于马铃薯、胡萝卜、荸荠、芋头等原料的去皮，效率较高，但去皮后表皮不光滑。

图 1-0-19　滚筒式清洗机

图 1-0-20　旋皮机

图 1-0-21　擦皮机

图 1-0-22　菠萝去皮机

c. 特种去皮机械　菠萝可用 GT6A15 型菠萝去皮切端通心机去皮，使去皮、切端、通心、挖去芽眼一次完成。

② 碱液去皮

a. 原理　是将水果原料在一定浓度和温度的强碱溶液中处理一定的时间，水果表皮内的中胶层受碱液的腐蚀而溶解使果皮分离。绝大部分水果如桃、李、苹果、胡萝卜等可以用碱液去皮。

b. 常用碱液的选择及去皮条件　常用的碱液为氢氧化钠，也可用碳酸氢钠等碱性稍弱的碱。去皮时碱液的浓度、温度和处理的时间随水果种类、品种、成熟度和大小不同而异，必须合理掌握。适当增加任何一项，都能加速去皮作用。碱液浓度高、温度高、处理时间长会腐蚀果肉。一般要求只去掉果皮而不能伤及果肉，对每一批原料都应该作预备试验，确定处理的浓度、温度和时间。几种水果的碱液去皮条件见表 1-0-8。

c. 碱液去皮方法　碱液去皮的方法有浸碱法和淋浸法两种。浸碱法是将一定浓度的碱液装入特制的容器内加热到一定的温度后，再将果实浸入并振荡或搅拌一定的时间，使浸碱均匀，取出后搅动、磨擦去皮。淋碱法是将加热的碱液喷淋于输送带上的水果上，淋过碱的水果进入转筒

表 1-0-8　几种水果的碱液去皮条件

水果种类	NaOH 浓度/%	碱液温度/℃	处理时间/min
猕猴桃	2.0~3.0	>90	3.0~4.0
橘瓣	0.8~1.0	60~75	0.25~0.5
苹果	8.0~12.0	>90	1.0~2.0
桃	2.0~6.0	>90	0.5~1.0
杏	2.0~6.0	>90	1.0~1.5
李	2.0~8.0	>90	1.0~2.0
梨	8.0~12.0	>90	1.0~2.0

内，在冲水的情况下与转筒的边翻滚摩擦去皮，杏、桃等果实常用此法去皮。见图 1-0-23。

d. 注意事项　经碱液处理后的水果必须立即在冷水中进行多次漂洗，至果块表面无滑腻感、口感无碱味为止。漂洗必须充分，否则会使罐头制品的 pH 偏高，导致杀菌不足，口感不良。也可用 0.1%~0.2% 盐酸或 0.25%~0.5% 的柠檬酸水溶液浸泡中和多余的碱，同时还可防止褐变。

③ **热力去皮**

a. 原理　水果在高温下处理较短时间，使之表皮迅速升温而松软，果皮膨胀破裂，

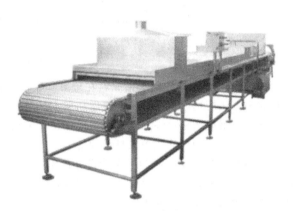

图 1-0-23　淋碱机

果皮与果肉间的原果胶发生水解失去胶黏性，果皮与果肉组织分离而脱落。适用于成熟度高的桃、杏、枇杷、番茄、甘薯等的去皮。热力去皮原料损失少，色泽好，风味好。但只用于果皮容易剥落的原料，要求充分成熟，成熟度低的原料不适用。

b. 方法　热力去皮有蒸汽去皮和热水去皮。

蒸汽去皮时一般采用 100℃ 蒸汽，可以在短时间内使外皮松软，以便分离。具体的热烫时间，可根据原料种类和成熟度而定。

热水去皮时，少量的可用锅加热。大量生产时，采用带有传送装置蒸汽加热沸水槽进行。水果经短时间的热处理后，用手工剥皮或高压冲洗。如番茄可在 95~98℃ 的热水中放置 10~30s，取出冷水浸泡或喷淋，然后手工剥皮；桃可在 100℃ 的蒸汽中处理 8~10min，淋水后用毛刷辊或橡皮辊刷洗。

④ **酶法去皮**　柑橘的囊衣在果胶酶的作用下，果胶水解，脱去囊衣。如将橘瓣放在 1.5% 的果胶酶溶液中，在 35~40℃、pH 2.0~1.5 的条件下处理 3~8min，可达到去囊衣的目的。酶法去皮条件温和，产品质量好。其关键是要掌握酶的浓度及酶的最佳作用条件，如温度、时间、pH 等。

⑤ **冷冻去皮**　将水果与冷冻装置的冷冻表面接触片刻，其外皮冻结于冷冻装置上，当水果离开时，外皮即被剥离。冷冻装置温度在 −28~−23℃，这种方法可用于桃、杏、番茄等的去皮。葡萄冷冻去皮是将葡萄迅速冻结后，放入水中，待果皮解冻果肉未解冻时，迅速用毛刷辊或橡皮辊刷洗果皮。冷冻去皮损失约 5%~8%，质量好，但费用高。

此外还有真空去皮、表面活性剂去皮等。

（4）去核、去芯、切分、修整

a. 去核、去芯　对于核果类的原料一般要去核，对于仁果类或其他种类的果品或蔬菜一般

要去芯。常用的工具有挖核器（图1-0-24）和捅核器（图1-0-25）、去心刀（图1-0-26）等。挖核器用于挖除苹果、梨、桃、杏、李等果实的果核或果芯，捅核器用于去除枣、山楂等果实的核。生产时应根据果实的特点和大小选择适宜的去核去芯工具。

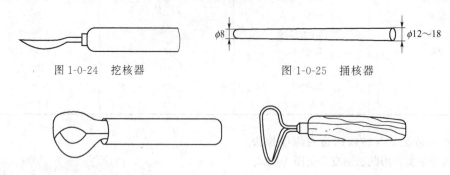

图1-0-24　挖核器　　　　　　　　　图1-0-25　捅核器

图1-0-26　去心刀

b. 切分　体积较大的水果原料在罐藏加工时，需要适当地切分，以保持一定的形状。切分的形状和方法根据原料的形状、性质和加工品的要求而定。桃、杏、李常对半切；苹果、梨常切成两瓣、三瓣或四瓣；许多水果则切成片状、条状、块状等多种形式。常用刀、劈桃机或多功能切片机以及专用的切片机等工具或设备。

c. 修整　罐藏加工时为了保持良好的形状外观，在装罐前需对果块进行修整，除去水果碱液未去净的皮或残留于芽眼或梗洼中的皮，除去部分黑色斑点和其他病变组织。柑橘全去囊衣罐头则需去除未去净的囊衣等。

（5）抽空处理　某些水果如苹果、梨等内部组织较疏松，含空气较多，对罐藏不利，常进行抽空处理，将原料周围及果肉中的空气排除，渗入糖水或无机盐水，抑制氧化酶活性（见图1-0-27）。根据实验，易变色的水果及品种，可用2%食盐、0.2%柠檬酸、0.02%～0.06%亚硫酸盐混合溶液作抽空母液；不易变色的种类或品种，可用2%的食盐溶液作抽空母液；一般水果可用糖水作抽空母液。在87～93kPa的真空度下抽空5～10min，护色后果肉色泽更加鲜艳。

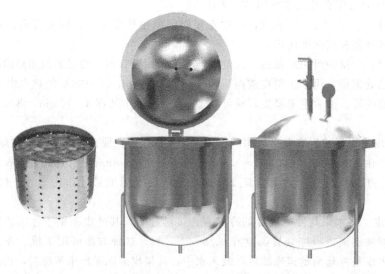

图1-0-27　抽空处理

（6）烫漂　烫漂也称预煮、热烫，是将经过适当处理的新鲜原料在温度较高的热水或沸水、蒸汽中进行加热处理的过程。

a. 目的　烫漂可以破坏酶活性，减少氧化变色和营养物质的损失；还可以使罐头保持合适的真空度，减弱罐内残留氧气对马口铁内壁的腐蚀；避免罐头杀菌时发生跳盖或爆裂现象；烫漂使原料膨压下降，质地变得柔软，果肉组织富有弹性，果块不易破损，有利于装罐等操作；烫漂可以排除某些水果原料的不良气味，如苦味、涩味、辣味，使品质得以改善；烫漂还可杀死原料表面附着的大部分微生物及虫卵等，使制品干净卫生。

b. 热烫方法　热烫的方法有热水烫漂和蒸汽烫漂。原料烫漂后，应立即冷却，停止热处理的余热对产品造成不良影响，并保持原料的脆嫩，一般采用流动水漂洗冷却或冷风冷却。

c. 注意事项　预煮用水需经常更换，保持清洁，特别是含硝酸根等腐蚀因子多及易变色的原料；对于易变色的原料，需在预煮水中加入适量柠檬酸进行护色（加酸量以不影响产品风味和色泽为准）；预煮的时间和温度，一般根据原料种类、块形大小、工艺要求等条件而定；预煮后必须急速冷透，严防冷却缓慢，影响质量；需漂洗的原料，注意漂洗过程的经常换水，防止变质。

3. 罐液的配制

大多数水果罐头在加工中将果块装入罐内后都要向罐内加注液汁，称为罐液和汤汁。

水果罐头的罐液为糖水。罐头加注罐液可起到填充罐内果块间空隙，排除空气；保护营养成分，改善风味；且能加强热的传递效率，提高杀菌效果等作用。

(1) 糖液配制　糖液配制所用糖为白砂糖，要求纯度在99%以上。所需配制的糖液浓度，依水果种类、品种、成熟度、果肉装罐量和产品质量标准而定。我国目前生产的水果罐头，一般要求开罐糖度为14%～18%。每种水果加注的糖液浓度，可根据下式计算：

$$Y = \frac{W_3 Z - W_1 X}{W_2}$$

式中，W_1 为每罐装入果肉，g；W_2 为每罐注入糖液重量，g；W_3 为每罐净重，g；X 为装罐时果肉可溶性固形物含量，%；Z 为要求开罐时的糖液浓度，%；Y 为需配制的糖水浓度，%。

糖液配制方法有两种：直接法和稀释法。

① 直接法　直接法就是根据装罐时所需配制的糖液浓度，直接按比例称取白砂糖和水，置于不锈钢锅内加热搅拌溶解并煮沸过滤备用。例如：配制30%的糖液，则可按白砂糖30kg、清水70kg的比例配制。

② 稀释法　稀释法是先将糖配制成高浓度（65%以上）的母液，然后再根据装罐所需浓度用清水或稀糖水稀释。例如：用65%的母液稀释成30%的糖液，则以母液:清水=1:1.17混合，即得30%的糖液。

(2) 加酸　糖水中需添加酸时，应在糖水煮沸并校正浓度后再加入，加入过早，容易引起蔗糖转化而使果肉变色。除个别品种（如梨、荔枝）外，配好的糖水应趁热过滤使用，保证糖水在85℃以上的温度装罐，使罐头具有较高的初温，提高杀菌效率。

(3) 装罐　装罐前先对空罐进行检查和清洗。马口铁罐的规格标准比较均一，检查时主要剔除罐身凹陷、罐口变形、焊锡不良和严重生锈等空罐。玻璃罐要剔除罐身不正、罐口不圆或有砂粒和缺损、罐壁厚薄不均、有严重气泡、裂纹和砂石等不合格罐。合格的空罐用热水冲洗或0.01%的漂白粉溶液浸洗后用清水冲洗。回收的玻璃罐则先用2%～3%的氢氧化钠溶液在50℃左右浸泡5～10min后再进行洗涤，除去油脂污垢等脏物，再用清水冲洗干净。洗净的空罐应倒置，控干水后使用。

4. 装罐

将处理好的水果块尽快称量后装入洗净消毒的空罐中，再注入热的罐液。装罐时要做到以下几点：

① 装罐应迅速及时，不应停留过长的时间，以防污染；

② 装罐量要符合要求，保证产品的质量。通常要求外销罐头的固形物重不小于净重的55%～60%，内销罐头不小于净重的50%～55%；

③ 罐上部应留有一定的顶隙，顶隙度为3～8mm；

④ 原料要合理搭配，均匀一致，排列整齐；

⑤ 装罐后应及时擦净瓶口，除去细小碎块及外溢糖液。

装罐的方法分为人工装罐和机械装罐。由于水果原料形态不一，大小、排列方式各异，所以多采用人工装罐。

5. 排气

排气是指罐头密封前或密封时将罐内空气排除，使罐内形成一定真空状态的操作过程，是罐头生产中的一个重要工序。

图1-0-28　热力排气设备

罐头排气方法有热力排气、真空排气和喷蒸汽封罐排气三种。

(1) 热力排气法　热力排气法是利用加热的方法使罐内空气受热膨胀，向外逸出。目前常用的热力排气方法有热罐装排气和加热排气。热罐装排气就是将食品加热到75℃以上后立即装罐密封的方法。一般只适用于高酸性的流体和半流体的食品。加热排气法是将装罐后的罐头，放上盖或不加盖，送入排气箱内，在具有一定温度的排气箱内经一定时间的排气，使罐中心温度达到要求的温度。排气完毕立即密封。热力排气所用的温度和时间视内容物种类、罐型大小、容器性质等情况而定，通常排气箱的温度为90～100℃，排气时间为5～10min，使罐中心温度达到75～80℃以上。热力排气设备见图1-0-28。

(2) 真空排气法　借助真空封罐机将罐头置于真空封罐机的真空仓内，在抽气的同时进行密封的排气方法，或采用真空渗糖处理排除原料组织中的气体，见图1-0-29。

(3) 喷蒸汽封罐排气法　用蒸汽喷射排气封口机在封罐时向罐头顶隙内喷射蒸汽，将空气驱走而后密封，待顶隙内蒸汽冷凝时便形成部分真空。

6. 密封

罐制品密封是保证产品长期不变质的关键性工序。密封的方法视容器种类而异。

金属罐密封是指罐身的翻边和罐盖的圆边借助封罐机相互卷合，压紧而形成紧密重叠的卷边的过程，所形成的卷边称为二重卷边。封罐机的型号很多，有手摇式的、半自动的、全自动的及真空封罐机。封罐机的种类虽多，但其封罐机头的构造却是一样的，都是由头道辊轮、二道辊轮、托底板和压头四个主要部分组成（图1-0-30）。玻璃罐的密封形式有卷封式、旋转式（图1-0-31）、抓式和螺纹式等，不同的密封形式其密封方法不同。用于旋转式玻璃罐密封的是旋盖拧紧机，主要由输罐、抱罐和拧盖三部分组成。蒸煮袋（又称复合塑料薄膜袋），一般采用真空包装机（图1-0-32）进行热熔密封，是依靠蒸煮袋内层的薄膜在加热时熔合在一起而达到密封目的的。热熔强度取决于蒸煮袋的材料性能，以及热熔合时的温度、时间和压力。

图 1-0-29　真空渗汁排气

图 1-0-30　马口铁罐封罐设备

图 1-0-31　玻璃罐旋转式密封机

图 1-0-32　真空包装机

7. 杀菌

罐头密封后应立即进行杀菌。在罐头生产中常采用杀菌式来表示杀菌工艺条件：杀菌式为 $\dfrac{t_1-t_2-t_3}{T}$。式中，T 为杀菌温度，℃；t_1 为杀菌锅内升至杀菌温度所需时间，min；t_3 为罐头降温所需时间，min；t_2 为杀菌锅内保持杀菌温度所需时间，min。

罐头食品杀菌的实际操作过程应按照杀菌式的要求来完成，应恰好将罐内致病菌和腐败菌全部杀死，且使酶钝化，同时也保住食品原有的品质。

水果罐头因含酸量高，因此采用常压杀菌。常压杀菌适用于 pH 在 4.5 以下的酸性和高酸性食品，常用的杀菌温度是 100℃ 或 100℃ 以下。

常压杀菌可分为间歇式常压杀菌和连续式常压杀菌。间歇式常压杀菌使用敞开式杀菌锅，如图 1-0-33。是用金属板制成的立式圆筒形锅，锅底安装蒸汽管和冷水管，锅内装入水，通入蒸汽将水加热至杀菌温度，杀菌时将罐头用铁笼装好，投入杀菌锅内，将水没过罐头，待水沸腾时计时。玻璃罐杀菌时，要注意罐头与水之间的温差，防止破裂。连续式常压杀菌（图1-0-34）是将罐头由输送带送入连续作用的杀菌器内进行杀菌。杀菌时间通过调节输送带的速度来控制。

图 1-0-33　间歇式杀菌锅

图 1-0-34　水浴式连续杀菌机

8. 冷却

罐头杀菌完毕，必须迅速冷却，否则罐内食品仍然保持相当高的温度，会使色泽、风味和质地受到影响，还会加速罐内壁的腐蚀作用和促进罐内残存嗜热菌的活动。

罐头冷却普遍采用冷水冷却，常压杀菌的铁罐罐头，杀菌结束后可直接将罐头取出放入冷却水池中进行冷却；玻璃罐罐头则需逐步分段冷却，每段水温相差20℃，否则容易造成破裂。操作时先在原杀菌锅内，边放出热水边通入冷水，水位始终高出罐头表面，注意避免冷水直接冲到罐上而破损。当罐温下降至60～70℃时，再将罐头取出放入冷却池中继续冷却。

罐头冷却的要求是将罐温冷却至38～40℃，然后用干净的手巾擦干罐面的水分。让罐头尚有的部分余热，将罐头表面的残余水分蒸发干。如果冷却到很低的温度，则附着在罐面的水分不容易蒸发，易使罐头生锈而影响外观。另外，所使用的冷却水必须符合饮用水的卫生标准，否则会造成罐头的"二次污染"而败坏。

9. 检验、贴标（商标）、包装

罐头产品杀菌冷却后，经检验合格后，进行贴标、包装入库。

罐头食品的贴标目前多用手工操作，但也有采用半自动贴标机械和自动贴标机械。罐头贴标后要进行包装，便于成品的贮存、流通和销售。罐头多采用纸箱包装，包装作业一般包括纸箱成型、装箱、封箱、捆扎四道工序。

四、水果罐头检验

罐头杀菌后出厂前，按要求在一定的温度和时间保温存放后，抽样进行感官、理化、空罐及商业无菌等检验，经确认无质量问题后，才能包装出厂。

（一）产品抽样

根据部颁标准罐头食品检验方法规定，产品常用的抽样方法有以下两种。

1. 按杀菌锅抽样

低酸性罐头每锅抽样2罐，酸性罐头每锅抽样1罐，3kg以上大罐每锅抽样1罐。一般一个班的产品组成一个检验批，每批每个品种取样基数不得少于3罐。

2. 按生产的班次抽样

抽样数为 1/6000，尾数超过 2000 罐者增加 1 罐，但每班每个品种不得少于 3 罐。如果某些产品班产量较大，则以 30000 罐为基数，抽样数为 1/6000，超过 30000 罐以上的按 1/20000 计，尾数超过 4000 罐者增加 1 罐。个别产品产量过小，同品种同规格可合并班次为一批抽样，但并班总数不超过 5000 罐，每个批次抽样数不得少于 3 罐。

（二）产品检验

水果罐头质量检验包括感官检验、理化检验和微生物检验。

1. 感官检验

包括罐头容器检验和罐头内容物的色泽、组织形态、滋味和气味的检验。

（1）罐头容器检验　检查瓶与盖结合是否紧密牢固，罐形是否正常，有无胀罐；罐体是否清洁及锈蚀；罐盖的凹凸变化情况等。

（2）色泽和组织形态检验　在室温下将罐头打开，然后将内容物倒入白瓷盘中观察色泽、组织、形态是否符合标准。

（3）滋味和气味检验　检验是否具有该产品应有的滋味与气味，并评定其滋味和气味是否符合标准。

2. 理化检验

理化检验包括以下几个方面：

（1）真空度的测定　真空度的高低可采用打检法来判断或用罐头真空计检测。打检法是用特制的棒敲打罐盖或罐底，如发出的声音坚实清脆，则为好罐，浑浊声则为差罐。用罐头真空计测定罐头真空度一般要求达到 26.67kPa 以上。

（2）净重和固形物比例的测定　按 GB/T 10786—2006 规定的方法检验。

净重含量测定：擦净罐头外壁，用天平称取罐头毛重。

水果类罐头不经加热，直接开罐；内容物倒出后，将空罐洗净、擦干后称重。按下式计算净重：

$$m = m_2 - m_1$$

式中　m——罐头净重，g；

m_2——罐头毛重，g；

m_1——空罐重量，g。

固形物含量测定：水果罐头开罐后，将内容物倾倒在预先称重的圆筛上，不搅动产品，沥干 2min 后，将圆筛和沥干物一并称重。按下式计算固形物含量：

$$X = \frac{m_2 - m_1}{m} \times 100\%$$

式中　X——固形物含量（质量分数），%；

m_2——果肉或蔬菜沥干物加圆筛质量，g；

m_1——圆筛质量，g；

m——罐头标明净重，g。

（3）可溶性固形物的测定　常用折光仪测定可溶性固形物含量。

（4）有害物质的检验　重金属含量按 GB/T 5009.16、GB/T 5009.13、GB/T 5009.12、GB/T 5009.11 规定的方法分别测定锡、铜、铅、砷。

3. 微生物检验

将罐头放入 20～25℃ 的温度中保温 5～7d，如果罐头杀菌不足，罐内微生物繁殖产生气体会使内压增加，发生胀罐，这样就便于把不合格罐区别剔出。

除此之外，罐头食品还需要对溶血性链球菌、致病性葡萄球菌、肉毒梭状芽孢杆菌、沙门氏菌和志贺氏菌等致病菌进行检查，检验方法参照 GB 4789.26 规定，合格的罐头中致病菌不得检出。

五、水果罐头常见质量问题及防止措施

（一）罐头的败坏

罐头食品在贮存期间，仍然进行着各种变化。如果罐头加工过程中操作不当，加上贮存条件不良，往往会加速质量的变化而使罐头败坏。罐头的败坏分胀罐的败坏和不胀罐的败坏两种。

1. 胀罐的败坏

使罐头的一端或两端向外凸出。根据其发生的原因，主要有以下几种：

（1）物理性胀罐　罐内食品装量过多，顶隙过小或几乎没有，杀菌时内容物膨胀造成胀罐；排气不足，真空度较低，罐头冷却时降压速度太快，使内压大大超过外压而胀罐；寒冷地区生产的罐头运往热带地区销售或平原生产的罐头运到高山地区销售，由于外界气压的改变也易发生胀罐。

防止措施：①应严格控制装罐量，切勿过多；②注意装罐时，罐头的顶隙大小要适宜，要控制在 3～8mm；③提高排气时罐内的中心温度，排气要充分，封罐后能形成较高的真空度，即达 $4.0×10^4～5.0×10^4$ Pa；④加压杀菌后的罐头消压速度不能太快，使罐内外的压力较平衡，切勿悬殊过大；⑤控制罐头制品适宜的贮藏温度（0～10℃）。

（2）化学性胀罐　高酸性食品中的有机酸（果酸）与罐头内壁（露铁）起化学反应，放出 H_2，H_2 积累使内压升高而发生胀罐。

防止措施：①防止空罐内壁受机械损伤，以防出现露铁现象；②空罐宜采用涂层完好的抗酸全涂料钢板制罐，以提高对酸的抗腐蚀性能。

（3）细菌性胀罐　是由于杀菌不彻底，或罐盖密封不严细菌重新侵入而分解内容物，产生气体使罐内压力增大而造成胀罐。

防止措施：①对罐藏原料充分清洗或消毒，严格注意加工过程中的卫生管理，防止原料及半成品的污染；②在保证罐头食品质量的前提下，对原料进行充分的热处理（预煮、杀菌等），以消灭产毒致病的微生物；③在预煮水或糖液中加入适量的有机酸（如柠檬酸等），降低罐头内容物的 pH，提高杀菌效果；④严格封罐质量，防止密封不严而泄漏，冷却水应符合食品卫生要求，经氯化处理的冷却水更为理想；⑤罐头生产过程中，及时抽样保温处理，发现带菌问题要及时处理。

2. 不胀罐的败坏

主要由细菌的作用和化学作用引起，通常表现为罐内食品已经败坏，但并不胀罐。如平酸菌在罐内繁殖时不产生气体，但使食品变色变酸；食品中的蛋白质在高温杀菌和贮存期间分解放出硫或硫化氢，与铁皮接触产生黑色的硫化铁、硫化锡等。

防止措施：在预煮水或糖液中加入适量的有机酸（如柠檬酸等），降低罐头内容物的 pH，可以抑制平酸菌的生长繁殖；使用抗硫涂料罐作为罐藏容器。

（二）罐壁的腐蚀

1. 罐内壁腐蚀

镀锡薄板的镀锡层其连续性并不是完整无缺，尚有一些露铁点存在，加上空罐制作过程的机械冲击和磨损，使铁皮表面有锡层损伤，造成铁皮与罐头中所含的有机酸、硫及含硫化合物和残存的 O_2 等发生化学反应而产生侵蚀现象。

防止措施：生产过程中加强对原料的清洗、提高排气效果、容器使用抗酸抗硫涂料等可减轻腐蚀问题。

2. 罐外壁锈蚀

当罐头贮存的环境湿度过高时，罐外壁则易生锈。

防止措施：可通过控制罐头的冷却温度、擦干罐身、涂抹防锈油、控制贮藏环境稳定的温度和较低的相对湿度来避免。

（三）变色和变味

水果中的某些化学物质在酶或罐内残留氧的作用下或长期贮温偏高可产生酶褐变和非酶褐变。罐头内平酸菌（如嗜热性芽孢杆菌）的残存，会使食品变质后呈酸味，不胀罐。橘络及种子的存在使制品带有苦味。

防止措施：选用含花青素及单宁低的原料制作罐头。如加工桃罐头时，核洼处的红色素应尽量去净。加工过程中，要注意工序间护色。装罐前根据不同品种的制罐要求，采用适宜的温度和时间进行热烫处理，破坏酶的活性，排除原料组织中的空气。配制的糖水应煮沸，随配随用。加工中，防止果实与铁、铜等金属器具直接接触，所以要求用具采用不锈钢制品，并注意加工用水的重金属含量不宜过多。杀菌要充分，以杀灭平酸菌之类的微生物，防止制品酸败。橘子罐头，其橘瓣上的橘络及种子必须去净，选用无核橘为原料更为理想。

（四）罐内汁液的浑浊和沉淀

罐内汁液产生浑浊和沉淀的原因有：①加工用水中钙、镁等金属离子含量过高（水的硬度大）；②原料成熟度过高，热处理过度，罐头内容物软烂；③制品在运销中震荡过剧，而使果肉碎屑散落；④保管中受冻，解冻后内容物组织松散、破碎；⑤微生物分解罐内食品。

防止措施：①加工用水进行软化处理；②控制温度不能过低；③严格控制加工过程中的杀菌、密封等工艺条件；④保证原料适宜的成熟度。

任务 1-1　糖水草莓罐头生产

【任务描述】

糖水草莓罐头是以浆果草莓为原料，经过去蒂、清洗、渗汁等处理，然后将其装入罐头容器中，加入糖水，经排气、密封、杀菌等工序制成的产品。是糖水水果类罐头的代表产品。糖水水果类罐头是以水果为原料，罐液是糖水的罐头产品。目前市面上常见的糖水水果罐头有苹果、黄桃、橘子、菠萝、山楂、葡萄、海棠、樱桃、猕猴桃、热带水果、什锦罐头等几十种产品。

通过糖水草莓罐头生产的学习，掌握罐液是糖水的这一类水果罐头的加工技术要点。熟悉糖水水果罐头生产设备的维护和使用方法；能估算用料，并按要求准备原料；学会配制糖水；掌握排气、杀菌以及分段冷却等操作要点。

教学采用资讯→计划→决策→实施→检查→评价六步教学法。

【任务实施】

一、生产任务单

生产内销 1 万罐草莓罐头。要求：采用 820mL 玻璃罐灌装；净重 820g；固形物含量 45%；

开罐含糖量 15%；每罐装入的果肉量 530～545g。

二、原料要求与准备

（一）原辅料标准

（1）草莓 草莓果实新鲜饱满，七八成熟，风味正常，果面呈红白色或白色，无腐烂、变质、发霉、病虫害、黑疤、严重畸形果。

（2）砂糖 洁白、干燥、无杂质，纯度 99% 以上。

（3）柠檬酸 洁净干燥粉末或颗粒状，纯度 99% 以上。GB 2760 规定可按生产需要适量使用。

（4）着色剂 采用进口产的胭脂红。E124 胭脂红：浓度 85%，GB 2760 规定成品残留量不超过 0.1g/kg。

（二）用料估算

根据生产任务单可知：产品净重 820g，每罐装入果肉重 530g，生产罐头 10000 罐。草莓果肉糖度达 6%，开罐糖度 15%。

根据实验得知：对于符合原料标准的草莓，去梗花萼 1%，其他损耗 7%，一般采购的原料不合格料 6%，抽空处理增重 6%，因此草莓可利用率 92%。

生产 10000 罐草莓罐头需要准备的原辅料量如下：

草莓量＝每罐果重÷草莓可利用率×总罐数＝530g÷92%×10000＝5760kg

需要配制的糖浆总量＝（净重－果块重）×总罐数＝（820g－530g）×10000＝2900kg

$$配制的糖浆浓度 = \frac{每罐净重×开罐糖液浓度 - 每罐装入果肉量×装罐前果肉含糖量}{每罐加入的糖液量}$$

$$= \frac{820×15\% - 530×6\%}{820 - 530} = 31\%$$

柠檬酸按 100kg 糖浆加 100g 计算，得 2900g。

胭脂红按 100kg 糖浆加 25g 计算，得 725g。

综上所述：生产草莓罐头 10000 罐，需要准备新鲜草莓 5760kg，需要配制 31% 的糖浆 2900kg，柠檬酸 2800g，胭脂红 700g。

三、生产用具及设备的准备

（一）空罐的准备

经耐热急变性试验合格的玻璃罐要剔除罐身不正、罐口不圆或有砂粒和缺损、罐壁厚薄不均、有严重气泡、裂纹和砂石等不合格罐，然后经过清洗、消毒后备用。

玻璃瓶的清洗也有人工清洗和机械清洗两种。

人工清洗的过程一般是先用热水浸泡玻璃瓶，对于回收的旧瓶子，由于瓶内壁常黏附着食品的碎屑、油脂等污物，瓶外壁常黏附着商标残片等，故需先用温度为 40～50℃，用含量为 2%～3% 的 NaOH 溶液浸泡 5～10min，以便使附着物润湿而易于洗净。然后用毛刷逐个刷洗空瓶的内外壁，再用清水冲净，沥水后消毒。

机械清洗则多用洗瓶机清洗。常用的有喷洗式洗瓶机、浸喷组合式洗瓶机等。喷洗式洗瓶机仅适用于新瓶的清洗。洗瓶时，瓶子先以具有一定压力的高压热水进行喷射冲洗，而后再以蒸汽消毒。浸洗和喷洗组合洗瓶机对于新瓶、旧瓶的清洗都适用。洗瓶时，瓶子先浸入碱液槽浸泡，然后送入喷淋区经两次高压热水冲洗，最后用低压、低温水冲洗即完成清洗。

洗净的空罐应倒置，控干水后使用。

罐盖清洗消毒，备用。

(二) 用具及设备准备

生产用具及设备有去蒂器 (图 1-1-1)、手持糖度计 (图 1-1-2)、罐中心温度测定仪 (图 1-1-3)、抽空设备 (图 1-1-4)、清洗设备 (图 1-1-5)、草莓卷毛机 (图 1-1-6)、金属探测仪 (图 1-1-7)、热力排气机 (图 1-1-8)、常压杀菌锅 (图 1-1-9)、夹层锅 (图 1-1-10) 等。

图 1-1-1 去蒂器

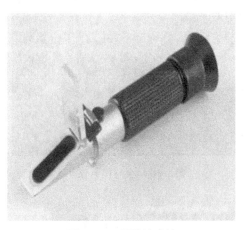

图 1-1-2 手持糖度计

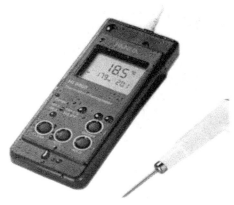

图 1-1-3 罐中心温度测定仪

图 1-1-4 抽空设备

图 1-1-5 清洗设备

图 1-1-6 草莓卷毛机

图 1-1-7　金属探测仪

图 1-1-8　热力排气机

图 1-1-9　常压杀菌锅

图 1-1-10　夹层锅

四、产品生产

（一）工艺流程

原料→去蒂→分选→清洗→抽空→卷毛→金属探测→质检→分选→称重→清洗→装罐→注糖水→预封→排气→密封→杀菌→抹罐→入库

（二）操作要点

1. 去蒂、分选

首先保证作业台案面、去蒂刀、筐必须洁净、干爽。将草莓按果个大小分为三级：21g 以上为 L 级（大）；15～20g 为 M 级（中）；8～15g 为 S 级（小）。畸形、8g 以下果为等外果；剔除霉烂、死果，然后去蒂。

2. 清洗

反复洗去草莓料上的泥沙及残叶，不论机洗、人工清洗均要勤换水，大棚里生产的果实可采用 2 次清洗，每槽水可清洗 6 次必须更换，清洗机至少 2h 更换 1 次水。陆地生产的果实可采用 3～4 次清洗，每槽水可清洗最多 4 次即更换，清洗机至少 1h 更换 1 次水。

3. 抽空

草莓与抽空液按 1：1.2 下入锅中，开启真空泵，使抽空锅真空度达到 0.05MPa 以上。抽空时间 0～2min，静泡 0～3min。这两项指标可根据果成熟度随时调整。要保持抽空液干净，无严重果绒果籽。每天更换 3～4 次。抽空后的草莓糖度达到 5％～7％。

4. 卷毛、金属探测

抽空后的果料需经卷毛机将果绒脱除，再经金属探测仪，采用 ϕ1.5mm、ϕ2.5mm Fe 确认金属探测仪是否正常，正常表明原料中没有金属杂质。

5. 糖液配制

净重 820g，草莓果肉含糖 6％，平衡后开罐糖度为 15％。配制糖液 100kg，使用砂糖 31kg，柠檬酸 100g，胭脂红 25g，配制的糖液浓度为 31％。

注意：配制糖液用水一定是开水。

6. 装罐

(1) 检罐 玻璃瓶清洗时水温不低于 65℃，剔除瓶口破裂、瓶口裂纹、瓶壁上超过 4mm 的大气泡瓶、瓶内带杂质的瓶等。

(2) 检质 捡出草莓中的草棍、蒂叶等，剔除软烂、黑疤、虫眼及严重畸形果。

(3) 装填量 注意每车投产草莓必须测定其脱水率，然后再确定具体的装填量。820g 规格：装入处理好的草莓 530～545g。

(4) 要求 不准积压。果实大小要基本均匀。不得有严重畸形、软烂、虫眼、黑头、黑疤草莓，不得串级。果料称重后必须经清洗后装罐，控净水分，每罐残留水分不得超过 10g。

7. 预封、排气、密封、装屉

注液后将罐盖盖上，旋转一道，其松紧程度以能使罐盖沿罐身旋转而又不会脱落为度。经预封的罐头在加热排气或在真空封罐过程中，罐内的空气、水蒸气及其他气体能自由逸出，而罐盖不会脱落。然后放到排气机进行热力排气，脱汽后罐中心温度达到 62～68℃，立即旋紧罐口，达到密封。封好的罐要轻拿轻放，立式摆屉中。注意不要积压，要做到先封口先杀菌。

8. 杀菌、冷却、抹罐、入库

采用常压杀菌。杀菌式为 10min—20min—15min/100℃，分段冷却至 38～40℃。擦净罐盖、罐身水分，检验合格，即可贴标、入库。

(三) 产品质量标准

(1) 感官指标

色泽：果肉和糖水应呈较均匀一致的红色或深红色，糖水清亮，汤汁中允许有少量果籽。

滋味、气味：具有糖水草莓罐头应有的滋味和香味，无异味。

组织、形态：果实饱满，不软烂，大小基本均匀，不允许有严重畸形果，不允许有黑疤、虫眼果，不允许有果蒂、果叶。

杂质：不允许存在。如草、棍、头发、纤维等各类杂质。

(2) 理化指标 820mL 玻璃罐，净含量 820g，固形物≥45％，开罐糖水浓度 15％；每罐装入的果肉量 530～545g。

重金属含量：锡（Sn）≤250mg/kg，铜（Cu）≤5mg/kg，铅（Pb）≤1mg/kg，砷（As）≤0.5mg/kg。

(3) 微生物要求 应符合罐头食品商业无菌要求。

【任务考核】

一、产品质量评定

按表 1-1-1 中项目进行检验记录。对成品质量给予评价、评分。检验方法按 GB/T 10786—2006 规定的方法进行，详见附录 2。

表 1-1-1　糖水草莓罐头成品质量检验报告单

组别		1	2	3	4	5	6
规格		820g 玻璃瓶装糖水草莓罐头产品					
真空度/MPa							
总重量/g							
罐（瓶）重/g							
内容物重/g							
罐与固重/g							
固形物重/g							
内容物汤汁重/g							
糖汁							
色泽							
口感							
软硬度							
稠度							
pH							
可溶性固形物/%							
质量问题	煮融						
	破裂						
	大小						
	瑕疵						
	杂质						
结论（评分）							
备注							

二、学生成绩评定方案

学生成绩评定采用过程考核与成品质量评定成绩相结合，考评方案见表 1-1-2。

表 1-1-2　学生成绩评定方案

考评方式	过程考评		成品质量评定
	素质考评	操作考评	
	20分	30分	50分
考评实施	由指导教师依据学生的平时表现考评	由指导教师依据学生生产操作时的表现进行考评以及小组组长评定,取其平均值	由指导教师带领学生对产品进行检验,按照成品质量标准评分。见表 1-1-1
考评标准	完成任务态度(5分) 团队协作(5分) 解决问题能力(5分) 创新能力(5分)	原辅料选购(5分) 生产方案设计（10分） 设备使用(5分) 操作过程(10分)	按照产品物理感官评定项目表评分

注：造成设备损坏或人身伤害的项目计 0 分。

【任务拓展】

一、糖水黄桃罐头生产

（一）原辅材料

（1）黄桃　果实新鲜饱满，七八成熟，风味正常，色泽为黄色或黄红色，果皮、果尖、核窝及核缝处允许有轻微红色，无畸形、霉烂、病虫害和机械伤。果实横径 55mm 以上。

（2）白砂糖　干燥洁净、无杂质，纯度 96％以上。

（3）火碱　洁净片状或块状，纯度 96％以上，必须是食品级的。

（4）盐酸　洁净透明液体，纯度 35％以上。

（5）柠檬酸　洁净粉末状，纯度 98％以上。

（6）异抗坏血酸钠　洁净粉末状，纯度 98％以上。

（二）工艺流程

原料分选→切半→去核→碱液去皮→清洗→盐酸中和→预煮→冷却→分选、修整→检质→称重→清洗→装填→配糖液→注液→排气→密封→验罐→杀菌→冷却→抹罐→入库

（三）操作要点

1. 切半

沿合缝处对半切开。注意一定要开正，不允许开偏。

2. 去核

用桃挖去核，要求核窝完整，不缺肉，要正。挖核时挖匀紧贴桃核，顺核形挖，不能带果肉太多。注意不要出现核窝太深、铲形、偏窝等桃半。将虫眼桃处理干净，单独存放和称量，单独做去皮处理。

3. 碱液去皮

配制 8％的火碱溶液。若按 5t 计，则火碱 400kg，水 4600kg，总量 5000kg，火碱浓度 8％。火碱溶解时应注意加水后易反应起沫膨胀外溢，防止烫伤、烧伤，要加强人员的安全防护。

将配制好的火碱液加热至 98～100℃，淋碱机加热至 90～95℃，火碱浓度不低于 8％，加入桃子，桃子凸面朝上扣在链网上，根据去皮效果调整，温度最好不低于 93℃。根据火碱浓度、

去皮效果调整淋碱机的去皮时间，去皮时间大约50～150s（从淋碱起至淋碱结束），浸碱机温度控制在95～98℃，时间调整至50～70s。火碱处理后立即用滚筒清洗机进行清洗，然后立即转入盐酸中和液中和。

4. 盐酸中和

盐酸中和液配制：以每1000kg计。

盐酸	水	配成	浓度	pH
3～5kg	995～997kg	1000kg	0.3%～0.5%	2～3

盐酸中和后如果不直接预煮，则立即用1.5%浓度的盐水护色。

5. 预煮

预煮液配制：

柠檬酸	异抗坏血酸钠	水	预煮液总量
200g	100g	99.7kg	100kg

经去皮、去核处理后的果进行预煮。预煮液温度95～98℃，时间大约6～10min，根据预煮液效果调整，果实刚好熟透，软硬适度，不黑心。每隔1.5h补加柠檬酸200g，异抗坏血酸钠50g。水温加热95～98℃时下料，调整转速使桃料煮透，无硬心，手握有弹性。一般掌握在6～10min（可根据原料成熟度不同，灵活掌握）。预煮后的果实立即投入冷却机中冷却，出冷却机时加流动水冷却，要求迅速冷却透，水温控制在35℃以下。

6. 分选、修整

预煮冷却后的桃料，按一等、二等、烂料分选。剔除虫眼、黑疤果及毛边、变色果。允许桃尖合缝处有轻微红色，偏离桃子的合缝线最宽处直径小于0.8cm的桃半可以不用修整，修整不良桃片可以采用直刀修饰，切口平整。

7. 装罐

称量后的果料必须清洗方可入罐。空罐先采用82℃以上热水清洗消毒，同时检查罐（瓶）口有无缺陷，底盖、封口有无缺陷。剔除瓶口裂纹、缺口、瓶体不净等不良罐。

每罐大小、色泽基本一致，果形基本保持完整，允许有不影响整个果形的修饰果。瓶装桃核窝一律朝里，不允许有翻碗桃片，每罐净重（820g）、果重（550g），必须符合要求，每瓶控水时必须检查，装填合格方可流入下道工序。

8. 糖液配制、注液

根据开罐检验净含量、糖度、装填量及果肉糖度仔细核算后确定配制糖液浓度为33%，辅料添加柠檬酸、异抗坏血酸钠各50g/100kg。糖水浓度根据果肉糖度随机调整。

糖液配制时一定要烧开，糖水必须经200目的过滤网过滤后使用，糖水出锅温度不低于90℃。

将配好的糖液趁热罐装。将果块没入糖液中，留有顶隙5～10mm。

9. 排气、密封

采用脱汽封口，820g规格加热使罐中心温度68～70℃，净重不低于规定值即可封口。上盖要正，拧盖要紧，封口后检查是否漏汤。静止锅杀菌时每层瓶之间要加垫隔开，防止磨盖。采用真空封口：封口机真空度要达到0.05MPa以上。净重要达到规定要求。封口后要逐瓶检查封口质量，瓶装需要打检真空，剔除低空瓶。

10. 杀菌、冷却

采用脱气封口：820g杀菌式为（5～8min）—20min—20min/（95～98℃）。采用真空封口：杀菌时间延长5min，温度不变。

杀菌后分段冷却至38℃。

11. 抹罐、入库

将瓶上的水迹、污迹抹掉，罐装要逐瓶打检后再码盘归垛。

（四）产品质量标准

1. 感官指标

色泽：黄桃呈黄色至淡黄色、青黄色，同一罐内色泽基本一致，核窝处允许有轻微变色，糖水清亮。

滋味、气味：具有糖水黄桃罐头应有的滋味，香味浓郁，无异味。

组织形态：软硬适度，块形较完整，同一罐内果块大致均匀，允许有轻微修饰果，糖水中果肉碎屑极少。

杂质：不允许存在。

2. 理化指标

罐头经过商业无菌平衡后：

820g 规格：净重 820g，固形物含量 550g，开罐糖度 15%，桃块数不超过 18。

重金属含量：$Sn \leqslant 250mg/kg$，$Cu \leqslant 5mg/kg$，$Pb \leqslant 1mg/kg$，$As \leqslant 0.5mg/kg$。

3. 微生物指标

应符合罐头食品商业无菌要求。

二、糖水山楂罐头生产

（一）原辅材料

（1）山楂 果实八九分成熟，呈红色或紫色。横径在 2cm 以上，无病虫害及机械损伤果，无腐烂、变质、发霉、黑疤、严重畸形果。

（2）白砂糖 应符合 GB/T 317 的要求，干燥、洁净。

（二）工艺流程

配制糖液 ┐

原料选择 → 清洗 → 去核 → 烫漂 → 装罐 → 排气、密封 → 杀菌、冷却 → 擦罐 → 保温检验 → 贴标

空罐 → 清洗 → 消毒 ┘

（三）操作要点

1. 去核

先用除核器下刀切去花萼，然后从果梗下刀除去果核，注意防止果实破裂，残留果核应在 5% 以下。

2. 烫漂软化

经去核的山楂用流水冲洗干净，70℃时在水中软化，1～2min 后捞出，放入冷水中冷却。

3. 配糖浆

用 85℃ 热水配成 30% 的糖水，过滤备用。

4. 装罐

500g 玻璃罐装果肉 240g，糖水 260g，装罐时液温度保持在 80℃ 以上。装罐时要留有 6～8mm 的顶隙。

5. 排气密封

400～500mm 汞柱真空密封，也可采用热力排气：90℃～95℃加热 5～7min，至罐中心温度在 75℃以上，立即封口。

6. 杀菌

杀菌式为 10min—20min—10min/100℃。

7. 冷却

分段冷却：80℃—60℃—38℃。

8. 擦罐

冷却后立即擦去表面水分和污物。

9. 保温检验

25～30℃保温 5 昼夜，拣出胀罐、漏罐。

10. 贴标成品

对合格品贴好商标，然后装箱、贮存。贮存的适宜温度为 4～10℃，相对湿度为 70%。贮存环境应有良好的通风条件。

（四）产品质量标准

1. 感官指标 （优级）

色泽：果实呈红黄色，色泽均匀一致，糖水透明，呈红色。

滋味、气味：酸甜可口，有浓郁的山楂香，无异味。

组织、形态：果形完整，果径 20mm 以上，软硬适度，无病虫害果；处理不良果、裂果不超过总数的 5%。

杂质：不允许存在。如草、棍、头发、纤维等各类杂质。

2. 理化指标

净含量 425g，固形物≥60%，开罐糖水浓度 16%；每罐装入的果肉量 275g。

重金属含量：锡（Sn）≤250mg/kg，铜（Cu）≤5mg/kg，铅（Pb）≤1mg/kg，砷（As）≤0.5mg/kg。

3. 微生物要求

应符合罐头食品商业无菌要求。

三、糖水橘子罐头生产

（一）原辅材料要求

（1）**橘子**　果实新鲜良好，大小大致均匀，成熟适度，风味正常，无严重畸形。无干瘪、无病虫害及严重机械伤所引起的腐烂现象。

（2）**白砂糖**　应符合 GB/T 317 的要求。

（3）**柠檬酸**　应符合 GB 1886.235—2016 的要求。

（4）**异抗坏血酸钠**　应符合 GB 1886.28—2016 的要求。

（二）工艺流程

去皮、去橘络、分瓣→酸处理→碱处理→漂洗→整理→分选→装填→排气→密封→杀菌→冷却→抹罐

（三）操作要点

1. 去皮、去橘络、分瓣

剥去橘皮、橘络，并按大小瓣分放，注意轻轻剥离，不能剥碎。

2. 酸处理

将剥离好的橘瓣称量好，放在白钢槽内，加入水，以刚刚淹没果料为准，果肉与水比例为 1∶1，例如果肉 100kg，加入水 100kg，然后加入盐酸 1kg，常温处理 40min，然后洗涤一次。

3. 碱处理

碱液浓度 2％，温度 40～44℃，时间 4min，以大部分囊衣易脱落，橘肉不起毛、不松散软烂为准。

4. 漂洗

流槽清水漂洗 30min。

5. 整理

橘瓣装于带水盆中逐瓣去除残余囊衣、橘络及橘核，并洗涤一次。

6. 分选

无薄片、畸形、断瓣缺角，僵囊、软烂瓣。色橙红或橙黄，均匀一致。

7. 糖水配制

果肉糖度达 10％，开罐糖度 15％。

砂糖	柠檬酸	异抗坏血酸钠	水	配成总量	糖度
25kg	100g	50g	75kg	100kg	25％

8. 装罐

（1）空罐（瓶）消毒 采用 82℃以上热水清洗消毒，翻扣控净水分，同时检查瓶口有无缺陷，剔除瓶口裂纹、缺口等不良罐。

（2）装填量 230～240g，大小瓣分开装瓶，剔除薄片、畸形、断瓣缺角，僵囊、软烂瓣。

9. 排气、密封

热力排气，360g 规格的玻璃罐罐内中心的糖水温度达到 70～75℃，净重不低于规定值 360g，即可封口。上盖要正，拧盖要紧，封口后检查是否漏汤。静止锅杀菌时每层瓶之间要加垫隔开防止磨盖。

10. 杀菌

360g 规格杀菌式为：5min—15min—15min/（98～100℃）。如果采用真空封口罐头杀菌时间要延长 5min，温度不变。杀菌冷却后要将罐上的水迹、污迹抹掉，瓶装要逐瓶打检后再码盘归垛。

（四）产品质量标准

1. 感官要求

色泽：橘片呈橙色或橙黄色，色泽一致，具有与原果肉近似的光泽。糖水澄清，果肉及囊衣碎屑等悬浮物甚少。

滋味、气味：具有原果香味，酸甜适口，无异味。

组织形态：橘片囊衣去净，允许极个别橘片少量残留囊衣、橘络，橘片基本完整，形态近似半圆形或长半圆形，大小、薄厚较均匀。破碎片以重量计不超过固形物的 10％。

2. 理化指标

（1）净含量 不低于 360g。

（2）固形物含量 不低于 180g。

（3）糖度 14％～16％。

（4）**真空度**　不低于 0.03MPa。

（5）**重金属含量**　锡≤200mg/kg，铜≤5mg/kg，铅≤1mg/kg。

3. 微生物要求

应符合罐头食品商业无菌的要求。

4. 缺陷

要求无严重缺陷和一般缺陷。

严重缺陷：有明显异味，有有害杂质，如碎玻璃、头发、外来昆虫、金属屑。

一般缺陷：有一般杂质，如棉线、合成纤维、感官要求明显不符合技术要求、有数量限制的明显超标，净含量、固形物含量低于规定值，糖水浓度不符合要求。

四、糖水菠萝罐头生产

（一）原辅材料

（1）**菠萝**　果实新鲜良好，成熟适度，风味正常，无畸形，无病虫害及机械伤所引起的腐烂现象。

（2）**白砂糖**　应符合 GB 317 的要求。

（3）**柠檬酸**　应符合 GB 1886.235 的要求。

（二）工艺流程

原料去皮→通心、打圆→压片→切块→烫漂→装罐→糖水配制→脱气→封口→杀菌→抹罐

（三）操作要点

1. 原料去皮

用菠萝专用刀削去皮，再用专用镊子将深入果肉的皮夹出，处理好的菠萝清洗，然后挑出处理不干净，如带皮、带疤则要进行返工。

2. 通心、打圆

将处理好的菠萝用槽子清洗，然后用机器通心、打圆，根据菠萝大小，通心、打圆模具要进行调换。通心模具直径分别为 2cm、2.5cm、3cm，打圆模具直径分别为 98cm、93cm、88cm、83cm、78cm、63cm，打圆机器前面放水槽，打圆后的菠萝落入水槽中。

3. 压片、切块

将通心、打圆的菠萝清洗后压成 1.3cm 厚的圆片，两端的圆片各剔除一片，然后切成扇形块，扇形块为十二分之一的，切片的模具和打圆的模具相对应，切成扇形块后剔除瑕疵果。

4. 烫漂

水温 95～98℃，时间 4～5min，然后捞出，进行漂洗 3 遍，如果用机械清洗 1 遍即可。

5. 装罐

将清洗好的菠萝装罐，根据规格、固形物的要求调整装填量。

360g 瓶	生装料：装填量 215～230g；
	漂烫料：装填量 200～210g。
3000g 备料罐	生装料：装填量 2045～2100g；
	漂烫料：装填量 1950~-2000g。

要求每罐大小、色泽均匀一致，不带机械伤或病虫害斑点，切削良好。

6. 糖水配制

100kg 糖水中加 400g 柠檬酸，糖度根据开罐要求及果肉糖度灵活调整。糖水必须烧开过滤

备用，保持温度 90℃以上。

7. 脱气、封口

① 瓶装 360g 脱气时间约 7～8min，脱气后罐中心温度为 70～80℃。

② 备料罐装 3000g：脱气时间约 7～8min，罐中心温度达到 90～95℃，然后灌糖水，糖水温度不低于 88℃。

脱气后立即密封。

8. 杀菌、冷却

杀菌式：

360g 装为：5min—20min—15min/（98～100℃）；

3000g 装为：10min—50min—20min/（98～100℃）。

分段冷却至 38～40℃。

9. 抹罐

瓶身、瓶盖抹干净，剔除真空度低的、糖液少的、有杂质的、磨盖等不合格品。

（四）产品质量标准

1. 感官

（1）色泽 果肉呈淡黄色至黄色，色泽较一致，允许有轻度白色放射状条纹，允许有少量果肉碎屑。

（2）滋味、气味 具有菠萝罐头浓郁的芳香味，无异味。

（3）组织形态 果肉软硬适度，略有纤维感。果芯或硬化部分不得超过固形物的 7%，块形完整，切削良好，不带机械伤或虫害斑点。小扇形块：块形大小大致均匀，疵点数不超过总片数的 12.5%。

2. 理化指标

糖水菠萝罐头的理化指标见表 1-1-3。

表 1-1-3　糖水菠萝罐头理化指标

项目 \ 规格	360g	3000g 备料
瓶型	370mL	15173 涂料罐
净含量/g	360	3000
固形物重/g	180	1800
糖度	14～16	10
形状	1/12 的扇形片	1/12 的扇形片

3. 微生物要求

应符合罐头食品商业无菌的要求。

五、糖水葡萄罐头生产

（一）原辅材料

（1）葡萄 采用七八成熟的巨峰葡萄，无霉烂变质，无病虫害。单粒葡萄重 4g 以上。

（2）乳酸钙 洁净、干燥、无异味。应符合 GB 2760 的要求。

（3）柠檬酸 洁净、干燥、无异味。应符合 GB 2760 的要求。

（4）异抗坏血酸钠 洁净、干燥、无异味。应符合 GB 2760 的要求。

（二）工艺流程

原料剪枝→漂烫→冷却→去皮、去核→护色→检质（灯检）→分选→称重→清洗→装罐→糖水配制→注糖水→脱气→封口→杀菌→冷却→抹罐→打检入库

（三）操作要点

1. 剪枝

将大串葡萄剪成小串或单粒，剔除大裂口、软烂、病虫害葡萄。

2. 漂烫

每筐 2.5～3.5kg，在 90～95℃水中烫 10～15s，迅速急冷透，可根据葡萄成熟度和去皮效果随时调整漂烫时间。

3. 去皮、去核、护色

用小镊子或小钩子顺葡萄口纵向将皮剥去，然后将核捏出或钩出。注意不要在里面乱搅动，去核、去筋后保证葡萄挺实饱满，处理好的葡萄按大小分别装入小盆，盆内加 1‰异抗坏血酸钠溶液护色。护色液可重复使用，当用 2～3 次后更换护色液。

4. 灯检

葡萄通过灯光反射，捡出带皮、带核及软烂葡萄，按大小分选，合格料放入 1‰异抗坏血酸钠水中护色。

5. 装罐

装填量：240～260g。每瓶大小基本一致，不允许有带核、带皮、软烂葡萄，不允许混入杂质。如头发、草棍、枝梗、皮核、昆虫等。裂口果每瓶不超过 3～4 粒，裂纹长度不超过葡萄粒高度的 1/2。允许果硬实的经过修正整理过的葡萄，但葡萄粒必须保证 2/3 果形，此类果每瓶不超过 5 粒。

6. 糖水配制

葡萄果肉糖度 6%，要求开罐糖度 15%。配制 100kg 糖水，用砂糖 36kg，柠檬酸 200g，异抗坏血酸钠 150g，纯净水 64kg。糖水温度要保持 70℃以上。糖水必须加热烧开过滤后备用。

7. 脱气、封口

360g 瓶采用脱气封口，罐内中心温度 70～75℃，注糖水时要装满，盖要上正、拧紧，装屉每层之间用垫隔开，防止磨盖。

8. 杀菌、冷却

杀菌式：5min—15min—20min/（88～90℃），分段冷却，杀菌后冷却至 45℃以下。出屉时，打检、抹罐装箱。

（四）产品质量标准

1. 感官

色泽：果实呈绿色或浅绿色，糖水较透明，允许含有少量不引起浑浊的果肉碎屑。

滋味、气味：具有糖水葡萄罐头应有的滋味、气味，甜酸适口、无异味。

组织形态：果实去梗、去皮、去核。果形基本完整、饱满、大小基本均匀，软硬适度，允许裂口果不超过净重的 5%，允许果硬实的经过修正整理过的葡萄，但葡萄粒必须保证 2/3 果形，

此类果每瓶不超过 5 粒。无带皮、带籽葡萄每瓶不超过 2 粒。

2. 理化指标

瓶型：370mL 坛瓶，ϕ63mm 盖。净含量：360g；固形物含量：不低于 200g；糖度：14％～16％；pH 值：3.2～3.6；真空度：不低于 0.03MPa。

3. 微生物要求

应符合罐头食品商业无菌的要求。

六、糖水海棠罐头生产

(一) 原辅材料

(1) 海棠　果实新鲜成熟，品质良好，带果梗，果面呈白色、黄白色或青白色，无霉烂、病虫害、干疤斑点、畸形、大叶磨、严重机械伤。允许有黄色的自然斑点及轻微的机械伤。海棠每只果实重量不低于 10g。

(2) 叶磨果　每只果允许 1 处，伤面大小不超过 5mm²，颜色浅黄色，无褐色。不合格果：霉烂、病虫害、干疤、黑斑点、畸形、严重叶磨和机械伤；大于 20g、小于 10g 果。

(3) 砂糖　洁白、干燥，纯度 99％以上。

(4) 异抗坏血酸钠　干燥、洁净，纯度 99％以上。

(二) 工艺流程

原料挖花→分级→工序间护色→清洗→扎眼→喷洗→工序间护色→抽空→分选→糖液配制→装罐→浇糖水→封口→杀菌→冷却→抹罐→入库

(三) 操作要点

1. 原料挖花、分级、清洗

将每只果的花蒂用专用工具挖去，刀口要整齐不能偏，不能过大，不得有残留花蒂及外露果种。同时按大、中、小料分级。

2. 护色、清洗

去除花蒂的果放在 1.5％的盐水中护色，防止刺孔变色。然后清洗。

3. 扎眼

处理好的果经清洗投入扎眼机中，边扎眼边喷淋，冲去残渣及杂质，出机后立即投入 1.5％盐水、0.1％异抗坏血酸钠水中护色，防止刺孔果实变色。果实扎眼深度大于 2mm。果料扎眼需要至少扎两遍，保证果料上的眼扎得均匀。

4. 抽空

抽空液配制：每 100kg 糖水，加砂糖 15kg；异抗坏血酸钠 50g；纯净水 85kg，配成总量100kg。抽空液使用时必须加热至 50℃，不能高或低，保持±5℃，防止温度过高将果料烫熟。

抽空方法：果肉与抽空液之比为 1∶1.2，果实淹没液下。抽空锅抽空时，真空度必须在0.09MPa 以上。抽空时间 30～50min，浸泡时间 15～30min，抽空后的果实以全透明为宜，抽空果实透明度要达到 95％以上。抽空时间、浸泡时间可随原料成熟度而定。

注意：抽空锅使用前必须清洗干净，抽空管路要保证无脏水、锈水，防止污染果料。

抽空液每天下班后必须加热烧开存放，使用时补加补充液，保持糖度 15％。

补充液配制：可配制高浓度糖水调整糖度，例如，每 100kg 糖水，砂糖 60kg，异抗坏血酸钠 100g，水 40kg，配成总量 100kg。使用时加热，保证抽空液温度保持在 50℃，不能高或低，保持±5℃，糖度 15%，异抗坏血酸钠每抽两锅补加 50g。

5. 糖液配制

按果肉糖度、开罐糖度计算：

砂糖 20kg　　异抗坏血酸钠 50g　　纯净水 80kg　　总量 100kg　　糖度 20%

糖水配制时一定要加热烧开，使用时保持温度 70℃以上，糖水需要经 200 目的过滤网过滤后注罐。糖水浓度可根据装罐果实的糖度随时调整。

6. 装罐

分选：按果实大小、色泽分选，剔除严重叶磨、病虫害、黑斑果，剔除畸形干疤、严重机械伤果。将达到 20g 以上的特大果料单独存放，需要集中做软化、脱气处理，脱气后要立即用冷水冷却，再进行装填。装填量：195～205g，最大装填量 250g。

（四）产品质量标准

1. 感官要求

色泽：果实呈淡黄色或黄白色，同一罐中色泽一致，糖水较透明，允许有极少量种籽存在。
滋味、气味：具有糖水海棠罐头应有的风味，酸甜适度合口，无异味。
组织形态：整只果实不带梗，大小均匀，软硬适度，破裂果不超过果数的 15%。杂质不允许存在。

2. 理化指标

罐型：370mL 玻璃瓶，使用 ϕ63mm 的旋开盖。净含量：不得低于 350g。固形物含量：175g。糖度：14%～16%（内销）。重金属含量：Sn≤250mg/kg，Cu≤5mg/kg，Pb≤1mg/kg，As≤0.5mg/kg（出口）。

3. 微生物要求

应符合罐头食品商业无菌要求。

任务 1-2　干装苹果罐头生产

 【任务描述】

干装苹果罐头是以苹果为原料，经过去皮、清洗、抽空等处理，然后将其装入罐头容器中，经排气、密封、杀菌等工序制成的产品。是水果类不加糖水做罐液的罐头产品的代表。目前市面上这类产品，除了干装苹果罐头外，还有五香板栗罐头以及一些坚果类罐头产品。

通过干装苹果罐头生产的学习，掌握无罐液的这一类水果罐头的加工技术要点。熟悉干装水果罐头生产设备的维护和使用方法；能估算用料，并按要求准备原料；掌握排气、杀菌以及冷却等操作要点。

教学采用资讯→计划→决策→实施→检查→评价六步教学法。

 【任务实施】

一、生产任务单

为俄罗斯生产 5000 罐干装苹果丁罐头。要求：采用罐号 15173 马口铁罐灌装；净重 2724g；

每罐装入果块重 2724g。

二、原料要求与准备

（一）原辅料标准

(1) 苹果　品种：黄金、国光、富士苹果。感官：果实饱满，八九成熟，风味正常，具有本品种特有的香味。组织不萎缩，无面糠、腐烂、霉变、冻伤、病虫害、水斑烂点、畸形、严重机械伤、落地果，无串品种果和压伤、压碎果。允许轻微机械伤，每个果伤不超过五处。合格率：90％以上。其中直径小于 65mm 的果不超过 10％。规格：直径 65～80mm。

(2) 柠檬酸　无色透明结晶或白色颗粒与结晶性粉末状，无臭，有强酸味，纯度 99％。

(3) 氯化钙　白色结晶粉末，无臭、无味，纯度 98％以上。

(4) 异抗坏血酸钠　白色结晶性粉末与颗粒，无臭，味咸，易溶于水，水溶液易被空气氧化，纯度 98％以上。

（二）用料估算

根据生产任务书可知：产品净重 2724g，每罐装入果块重 2724g，生产罐头 5000 罐。

根据实验得知：对于符合原料标准的苹果，去皮损耗 12％，去核损耗 13％，其他损耗 4％，抽空处理增重 2％，一般采购的原料不合格料 6％，因此黄桃可利用率 67％。

生产 5000 罐干装苹果丁罐头需要：

苹果量＝每罐果块重÷苹果可利用率×总罐数＝2724g÷67％×5000＝20328.4kg

三、生产用具及设备的准备

（一）空罐的准备

挑选 15173 马口铁罐，淘汰"舌头"、塌边等封口不良罐，剔除焊线缺陷、翻边开裂等不良罐。对合格的罐进行清洗、消毒。清洗有人工清洗和机械清洗两种。

人工清洗是将空罐放在沸水中浸泡 0.5～1min，必要时可用毛刷刷去污物，取出后倒置盘中，沥干水分后消毒。人工洗罐劳动强度大，效率低，一般在小型企业多采用人工清洗消毒。

机械清洗则多采用洗罐机喷射热水或蒸汽进行洗罐和消毒。大中型企业多用洗罐机进行清洗。空罐经 82℃以上热水清洗消毒或以蒸汽消毒。

（二）用具及设备准备

生产用具及设备有去皮机（图 1-2-1）、清洗设备（图 1-2-2）、修整用刀（图 1-2-3）、去心刀（图 1-2-4）、分果器（图 1-2-5）、切丁机（图 1-2-6）、抽空设备、卷毛机、金属探测仪、脱气机（图 1-2-7）、杀菌设备（图 1-2-8）、封罐机、糖度计、罐中心温度测定仪等。

图 1-2-1　苹果去皮机

图 1-2-2　清洗设备——刷果机

图 1-2-3 修整去皮

图 1-2-4 苹果去心刀

图 1-2-5 苹果分果器

图 1-2-6 苹果切丁机

图 1-2-7 脱气机

图 1-2-8 连续杀菌设备

四、产品生产

（一）工艺流程

原料→清洗→去皮→修整→切半→去核→工序间护色→质检→清洗→切块→漂洗→抽空→清洗→灯检→装盘→去毛发→金属探测→脱气→装罐→称重→封口→验罐→杀菌→冷却→抹罐→保温检验→贴标→装箱→入库

（二）操作要点

1. 苹果清洗、去皮、修整、工序间护色

原料经清洗或喷洗后，采用机器去皮，去皮后修除果面残留果皮，切成二开，挖净籽巢及梗蒂，放于 1.2%～1.5% 的食盐水中护色，然后清洗去杂质和果蒂。

2. 切分、漂洗

用分果器或人工切果或大机器切条（或片或丁），按果块大小分别切成 6 开或 8 开条状小块，放入 0.1％柠檬酸，0.05％异抗坏血酸钠混合液中护色，至少 3h 更换一次水。然后通过水流清洗至无杂质和碎屑块为止。

若切丁，采用切丁机。苹果先抽空后切丁。调整切丁机刀具，按要求更换 1.0～1.3mm 或 1.3～1.5cm 方丁刀。切好的苹果丁在 0.05％异抗坏血酸钠和 1‰柠檬酸混合液中护色，再经 0.8cm 或 1.0cm 筛丁机筛选。

3. 抽空

抽空液配比：

异抗坏血酸钠	清水（纯净水）	总量	透明度	漂浮率
50g	99.95kg	100kg	70％～90％	条≤20％，丁≤40％

注：前期成成熟度在 80％。抽空液每使用 2 次补加异抗坏血酸钠 20g/100kg。

抽空工艺要求：

① 抽空锅做真空度渗漏试验。用肥皂水涂抹在密闭的抽空锅、管路各接缝处，观察有无起泡，若有起泡则该锅需要维修；或者使用打火机，看其火苗是否有向里侧偏移，若有偏移则该锅漏气需要维修。

② 抽空锅真空度 0.09MPa 以上。

③ 果与抽空液的比为 1.0：1.2 左右。

④ 根据生产季节和抽空程度可分别采用干抽或湿抽工艺。

⑤ 抽空锅吸入抽空液应高出果面 10cm 以上。

⑥ 抽空液温度应控制在 50℃以下。抽空时间 10～40min，浸泡时间 10～40min。依据果成熟度不同随时调整。

⑦ 抽空过程中果块不得露出液面，浮在液面上的果块挑出后重新抽空处理。

⑧ 抽空液每使用 6h 更换一次，加糖抽空液可根据果绒情况最多使用 3 次过滤一遍，下班后加热烧开，第二天使用。使用前检查确认是否有酸败味。糖水抽空液可根据抽空果量和溶液清洁度更换，最多 3d 更换一次。

⑨ 抽空管线系统每周应彻底清洗消毒一次，初次使用时必须彻底清洗干净，防止抽空时混入杂质。

⑩ 正确掌握抽空工艺是确保成品真空度、色泽的关键。

4. 灯检

抽空后的果料必须清洗一遍后过卷毛机再检，清洗水加 0.1％柠檬酸和 0.05％异抗坏血酸钠，每 6h 更换一次。卷毛机和清洗机每天用 100mg/kg 次氯酸钠溶液消毒一次。

抽空后的果块设专人在灯光下进行质量检查将未抽好的果及碎屑和杂质严格挑出，机械伤及虫疤果应捡出重新修整后使用，修整后的果应放在异抗坏血酸钠水中护色，均匀分散混入好果料中。检质后的果料按大、中、小料分别装盘。每盘装果量 3～4kg，丁2～3kg，均匀铺平，厚度 2～3cm，每盘过金属探测仪，每 15min 用标准 ϕ2mm 模块确认一次。

5. 脱气

脱气（或脱水）。

① 脱汽柜内蒸汽温度在 96～100℃。

② 脱水时间 6～9min。

③ 脱水后的果块温度控制在 83～88℃，富士果和前期果或 ϕ80mm 以上大果可控制在 88～94℃。

④ 掌握好脱气温度、时间及脱水率是确保脱水后果块色泽、硬度和罐头真空度的关键。

⑤ 装果盘每使用一次需用清水冲洗干净再装果，每天用 100mg/kg 次氯酸钠溶液消毒一次。

6. 装罐

装罐要求：装罐前果块温度必须达到83℃以上，富士果、前期果或ϕ80mm以上大果可控制在88℃以上。若发现果块脱水不透（温度不够）、变色、软烂时不得装罐。装罐要仔细，剔除杂质（如头发、草、棍、纤维、棉线等），剔除带皮、带疤、严重机械伤果。果高时可用手（带有色手套）将果压实，注意减少压碎果。

7. 封口

15173型罐封口温度在90℃以上时可不用真空。当温度85～89℃可开真空度0.01～0.02MPa，当温度83～85℃可开真空度0.02～0.03MPa，当温度低于82℃时，则重新排气。

8. 验罐

封口后罐头有专人逐罐验封口质量，剔除舌头、塌边、划伤等不良罐，及时改装不得积压，若果块温度不够要重新脱气加热。

过程抽检：目测检测每隔1h抽取一罐，用卡尺测封口外观；剖测检测每隔2h抽取一罐，作好目测、解剖检测记录。

9. 杀菌、冷却

15173罐型杀菌式如下。

静止杀菌式：5min—20min—60min/（98～100℃）；全自动：运行时间（杀菌时间）20min，温度控制在97～100℃。见图1-2-9、图1-2-10。杀菌后快速分段冷却至罐中心温度55℃以下。

图1-2-9　封口

图1-2-10　全自动杀菌

10. 抹罐

出屉后要逐罐抹净罐外水迹、污渍，倒置摆放。

（三）产品质量标准

（1）感官指标

色泽：果实呈黄色或黄白色，色泽较均匀一致。

滋味、气味：具有干装苹果罐头应有的滋味，香味浓郁，无异味。

组织形态：果实纵切成6开或8开条状小块。丁状为1.0～1.2cm或1.2～1.5cm正方形。块形较完整，硬度较好，允许修整果及少量的轻微机械伤存在，碎块及汤汁均不超过净重的5%，5块最大果与5块最小果重量比小于2.3倍。烂果不允许存在。

杂质：不允许存在，如头发、蚊蝇等昆虫、草棍、金属、纤维丝、棉线、胶皮、塑料等。

（2）理化指标　见表1-2-1。

表 1-2-1　干装苹果罐头的理化指标

罐型	净含量/g	固形物量/%	总酸度/%	pH 值	真空度/MPa	顶隙/mm	重金属含量/(mg/kg)
15173	2724	2724	0.25～0.6	3.0～3.6	≥0.03	5～15	锡≤200 铜≤5 铅≤1 砷≤0.5

（3）微生物指标　符合罐头食品商业无菌要求。

【任务考核】

一、产品质量评定

按表 1-2-2 中项目进行检验记录。对成品质量给予评价、评分。检验方法按 GB/T 10786—2006 规定的方法进行，详见附录 2。

表 1-2-2　干装苹果罐头成品质量检验报告单

组别	1	2	3	4	5	6
规格/g			15173 型马口铁罐干装苹果罐头产品			
真空度/MPa						
总重量/g						
罐(瓶)重/g						
内容物重/g						
罐与固重/g						
固形物重/g						
色泽						
口感						
软硬度						
稠度						
pH						
质量问题　煮融						
质量问题　封口						
质量问题　漏罐、胀罐、瘪罐						
质量问题　大小						
质量问题　瑕疵						
质量问题　杂质						
结论(评分)						
备注						

二、学生成绩评定方案

对学生的评价方式建议采用过程考核成绩与成品质量评定成绩相结合，考评方案见表 1-2-3。

表 1-2-3　学生成绩评定方案

考评方式	过程考评		成品质量评定
	素质考评	操作考评	
	20分	30分	50分
考评实施	由指导教师根据学生的平时表现考评	由指导教师依据学生生产操作时的表现进行考评以及小组组长评定，取其平均值	由指导教师带领学生对产品进行检验，按照成品质量标准评分。见表 1-2-2
考评标准	完成任务态度(5分) 团队协作(5分) 解决问题能力(5分) 创新能力(5分)	原辅料选购(5分) 生产方案设计(10分) 设备使用(5分) 操作过程(10分)	按照产品物理感官评定项目表评分

注：造成设备损坏或人身伤害的项目计 0 分。

【任务拓展】

一、软包装五香板栗罐头生产

（一）原料配方

板栗 100kg，五香料液 200kg。

五香料液配方：大料 1.6kg、桂皮 1kg、丁香 200g、花椒 200g、甘草 400g、食盐 8kg、糖精钠 40g，加水至 200kg。

（二）工艺流程

原料→预处理→挑选→分级→蒸煮→真空吸料→烘干→包装→杀菌→冷却→成品

（三）操作要点

1. 原料处理

板栗应及时拣拾或用棒击树枝使栗果震落下来，然后拣拾起来进行沙藏，以促进淀粉转化，增加甜度，提高可溶性固形物的含量。挑出风干及虫霉果实，同时清除残枝落叶及栗苞杂质等。

2. 分级

选出直径小于 0.4cm 的小形栗果，剩下的用湿沙掺和，堆放 1 周可防发热、生霉以及风干损失。每天要翻倒 2 次，以排除田间热。

3. 蒸煮

由于栗果外面的革质层不易吸水，煮时难以入味。为此，采用真空煮制，强制味料渗入果肉。

味料配方：大料 0.8kg、桂皮 0.5kg、丁香 0.1kg、花椒 0.1kg、甘草 0.2kg、食盐 4kg、糖精钠 0.02kg，加水至 100kg，煮 30min。

在加入果实煮熟后，连同液汁倒入真空浸渍器，以果液比为 1∶2 进行抽空。果实密度加大则果开始下沉。在破除真空时，料液由发芽孔进入果实内部，经过吸、放几个回合，栗肉具有十足的五香气味。

4. 烘干

把这些栗坯放在120℃温度中烘干（烘干前必须洗去黏附在果皮外的黏附物）。烘烤1.5～2.0h，使栗果内部含水量降到30％。这样果实内包在种子上的那层涩皮与果肉很易剥离。要求果肉不碎，其干湿度保持适宜程度。

5. 包装

经加工的板栗果实不再生虫、长霉。但也会因保存不当，从而发生失水和反生。

6. 冷却

把烘好的板栗薄薄摊开，进行冷却。待全部彻底冷后，才能装袋。

7. 装袋

为提高板栗的风味，把板栗在装袋前，先喷入少量奶油香精。

每袋装板栗分为100g、200g乃至250g等不同重量（规格），最后再抽空封口，以利保藏。

8. 杀菌

用聚酯袋包装后，可以用沸水杀菌30min，然后立即冷却，但切切注意使果实完整、不碎，以免影响质量。

（四）产品特点

色、香、味俱佳，可作为旅游和方便食品直接食用，还可作炖鸡、烧肉时的配菜。

二、咸核桃仁罐头生产

（一）原料配方

核桃仁110kg（炸油适量）、干精盐1～1.2kg、味精400g。

炸油配方：花生油100kg、没食子酸丙酯30g、柠檬酸15g、酒精90g。

（二）工艺流程

选料→水煮→甩水→油炸→冷却→挑选→拌料→分选→装罐

（三）操作要点

1. 选料

核桃仁通过0.8cm孔径的震荡筛，去除碎仁、碎皮、虫食、霉粒等不合格仁。并选除杂质。

2. 水煮

沸水煮2～4min，立即以清水冷却透，漂洗除去涩味，预煮水应经常更换。水煮后，应及时甩水油炸，防止半成品积压，影响成品的色泽和酥脆。

3. 甩水

桃仁装入布袋于离心机甩水1～2min，使核桃仁含水量控制在10％左右。

4. 油炸

每筐约5kg于油温150～160℃的油中炸2～4min，使核桃仁均匀炸透而不焦煳，呈浅棕色即可。炸核桃仁的油，酸价不能超过7，使用前需按油重加入0.03％没食子酸丙酯抗氧化剂，其配制方法为花生油100kg、没食子酸丙酯0.03kg、柠檬酸0.015kg、酒精0.09kg，先将没食子酸丙酯、柠檬酸、酒精放到容器中搅拌溶解，再倒入油搅拌均匀。

5. 甩油

迅速将炸后的核桃仁，倒入衬布的离心机内趁热甩油30～40s，及时取出摊于筛上吹风冷却。

6. 挑选

选除毛、麻、核等杂质，于撞皮机上来回撞击使皮衣脱落，撞击时间 2～3min，筛孔直径 0.6cm。

7. 拌料

每千克核桃仁加入干精盐 10～12g，味精粉 4g，充分拌匀。

8. 分选

选除霉烂、虫食、臭仁、哈喇味、焦煳等不合格核桃仁及杂质。核桃仁浅棕色、均匀一致。

9. 装罐

空罐用沸水消毒后烘干，再以 75% 的酒精消毒。罐号 889，净重 200g，核桃仁 200g。

10. 排气及密封

抽气密封 53.3kPa。

11. 杀菌及冷却

咸核桃仁因装罐后不杀菌，故对加工过程的卫生及个人卫生要求较高。

（四）产品特点

形态完整，色泽金黄，味香酥脆。

三、三色果仁罐头生产

（一）原料配方

核桃仁 40kg、杏仁 30kg、花生仁 30kg、精盐 800g、味精 20g、清水 24kg。

（二）工艺流程

选料→处理→烘烤→盐炒调味→分选→装罐→排气密封→成品

（三）操作要点

1. 原料挑选

杏仁、花生仁、核桃仁分别筛选，剔除霉坏、臭仁、黑皮仁、干瘪、虫害等不合格仁。

2. 处理

杏仁、花生仁充分水洗后甩干和晾干。核桃仁沸水煮约 2min，冷水漂洗后甩干水分。

3. 烘烤

杏仁于滚筒中转动烘烤约 15min，使组织酥脆。核桃仁于 140～150℃炉中烘烤约 30min。花生仁于 140～150℃炉中烘烤约 25min。

4. 盐炒、调味

杏仁、核桃仁、花生仁分别倒入盐炒锅，喷洒调味料拌炒。调味料加入量：精盐按果仁重的 0.8%，味精 0.02%，水 24%，迅速摊开冷却。

5. 分选

选除焦皮破裂、脱皮、焙烤不熟的果仁。

6. 装罐

空罐沸水消毒后烘干，用前再以 75% 的酒精消毒。

罐号 889，净重 200g，果仁 200g。其中杏仁 30%、花生仁 30%、桃仁 40%。

7. 排气及密封

抽气密封 60kPa 以上。三色果仁因装罐后不进行杀菌，故对加工过程中的卫生及个人卫生要求必须严格。要进行无菌操作。

(四) 产品特点

颗粒完整，质地酥脆，口味咸香。

 项目思考

1. 罐头食品为什么能长期保存？

2. 罐头生产过程中排气、密封、杀菌的作用和要求是什么？

3. 糖水山楂罐头生产工艺流程如何？操作要点是什么？

4. 糖水苹果罐头生产工艺流程如何？操作要点是什么？与糖水山楂罐头生产的异同点有哪些？

5. 生产 20 罐 500g 装的苹果罐头需要多少斤苹果？计算开罐糖水浓度 18％时，本批原料应配制的糖水浓度是多少？生产 20 罐 500g 装的苹果罐头需要多少斤糖液？

6. 罐藏容器都有哪些？容器的型号有什么含义？

7. 罐头食品的检验包括哪几方面？如何检验罐头的真空度？

8. 解释杀菌式 10min—20min—10min/100℃ 的含义。

9. 水果罐头容易出现哪些质量问题？如何防止？

10. 马口铁罐的检验包括哪些方面？如何检验？

项目 2　果汁罐头生产

【知识目标】

◆ 了解果汁罐头的分类。

◆ 掌握生产果汁罐头常用的机械设备。

◆ 明确果汁罐头对原、辅料的要求。

◆ 掌握果汁罐头的生产工艺流程及操作要点。

【能力目标】

◆ 能够正确估算原辅材料的用量。

◆ 能正确选择和处理生产果汁罐头的原辅材料。

◆ 能正确使用与维护生产果汁罐头的机械设备与用具。

◆ 会生产各类果汁罐头。

◆ 能够正确检验果汁罐头的各项指标。

◆ 能够检查、记录和评价生产效果。

◆ 能解决果汁类罐头生产过程中出现的问题。

【知识贮备】

一、果汁罐头的种类

果汁罐头是将符合要求的果实经分选、清洗、破碎、榨汁，再经过滤、装瓶（或罐）、杀菌得到的罐制品。按照果汁的加工工艺分为以下几类。

（一）澄清果汁

在制作时经过澄清过滤这一特殊工序，汁液澄清透明，无悬浮物，稳定性好，因果肉颗粒树胶质、果胶质等被除去，其风味、色泽和营养都因部分损失而变差。

（二）浑浊果汁

制作时经过均质、脱气这一特殊工序。使果肉变为细小的胶粒状态悬浮于汁液中，汁液呈均匀浑浊状态。因汁液中保留有果肉的细小颗粒，故其色泽、风味和营养都保存得较好。

（三）浓缩果汁

采用物理分离工艺从果汁中除去一定比例的天然水分得到的制品。通常浓缩成 1～6 倍（质量计）的果汁。

二、果汁罐头生产工艺

（一）工艺流程

果汁罐头种类很多，但首先要进行原果汁的生产，原料通常要经过选择、预处理、压榨取汁或浸提取汁、粗滤，这些为共同工艺，而原果汁或粗滤液的澄清、过滤、均质、脱气、浓缩等工序为后续工艺，是制作某一产品的特定工艺。其工艺流程：

原料选择→清洗→预处理→取汁→粗滤→原果汁→ ⎧ 澄清、过滤→调配→杀菌→装瓶（澄清果汁）
⎨ 均质、脱气→调配→杀菌→装瓶（浑浊果汁）
⎩ 浓缩→调配→装罐→杀菌（浓缩果汁）

（二）工艺要点

1. 原料的选择和洗涤

（1）原料选择　选择优质的制汁原料，是保证果汁品质的前提。选择的原料质量要求如下：

① 原料具有浓郁的风味和芳香，无不良风味，色泽稳定，酸度适当；

② 汁液丰富，取汁容易，出汁率较高；

③ 原料的新鲜度高，无霉烂果、病虫果，无贮藏病害及异味发生；

④ 原料要有适宜的成熟度，其汁液含量、可溶性固形物含量及芳香物质含量都较高，色泽鲜艳，香味浓郁，榨汁容易。一般在九成左右成熟时采收原料。

（2）清洗　榨汁前的洗涤，是减少化学农药、减少微生物污染十分重要的措施。一般采用浸泡洗涤、鼓泡清洗、喷水冲洗或化学溶液清洗。洗涤之后剔除病虫果、未成熟果和受机械伤的果实。

2. 原料取汁前预处理

（1）原料破碎　除了柑橘类果汁和带肉果汁外，一般在榨汁前都先进行破碎，特别是皮、肉致密的果实更需要破碎，以提高原料的出汁率。破碎程度要适当，如果破碎果块太大，榨汁时汁液流速慢，降低了出汁率；破碎粒度太小，在压榨时外层的果汁很快被榨出，形成了一层厚皮，使内层果汁流出困难，也会影响汁液流出的速度，降低出汁率，同时汁液中的悬浮物较多，不易澄清。破碎程度视果实品种而定，例如苹果、梨、菠萝、芒果、番石榴，其破碎粒度以 3～5mm 为宜；草莓和葡萄以 2～3mm 为宜；樱桃为 5mm 为宜。

常用的机械破碎机有磨破机、锤式破碎机（图 2-0-1）、挤压式破碎机、打浆机（图 2-0-2）等机械，并通过调节器控制粒度大小。除此之外，还有热力破碎法、冷冻破碎法、超声波破碎法等。果实在破碎时常喷入适量的氯化钠及维生素 C 配成的抗氧化剂，以改善果汁的色泽和营养价值。

（2）加热处理　水果破碎以后，需要进行加热处理。加热可以抑制酶的活性，防止褐变发生；同时使果肉组织软化，使细胞原生质中的蛋白质凝固，改变细胞膜的半透性，有利于水果中可溶性固形物、色素和风味物质的提取；适度加热可以使果胶水解，降低汁液的黏度，从而提高了出汁率。一般热处理条件为温度 70～75℃，时间 10～15min。也可采用瞬时加热，加热温度

图 2-0-1　锤式破碎机　　　　　　图 2-0-2　打浆机

85～90℃，保温时间 1～2min。通常采用管式热交换器进行间接加热。

（3）加果胶酶处理　果胶酶可以有效地分解果肉组织中的果胶物质，使汁液黏度降低，容易榨汁过滤，提高出汁率。可以在水果破碎时，将酶液连续加入破碎机中，使酶均匀分布在果浆中。也可以用水或果汁将酶配成 1%～10% 的酶液，用计量泵按需要量加入。果胶酶制剂的添加量一般为果浆重量的 0.01%～0.03%，酶反应的最佳温度为 45～50℃，反应时间 2～3h。要根据原料品种确定酶制剂的用量、作用温度和时间，已达到最佳效果。

为了防止酶处理阶段的过分氧化，通常将热处理和酶处理相结合。简便的方法是将果浆在 90～95℃下进行巴氏杀菌，然后冷却到 50℃时再用酶处理，并用管式热交换器作为果浆的加热器和冷却器。

3. 取汁

生产上通常采用压榨法取汁。对于果汁含量少、取汁困难的原料，可采用浸提法取汁。

（1）压榨取汁　利用外部的机械挤压力，将果汁从水果或果浆中挤出的过程称为压榨。大多数果实，通过破碎就可榨取果汁，但某些水果如柑橘类果实和石榴果实等，都有一层很厚的外皮，榨汁时外皮中的不良风味物质和色素物质会一起进入到果汁中；同时柑橘类果实外皮中的精油，含有极容易变化的苎萜，容易生成萜品物质而产生萜品臭，果皮、果肉皮及种子中存在柚皮苷和柠檬碱等导致苦味的化合物，为了避免上述物质进入果汁中，这类果实不宜采用破碎压榨法取汁，应该采用特殊榨汁方法取汁。石榴皮中含有大量单宁物质，故应先去皮后进行榨汁。

榨汁机的种类很多，主要有杠杆式压榨机、螺旋式压榨机（图 2-0-3）、液压式压榨机、带式压榨机（图 2-0-4）、切半锥汁机、柑橘榨汁机（图 2-0-5）、破碎除梗机（图 2-0-6）、离心分离式榨汁机、控制式压榨机、布朗 400 型榨汁机等。带式榨汁机是国际常用的榨汁设备，榨汁工作部件是两个回转的合成纤维（聚酯）挤压带，挤压带同时也是过滤介质。

（2）浸提取汁　山楂、酸枣、梅子等含水量少、难以用压榨法取汁的原料需要用浸提法取汁。浸提法通常是将破碎的原料浸于水中，由于原料中的可溶性固形物含量与浸汁（溶剂）之间存在浓度差，水果细胞中的可溶性固形物就要透过细胞进入浸汁中。

浸提取汁主要有一次浸提法和多次浸提法等方法。一次浸提法一般是按料水比 1：（2.0～2.5）的比例，放入所需要的 90～95℃的热水，再加入相应量的被破碎的原料，略加搅拌，浸提

图 2-0-3 螺旋式压榨机

图 2-0-4 带式压榨机

图 2-0-5 柑橘榨汁机

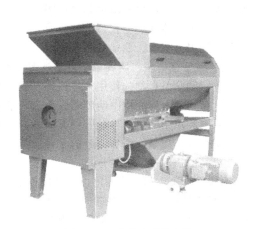

图 2-0-6 葡萄破碎除梗机

1.5～2.0h 或 6～8h，放出果汁。果汁经过过滤和澄清作为原料汁使用，滤渣不再浸提取汁。多次浸提法，是对分离果汁后的果渣，依次用相同方法再行浸提，然后将各次浸提后的汁液混合，经过过滤、澄清，作为原料汁使用。

浸提温度和浸提时间不但影响出汁率，还影响到果汁的质量。通常浸提温度为 60～80℃，最佳温度 70～75℃。一次浸提时间 1.5～2.0h，多次浸提累计时间为 6～8h。浸提前要进行适当破碎，以增加与水接触机会，有利于可溶性固形物的溶出。

4. 粗滤

粗滤或称筛滤。对于浑浊果汁要在保存色粒以获得色泽、风味和香味特性的前提下，除去分散在果汁中的粗大颗粒或悬浮颗粒。对于透明果汁，粗滤以后还需精滤，或先行澄清而后过滤，务必除去全部悬浮颗粒。生产上粗滤常安排在榨汁的同时进行，也可在榨汁后独立操作。如果榨汁机设有固定分离筛或离心分离装置时，榨汁与粗滤可在同一台机械上完成。单独进行粗滤的设备为筛滤机，如水平筛、回转筛、圆筒筛、振动筛等，此类粗滤设备的滤孔大小约为 0.5mm。此外，框板式压滤机也可用于粗滤。

5. 澄清果汁的澄清和过滤

(1) 果汁的澄清 果汁生产上常用的澄清方法有以下几种。

① 自然沉降澄清法 将破碎压榨出的果汁置于密闭容器中，经过一定时间的静置，使悬浮物沉淀，使果胶质逐渐水解而沉淀，从而降低果汁的黏度。在静置过程中，蛋白质和单宁也逐渐形成不溶性的单宁酸盐而沉淀，所以经过长时间静置可以使果汁澄清。但果汁经长时间的静置，易发酵变质，因此必须加入适当的防腐剂或在 −1～2℃ 的低温条件下保存。此法常用在亚硫

酸保存果汁半成品的生产上，也用于果汁的预澄清处理，以减少精制过程中的沉渣。

② 加热凝聚澄清法　果汁中的胶体物质受到热的作用会发生凝集，形成沉淀。将果汁在 80～90s 内加热到 80～82℃，并保持 1～2min，然后以同样短的时间冷却至室温，静置使之沉淀。由于温度的剧变，果汁中的蛋白质和其他胶体物质变性，凝聚析出，使果汁澄清。为避免有害的氧化作用，一般可采用密闭的管式热交换器或瞬时巴氏杀菌器进行加热和冷却，可以在果汁进行巴氏杀菌的同时进行。该法加热时间短，对果汁的风味影响很少。

③ 加酶澄清法　加酶澄清法是利用果胶酶水解果汁中的果胶物质，使果汁中其他物质失去果胶的保护作用而共同沉淀，达到澄清的目的。澄清果汁时，酶制剂的用量根据果汁的性质、果胶物质的含量及酶制剂的活力来决定，一般加量为果汁重量的 0.2%～0.4%。酶制剂可在榨出的新鲜果汁中直接加入，也可在果汁加热杀菌后加入。榨出的新鲜果汁未经加热处理，直接加入酶制剂，果汁中的天然果胶酶可起到协同作用，使澄清作用较经过加热处理的快。因此，果汁在加酶制剂之前不经热处理为宜。若榨汁前已用酶制剂以提高出汁率，则不需再加酶处理或加少量的酶处理即能得到透明、稳定的产品。

④ 明胶单宁澄清法　明胶单宁澄清法是利用单宁与明胶或鱼胶、干酪素等蛋白质物质络合形成明胶单宁酸盐络合物的作用来澄清果汁的。此外，果汁中的果胶、纤维素、单宁及多缩戊糖等带有负电荷，在酸性介质中明胶带正电荷，正负电荷微粒相互作用、凝结沉淀，也使果汁澄清。加入明胶和单宁的量因果汁的种类而不同，每一种果汁、每一种明胶和单宁，在使用前必须进行澄清试验确定用量。添加明胶的量要适当，如果使用过量，不仅妨碍络合物絮凝过程，而且影响果汁成品的透明度。

⑤ 冷冻澄清法　利用冷冻可以改变胶体的性质，解冻可破坏胶体的原理，将果汁置于 −4～−1℃ 的条件下冷冻 3～4d，解冻时可使悬浮物形成沉淀。故雾状浑浊的果汁经过冷冻后容易澄清。这种冷冻澄清作用对于苹果汁尤为明显，葡萄汁、草莓汁、柑橘汁、胡萝卜汁和番茄汁也有这种现象。因此，可以利用冷冻法澄清果汁。

⑥ 蜂蜜澄清法　用蜂蜜作澄清剂不仅可以强化营养，改善产品的风味，抑制果汁的褐变，而且可将已褐变的果汁中的褐色素沉淀下来，澄清后的果汁中天然果胶含量并未降低，但果汁却长期保持透明状态。用蜂蜜澄清果汁时蜂蜜的添加量一般为 1%～4%。

（2）过滤　果汁澄清后，必须进行过滤操作，以分离其中的沉淀物和悬浮物，使果汁澄清透明。常用的过滤设备有袋滤器、纤维过滤器、板框压滤机（图 2-0-7）、真空过滤器、硅藻土过滤机（图 2-0-8）、离心分离机（图 2-0-9）、超滤膜过滤等。滤材有帆布、不锈钢丝网、纤维、石棉、

图 2-0-7　板框压滤机

图 2-0-8　硅藻土过滤机

图 2-0-9　果汁离心分离机

图 2-0-10　超滤膜过滤系统

棉浆、硅藻土和超滤膜等。过滤器的滤孔大小、液汁进入时的压力、果汁黏度、果汁中悬浮粒的密度和大小以及果汁的温度高低都会影响到过滤的速度。无论采用哪一类型的过滤器，都必须减少果肉堵塞滤孔，以提高过滤效果。在选择和使用过滤器、滤材以及辅助设备时，必须特别注意防止果汁被金属离子所污染，并尽量减少与空气接触的机会。

超滤膜过滤（图 2-0-10）是一种没有相变的物理方法，果汁在过滤过程中不经热处理，并在闭合回路中运行，可减少与空气接触的机会，过滤后的汁液保留了原果的色、香、味及维生素、氨基酸、矿物质，汁液清澈透明，同时还可除去微生物，提高了果汁的质量。

6. 浑浊果汁的均质与脱气

（1）均质　均质是浑浊果汁制造上的特殊操作。其目的在于使果汁中所含的悬浮颗粒进一步破碎，使微粒大小均一，促进果胶的渗出，使果胶和果汁亲和，均匀而稳定地分散于果汁中，保持果汁的均匀浑浊度，获得不易分离和沉淀的果汁。不经均质的浑浊果汁，由于悬浮颗粒较大，在重力作用下会逐渐沉淀而失去浑浊度，使浑浊果汁质量变差。

目前使用的均质设备有高压均质机（图 2-0-11）、超声波均质机（图 2-0-12）及胶体磨（图 2-0-13）等几种。

图 2-0-11　高压均质机

图 2-0-12　超声波均质机

（2）脱气　脱气亦称去氧或脱氧，即除去果汁中的氧气。脱氧可防止或减轻果汁中色素、维

图 2-0-13　胶体磨

图 2-0-14　真空脱气罐

生素 C、香气成分和其他物质的氧化，防止品质变劣，去除附着于悬浮颗粒上的气体，减少或避免微粒上浮，以保持良好外观，防止或减少装罐和杀菌时产生的泡沫，减少马口铁罐内壁的腐蚀。果汁脱气有真空脱气法（图 2-0-14）、氮交换脱气法、酶法脱气法和抗氧化剂脱气法等。

真空脱气的原理是气体在液体内的溶解度与该气体在液体表面上的分压成正比。当果汁进入真空脱气罐时，由于罐内逐步被抽空，果汁液面上的压力逐渐降低，溶解在果汁中的气体不断逸出，直至总压力降至果汁的饱和蒸气压为止。这样果汁中的气体便可被排除。真空脱气时被处理果汁的表面积要大，一般将果汁分散成薄膜或雾状，脱气容器有三种类型：离心式、喷雾式和薄膜流下式（图 2-0-15）。控制适当的真空度和果汁温度，果汁温度热脱气为 50～70℃，常温脱气为 20～25℃，一般脱气罐内的真空度为 90.7～93.3kPa，温度低于 43℃。

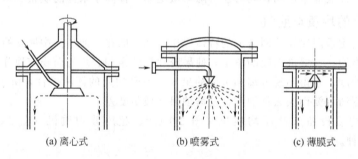

(a) 离心式　　　　　(b) 喷雾式　　　　　(c) 薄膜式

图 2-0-15　脱气罐的种类

7. 浓缩果汁的浓缩

浓缩果汁体积小，可溶性物质含量达到 65%～68%，可节约包装及运输费用；能克服果实采收期和品种所造成的成分上的差异，使产品质量达到一定的规格要求；浓缩后的汁液，提高了糖度和酸度，所以在不加任何防腐剂的情况下也能使产品长期保藏；而且还适应于冷冻保藏。因此，浓缩果汁饮料生产增长较快。目前常用的浓缩方法有真空浓缩法、冷冻浓缩法、反渗透浓缩法等。

（1）真空浓缩法　果汁在常压高温下长时间浓缩，容易发生各种不良变化，影响成品品质，因此多采用真空浓缩，即在减压条件下迅速蒸发果汁中的水分，这样既可缩短浓缩时间，又能较好地保持果汁的色、香、味。真空浓缩温度一般为 25～35℃，不超过 40℃，真空度约为 94.7kPa。这种温度较适合于微生物的繁殖和酶的作用，故果汁在浓缩前应进行适当的高温瞬间杀菌。

真空浓缩方法可分为真空锅浓缩法和真空薄膜浓缩法等多种方法。目前真空薄膜浓缩设备主要有强制循环蒸发式、降膜蒸发式（薄膜流下式）、升膜蒸发式、平板（片状）蒸发式、离心薄膜蒸发式和搅拌蒸发式等多种类型。这类设备的特点是果汁在蒸发中都呈薄膜流动，果汁由循环泵送入薄膜蒸发器的列管中，分散呈薄膜状，由于减压在低温条件下脱去水分，热交换效果好，是目前广泛使用的浓缩设备。

（2）冷冻浓缩法　冷冻浓缩法是将果汁进行冷冻，果汁中的水即形成冰结晶，分离去这种冰结晶，果汁中的可溶性固形物就得到浓缩，即可得到浓缩果汁。这种浓缩果汁的浓缩程度取决于果汁的冰点温度，果汁冰点温度越低，浓缩程度就越高。冷冻浓缩避免了热及真空的作用，没有热变性，挥发性风味物质损失极微，产品质量远比蒸发浓缩的产品优良。同时，热量消耗少，在理论上冷冻浓缩所需的热量约为蒸发浓缩热量的 1/7。但是，冰结晶的生成和分离时，冰晶中吸入少量的果汁成分及冰晶表面附着的果汁成分要损失掉，浓缩效率比蒸发浓缩差，浓缩浓度很难达到 55％以上。

（3）反渗透浓缩法　反渗透浓缩是一种现代的膜分离技术，与真空浓缩等加热蒸发方法相比，物料不受热的影响，不改变其化学性质，能保持物料原有的新鲜风味和芳香气味。

反渗透是在浓度较大的溶液一侧加上足以克服渗透压的压力，水分则通过半透膜由较浓的一侧流向较稀或溶质浓度为"0"的一侧，这种反方向透过半透膜的扩散现象称为反渗透或逆渗透（图 2-0-16）。

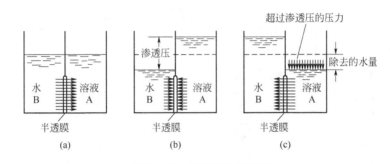

图 2-0-16　反渗透浓缩原理
（a）和（b）表示正常渗透，（c）表示反渗透

反渗透膜孔径较小，只能透过水分子而不能通过其他可溶性固形物，截留范围为 0.0001～0.001μm，如海水淡化、果汁和其他液态食品的浓缩。操作压力为 2.94～14.7MPa 左右，使用的半透膜是醋酸纤维或其衍生物。反渗透浓缩度可达 35～42°Bx。操作所需能量约为蒸发式浓缩的 1/17，为冷冻浓缩法的 1/2，是节能的有效方法。

8. 成分调整与混合

为使果汁符合一定规格要求和改进风味，常需要适当调整，使果汁的风味接近新鲜水果，调整范围主要为糖酸比例的调整及香味物质、色素物质的添加。调整糖酸比及其他成分，可在特殊工序如均质、浓缩、干燥、充气以前进行，澄清果汁常在澄清过滤后调整，有时也可在特殊工序中间进行调整。

（1）糖、酸及其他成分调整　果汁饮料的糖酸比例是决定其口感和风味的主要因素。不浓缩果汁适宜的糖分和酸分的比例在（13～15）:1 范围内，适宜于大多数人的口味。因此，果汁饮料调配时，首先需要调整含糖量和含酸量。一般果汁中含糖量在 8％～14％，有机酸的含量为0.1％～0.5％。调配时用折射仪或白利糖表测定并计算果汁的含糖量，然后公式计算补加浓糖液的重量和补加柠檬酸的量。糖酸调整时，先按要求用少量水或果汁使糖或酸溶解，配成浓溶液并过滤，然后再加入果汁中放入夹层锅内，充分搅拌，调和均匀后，测定其含糖量，如不符合产品规格，可再行适当调整。

果汁除进行糖酸调整外，还需要根据产品的种类和特点进行色泽、风味、黏稠度、稳定性和营养价值的调整。所使用的食用色素的总量按规定不得超过 0.05%；各种香精的总和应小于 0.05%；其他如防腐剂、稳定剂等按规定量加入。

（2）混合 许多果品蔬菜如苹果、葡萄、柑橘、番茄、胡萝卜等，虽然能单独制得品质良好的果汁，但与其他种类的果实配合风味会更好。不同种类的果汁按适当比例混合，可以取长补短，制成品质良好的混合果汁，也可以得到具有与单一果汁不同风味的果汁饮料。中国农业大学研制成功的"维乐"蔬菜汁，是由番茄、胡萝卜、菠菜、芹菜、冬瓜、莴笋六种蔬菜复合而成，其风味良好。混合果汁饮料是果汁饮料加工的发展方向。

9. 杀菌与包装

（1）杀菌 可以采用一般的巴氏杀菌法杀菌，即 80～85℃杀菌 20～30min，然后放入冷水中冷却，从而达到杀菌的目的。但由于加热时间太长，果汁的色泽和香味都有较多的损失，尤其是浑浊果汁，容易产生煮熟味。因此，常采用高温瞬时杀菌法，即采用 93℃±2℃保持 15～30s 杀菌，特殊情况下可采用 120℃以上温度保持 3～10s 杀菌。

果汁的杀菌原则上是在装填之前进行，装填方法有高温装填法和低温装填法两种。高温装填法是在果汁杀菌后，处于热状态下进行装填的，利用果汁的热对容器的内表面进行杀菌。低温装填法是将果汁加热到杀菌温度之后，保持一定时间，然后通过热交换器（图 2-0-17）立即冷却至常温或常温以下，将冷却后的果汁进行装填。高温装填法或低温装填法都要求在果汁杀菌的同时对包装容器、机械设备、管道等进行杀菌。蔬菜汁等可采用 UHT（超高温瞬时杀菌）方法，在加压状态下，采用 100℃以上温度杀菌。

图 2-0-17　热交换器　　　　　图 2-0-18　液体软包装机

（2）包装 果汁的包装方法，因果汁品种和容器种类而有所不同。常见的有铁罐、玻璃瓶、纸容器、铝箔复合袋等。果实饮料的灌装除纸质容器外均采用热灌装，使容器内形成一定真空度，较好地保持成品品质。一般采用装汁机热装罐，装罐后立即密封，罐头中心温度控制在 70℃以上，如果采用真空封罐，果汁温度可稍低些。

结合高温短时杀菌果汁常用无菌灌装系统进行灌装，目前，无菌灌装系统主要有纸盒包装系统（如利乐包和屋脊纸盒包装，见图 2-0-18）、塑料杯无菌包装系统（图 2-0-19）、蒸煮袋无菌包装系统和无菌罐包装系统（图 2-0-20）等。

三、果汁罐头常见质量问题及防止措施

（一）有害金属的污染

从破碎榨汁到装罐的整个加工过程，必须防止果汁受金属污染，严格避免果汁与有害的金属

图 2-0-19 无菌包装系统

图 2-0-20 马口铁罐灌装机

接触，如锌等金属盐类。铁和铜等工器具能改变果汁的风味和色泽，促成不良变化。果汁生产，必须采用不锈钢或玻璃、搪瓷玻璃、合适瓷器或耐蚀金属制成的设备及工器具。现代果汁工厂内，应用最多的是不锈钢制品。

（二）营养成分的损失

水果经破碎、榨汁、筛滤、脱气热处理等工序处理后，其所含营养成分均会受到不同程度的损失，这种损失的多少，视采用的水果种类和品种、制汁设备、工艺条件等不同而异。其中较突出的是维生素 C 的损失。维生素 C 容易氧化，一些果汁中的维生素 C 在制汁过程中因长时间受热而大量损失。为避免这种损失，首先必须防止果汁的氧化，防止与铜、铁等金属器具接触，防止微生物污染和半成品积压，减少果汁的受热时间。

（三）微生物引起果汁败坏

果汁的败坏情况可分三种：长霉、发酵、同时产生二氧化碳及醇，或因产生醋酸变酸。这些变化是由 3 种不同类的微生物，即霉菌、酵母及细菌所引起的。

1. 细菌

果汁中常发现乳酸菌、醋酸菌和丁酸菌。这些细菌一般在果汁加热和杀菌时，都能被杀死，但某些耐热孢子，如芽孢杆菌（*Bacillus*）及棱状芽孢杆菌（*Clostridium*）后的耐热芽孢，可存在于巴氏杀菌后的果汁中。果汁生产过程卫生条件好，耐热芽孢残存于果汁中的数量极少，且这些芽孢在果汁的正常酸度下已不能发育。

2. 酵母菌

酵母是引起果汁发酵败坏的重要菌类。在果实上发现的酵母种类很复杂，任何一种酵母都有可能在果汁中发现，但果实上的酵母仅有一小部分能对果汁发生作用。不同的酵母具有各个不同的特性。在无空气的大容器中，酵母较其他微生物更易生长。果汁发酵能产生大量的二氧化碳气体，可使容器爆裂。

3. 霉菌

许多霉菌都能使果实腐败，也能在果汁中发现。但大多数霉菌都需要氧气，且对二氧化碳敏感，故实际上仅少数霉菌对果汁生产有影响，这些菌还可被生产过程中的热处理所抑制。工业生产中果汁长霉的普通原因是容器被污染。少数耐热性霉菌由于能耐巴氏杀菌温度，故需特别注意。尤其是丝衣霉（*Byssochlamys*）、红曲霉（*Monascus*）、拟青霉（*Paecilomyces*）及并青霉等。

果汁污染霉菌后，品质恶化，且产生霉味。霉菌可破坏果胶并使果汁澄清。也常使酸类的成分改变或产生新的酸，结果导致风味恶化。一些霉菌也可因产生色素而使果汁变色。

为避免果汁败坏，必须采用新鲜、无霉烂、无病害的果实作榨汁原料，注意原料榨汁前的洗涤消毒，尽量减少果实外表的微生物，严格控制车间、设备、管道、容器、工具的清洁卫生，防止半成品积压等。

（四）果汁罐头在贮藏期间品质变坏的原因

果汁罐头生产后需要有一段仓贮时间及分配过程，而在大多数情况下，这个过程是在常温和较长时间内进行的。这时，果汁罐头发生了许多变化，导致营养价值降低，或因变味、外观恶化而出现下列质量问题。

1. 果汁褐变

果汁褐变是指果汁在加工和贮藏过程中颜色发生改变的一种现象。褐变不仅影响果汁的外观、风味，而且还会造成营养物质的丢失。褐变分为酶促褐变和非酶褐变。

（1）非酶褐变 非酶褐变是美拉德反应、焦糖化作用以及维生素C氧化、金属离子等引起的褐变。果汁罐头在室温或高于室温下作长期贮藏，常有水溶性的褐色物质形成。一般讲，在褐色素形成的同时，风味随之变劣。特别是在高温或强酸、强碱存在的情况下，伴随着许多有机化学反应。褐变通常由美拉德反应所引起，尚包括许多其他反应。如维生素C、花青苷、糖、糖醛酸、果酸等。降低果汁仓贮温度，是延缓果汁褐变的最有效措施之一。

防止措施是果汁在加工过程中要控制受热的温度和时间，还要防止接触铁、铜等金属。

（2）酶促褐变 酶促褐变是水果中的酚类及其衍生物被组织中多酚氧化酶催化氧化聚合，生成褐色或黑色物质。防止方法：热烫处理钝化多酚氧化酶酶活性；降低pH值；隔绝或驱除氧气；添加多酚氧化酶抑制剂。

2. 果汁罐头贮藏期间的色素变化

果汁和蔬菜汁含有包括花青苷、类胡萝卜素和黄酮类化合物的许多植物素，如葡萄、草莓、樱桃等含有使果汁呈深色的花青苷色素。影响这类果汁色素变化的因素很多，如贮藏期、贮藏温度、氧、光、糖、pH及维生素C等。但以贮藏期及含氧量对果汁色素的危害性最大。光线对颜色稍有影响，但对草莓的纯色素具有漂白作用。花青苷色素极易被还原为无色化合物，因此，含有这类色素的果汁，不能用素铁罐包装。

3. 防止果汁罐内腐蚀的措施

（1） 尽量降低密封后罐内的含氧量。可采取将果汁在装罐前进行脱气处理，适当提高密封时罐中心温度或用抽气密封等措施。

（2） 调整罐头顶隙至适宜高度。含花青苷色素的各种果汁，如樱桃、草莓果类、葡萄汁等易腐蚀性的果汁，宜采用抗酸涂料罐包装。

（3） 某些种类的果汁可因加入果酸以提高酸度而增加其耐腐蚀性，但在许多情况下酸只能增加其腐蚀速度。因此，对各种果汁的调酸，应根据果汁种类控制。

（4） 降低果汁罐头的仓贮温度，是防止果汁在仓贮期间腐蚀及变质的最好措施。

（五）果汁饮料罐头的浑浊和沉淀的原因及防止措施

由天然果汁配制的果菜汁饮料，在生产工艺和最终产品质量上突出的问题是浑浊与沉淀，其形成原因可分为生物原因、化学原因及物理原因。

1. 由生物原因引起的果汁饮料浑浊、沉淀及解决办法

果汁具有酸性，一般pH在2.4～4.2，在此酸度条件下，90%以上变质事例是由过量的酵母菌引起的，果汁饮料中酵母菌等微生物引入的主要原因：

（1） 果汁引入的。

（2） 其他辅料引入的。

（3）由水引入 生产过程往往出现处理水不合格的现象，如处理后的水比自来水的卫生指标

还差。要求使用软化过的符合软饮料用水卫生要求的水。

（4）灌装设备引入　设备不清洁，则直接污染饮料。要求对所有设备进行定期清洗消毒或采用 CIP 装置定时自动清洗。

（5）其他原因引入　工作台消毒不彻底，容器清洗不彻底及工作人员操作不符合工艺要求等都能引起果汁饮料的污染。

2. 由化学原因引起的浑浊、沉淀及其解决办法

（1）果胶与水中的钙、镁离子能形成沉淀。解决的方法是不要采用过熟的果加工果汁。配制果汁时要用软水，把水中的 Ca^{2+}、Mg^{2+} 等除去。

（2）蛋白质引起的沉淀。加工过程中，其现象是果汁能生成细白的泡沫。果汁在配制饮料时，经过加热、静置，则蛋白质可能变性而沉淀。

解决办法：①采用含蛋白质低的果汁。②用膨润土吸附蛋白质，去除果汁中的明胶物质。③配制过程中尽量少加热，加热时间要短，即最好采用巴氏灭菌或高温瞬时灭菌。④产品贮存时间不要太长，最好以销定产，边产边销，产品不要积压。⑤蛋白质亦能与水中钙、镁等碱性金属结合生成不溶性化合物，因此对水处理亦很必要。

（3）果胶也可能因凝聚作用而生成沉淀。解决办法同蛋白质。

（4）单宁也能形成不溶性凝胶。可采用先加过量明胶的办法，除去果汁中的单宁。

（5）焦糖与单宁反应生成沉淀。因此对单宁高的果汁如山楂汁等尽量少用焦糖。

（6）加防腐剂，人工合成色素、香精等也能引起沉淀、浑浊。可通过改进工艺，注意加入顺序或根本不用防腐剂。

（7）果汁饮料中含有的单糖类与苯肼类物质生成一种很清晰的不溶于水的结晶、沉淀。其防止办法：①严格配料顺序。②不用硬水。③配料用量要严格掌握。④严格选用原料，尤其是糖类。

3. 由物理原因引起的浑浊、沉淀及其解决办法

由物理方面引进的杂质而形成的沉淀大体如下：①不明显杂质沉淀，如灰尘、小白点、小黑点等。②明显杂质沉淀。③恶性杂质沉淀。

任务 2-1　桑葚清汁罐头生产

【任务描述】

　　桑葚清汁罐头是以优质桑葚为原料，经过破碎、压榨、调配、澄清、过滤、杀菌、灌装等工序制成的产品。是澄清果汁类罐头的代表产品。澄清果汁类罐头，在制作时经过澄清过滤这一特殊工序，汁液澄清透明。目前市面上常见的澄清果汁罐头有苹果、桃、山楂等几十种产品。

　　通过桑葚清汁罐头生产的学习，掌握澄清、过滤是澄清果汁类罐头的加工技术要点。熟悉澄清果汁罐头生产设备的准备和使用；能估算用料，并按要求准备原料；学会果汁调配；掌握压榨、灌装、杀菌以及冷却等操作要点。

　　教学采用资讯→计划→决策→实施→检查→评价六步教学法。

【任务实施】

一、生产任务单

　　生产 10000 罐桑葚清汁罐头。选择净重为 500mL 的塑料包装瓶；净含量 500g；原果汁含量

36％；可溶性固形物 10％；总酸度（以柠檬酸计）0.3％。

二、原料要求与准备

（一）原料标准

（1）桑葚　颜色呈暗红色或紫黑色，无虫害、无腐烂变质。

（2）白砂糖　应符合 GB 317 的要求，干燥、洁净。

（3）柠檬酸　应符合 GB 1886.235。

（4）食品添加剂　使用食品添加剂应符合 GB 2760—2014。

（二）用料估算

根据生产任务书可知：产品净重 500g，生产量 10000 罐。可溶性固形物按 10％计算。原果汁含量 36％。

根据经验得到：每生产 1t 桑葚汁需要桑葚 700kg，需要白砂糖 180kg。

本案例需要生产葡萄汁量＝净重×罐数＝500g×10000＝5000kg

需要桑葚量＝700kg÷1000kg×5000kg×36％＝1260kg

需要白砂糖量＝180kg÷1000kg×5000kg＝900kg

综上所述：生产净重 500g 的桑葚汁罐头 1 万罐，需要新鲜桑葚 1260kg，需要白砂糖 900kg。

三、生产用具及设备的准备

（一）空罐的准备

挑选装量 500mL 的塑料包装瓶进行清洗、消毒。

（二）用具及设备准备

清洗机、压榨机、破碎机、离心分离机、调配罐、糖度计、低温瞬时杀菌器、塑料瓶灌装机、台秤、蒸汽消毒机等。

四、产品生产

（一）工艺流程

原料挑选→清洗→破碎→压榨→离心分离→调配→杀菌→灌装→消毒→包装→成品

（二）操作要点

1. 原料挑选、清洗

选择成熟度高、颗粒饱满、色泽纯正、大小均匀、无病虫害、无腐烂变质现象的果实为原料，将采摘的新鲜桑葚使用清洗机进行清洗，以除去其表面的灰尘、泥沙及其他杂质。

2. 破碎

清洗后的桑葚经传送带，进入破碎机进行破碎。破碎机上、下两个压板不断碾压桑葚，使桑葚破碎成为桑葚浆。

3. 压榨

破碎后的桑葚浆进入压榨机。桑葚浆经管道进入压榨机内腔，压榨机一侧的杠杆做活塞运动，将桑葚汁榨出，经过管道流走，渣滓从下方排出。

4. 离心分离

用高速旋转的离心机将桑葚汁中的细小纤维等颗粒状物质除去，得澄清的桑葚原汁。

5. 调配

调配是桑葚果汁加工的关键环节。每 1000g 桑葚果汁加水 600mL，取桑葚原汁 360mL，柠檬酸 10g，白砂糖 10g，含苯丙氨酸 10g，食品添加剂 5g，维生素 C 5g，进行配比。配比好的原料分别加入搅拌机内搅拌，搅拌过程中，搅拌机温度控制在 50～60℃，时间 3～5min，搅拌后形成均匀的桑葚果汁。

6. 杀菌

采用低温瞬时杀菌法，使用低温瞬时杀菌器进行杀菌。杀菌温度为 72～75℃，时间为 5s。

7. 灌装

使用灌装机进行灌装。消毒的包装瓶由工人整齐地码放在传送带上，进入灌装车间，灌装机上的转轮把包装瓶衔起，使瓶口对准灌装口，灌装口向瓶内注入桑葚果汁，灌满后，给包装瓶盖上盖子，同时密封，由传送带送到消毒车间。

8. 消毒

消毒使用的是蒸汽消毒机，蒸汽消毒机由消毒器和冷却器两部分组成。桑葚果汁由传送带输送，首先进入消毒器，消毒器上方喷下 100～120℃ 的蒸汽，时间 2～3min，对包装瓶进行全面杀菌，消毒后的桑葚果汁被送到冷却器，冷却器上方喷下 20～30℃ 的温水，当包装瓶降至 30℃ 时，由传送带送出蒸汽消毒机。

9. 包装

由包装机套上商标，装箱即为成品。

（三）产品质量标准

1. 感官指标

色泽：紫红色，色泽鲜艳。
滋味、气味：有新鲜桑葚特有的滋味和芳香，酸甜适口，有清凉感，无异味。
组织形态：澄清透明，无杂质，无沉淀。

2. 理化指标

桑葚清汁罐头的理化指标见表 2-1-1。

表 2-1-1 桑葚清汁罐头理化指标

项目	指标	项目	指标
可溶性固形物/%	≥8	砷（以 As 计）/(mg/kg)	≤0.2
总酸（以柠檬酸计）/%	≥0.3	铅（以 Pb 计）/(mg/kg)	≤0.2
净含量/g	500	汞（以 Hb 计）/(mg/kg)	≤0.2
原果汁含量/%	36	镉（以 Cd, 计）/(mg/kg)	≤0.2

3. 微生物要求

桑葚清汁罐头微生物指标见表 2-1-2。

表 2-1-2 桑葚清汁罐头微生物指标

项目	指标
菌落总数/(个/mL)	≤100
大肠菌群（MPN）/(个/100mL)	≤6
致病菌	不得检出

【任务考核】

一、产品质量评定

按表 2-1-3 中项目进行检验记录。对成品质量给予评价、评分。检验方法按 GB/T 10786—2006 规定的方法进行，详见附录 2。

表 2-1-3　桑葚清汁罐头成品质量检验报告单

组别	1	2	3	4	5	6
规格	\multicolumn{6}{c}{500g 塑料瓶桑葚清汁罐头产品}					
总重量/g						
罐(瓶)重/g						
内容物重/g						
色泽						
口感						
气味						
组织状态						
可溶性固形物含量/%						
pH						
质量问题　沉淀						
质量问题　容器变形						
质量问题　杂质						
质量问题　果汁褐变						
结论(评分)						
备注						

二、学生成绩评定方案

对学生的评定方式建议采用过程考核成绩与成品质量评定成绩相结合，考评方案见表 2-1-4。

表 2-1-4　学生成绩评定方案

考评方式	过程考评		成品质量评定
	素质考评	操作考评	
	20分	30分	50分
考评实施	由指导教师根据学生的平时表现考评	由指导教师依据学生生产操作时的表现进行考评以及小组组长评定，取其平均值	由指导教师带领学生对产品进行检验，按照成品质量标准评分。见表 2-1-3
考评标准	完成任务态度(5分) 团队协作(5分) 解决问题能力(5分) 创新能力(5分)	原辅料选购(5分) 生产方案设计(10分) 设备使用(5分) 操作过程(10分)	按照产品物理感官评定项目表评分

注：造成设备损坏或人身伤害的项目计 0 分。

【任务拓展】

一、葡萄清汁罐头生产

(一)原辅材料

(1)葡萄 果实新鲜良好，成熟完全，呈紫色或白色，无病虫害及腐烂果。果实要充分成熟、香气浓郁、含糖量高并含有一定量有机酸。如美洲种的康可、伊凡斯、克林顿等，欧洲种的玫瑰香、黑虎香等，都是制取葡萄汁的好原料。

(2)白砂糖 应符合 GB 317 的要求，干燥、洁净。

(3)柠檬酸 应符合 GB 1886.235 的规定。

(4)香精、色素、甜橙油等 应符合 GB 2760 的规定。

(二)工艺流程

原料挑选→清洗、消毒→压碎、除梗→加热、软化→压榨→过滤→调配→澄清、过滤→杀菌→灌装→成品

(三)操作要点

1. 清洗、消毒

先用清水浸泡漂洗果实表面农药，再浸入 0.03％高锰酸钾溶液中消毒 2～3min，用清水反复冲洗干净。

2. 压碎、除梗

葡萄洗净后，将葡萄串放在回转的合成橡皮辊上进行压碎，再由带桨叶的回转轴将果梗排出，通过滤网分离出葡萄，由泵送去软化。如无破碎除梗机，亦可手工去梗。

3. 加热与软化

将破碎去梗的葡萄加热到 65～75℃，保持 30min 左右，并不断搅拌，使葡萄红色素充分溶于汁中。

4. 榨汁、过滤

将加热软化后的葡萄取出粗滤，取汁，滤渣再榨汁，将两次滤液混合后冷却，离心分离除去果肉纤维及细屑。

5. 调配

离心后的葡萄汁先进行糖酸比调整。以 100％原汁为例，加糖将可溶性固形物调到 15％。再在果汁中添加偏酒石酸，一般每 100kg 果汁加 2％的偏酒石酸溶液 3kg，以防止果汁酒石沉淀。

2％偏酒石酸的配制方法是：称取偏酒石酸 1kg，加水 49kg，浸泡 2h，并不断搅拌。再煮 5min，停止加热后充分搅拌使之迅速溶解后，立即用绒布过滤，加水至 50kg，然后用冷水迅速冷却。

6. 澄清

为防止果汁在澄清时以及其他工序中发酵，在澄清前先杀菌。采用 85℃，维持 15s 后，然后迅速冷却。可采用明胶-单宁法。在 100kg 果汁中加入 4～6g 单宁，8h 后再加 6～10g 明胶，澄清温度以 8～12℃为宜。当果汁絮状物全部沉入底部，即完成澄清过程，再用虹吸管吸出澄清液。也可加酶澄清，将酶制剂先溶于低温的果汁中，然后加入已杀菌冷却至 45℃的果汁中，搅拌均匀。一般果胶酶用量为 0.01％～0.05％，其他酶制剂为 0.005％～0.025％，处理条件为 40～

45℃，作用时间 4～10h。

7. 过滤

通常采用板式压滤机进行过滤，以硅藻土为助滤剂，用量为 0.5%～1.0%。

8. 杀菌

采用片式热交换器将汁瞬间加热到95℃，保持30s后立即灌装。

9. 灌装、密封

趁热灌装，罐号 5104；装量 200g；严格控制密封温度不低于90℃，密封后立即倒罐1～3min，并快速冷却。

（四）产品质量标准

1. 感官指标

色泽：为紫红色或浅紫红色。

滋味、气味：具有葡萄水果酯香气，酸甜适口，无异味。

组织形态：清澈，无杂质，无沉淀。

2. 理化指标

见表 2-1-5。

表 2-1-5　葡萄清汁罐头理化指标

项目	指标	项目	指标
罐号	5104	砷（以 As 计）/(mg/kg)	≤0.5
净含量/g	200	铅（以 Pb 计）/(mg/kg)	≤0.5
原果汁含量/%	100	铜（以 Cu 计）/(mg/kg)	≤5.0
可溶性固形物/%	15～18	防腐剂	按 GB 2760 执行
总酸度（以酒石酸计）/%	0.4～1.0		

3. 微生物要求

见表 2-1-6。

表 2-1-6　葡萄清汁罐头微生物指标

项目	指标
菌落总数/(个/mL)	≤100
大肠菌群（MPN）/(个/100mL)	≤6
致病菌	不得检出

（五）问题分析与解决

1. 葡萄汁酒石沉淀

防止方法：

① 新榨出的葡萄汁，经瞬间加热至 80～85℃，迅速冷却到 0℃左右，泵入－2～－5℃的冷库内经过消毒的贮桶中，静置贮存约 1 个月，使酒石沉淀。然后虹吸出上层清液，按常法处理装罐。

② 榨出的汁常温装罐抽气密封。85℃杀菌 20min 或经热交换器快速加热至 90℃装瓶封口，置冷凉场所 3 个月以上使酒石沉淀。

③ 在果汁中添加偏酒石酸，可防止酒石结晶析出。

④ 榨出的果汁装入耐压大桶，充入二氧化碳气密封，防止微生物繁殖。二氧化碳压力大小依贮藏温度而定，一般为 1～10MPa，时间 3 个月以上．使酒石沉淀。

2. 后浑浊现象

后浑浊现象是指在加工和贮藏中出现的不溶性悬浮物或沉淀物。防止措施：适量加入澄清剂、酶制剂和采用超滤技术；选择合理的制汁工艺，降低引起浑浊的成分，避免与活性金属离子接触；降低果汁的贮藏温度。

二、澄清苹果汁罐头生产

（一）原辅材料

（1）苹果 选用达到食用成熟度的苹果为加工原料，并搭配不同品种混合制汁为佳，尽可能采用 2～3 种搭配比较合适，主要品种为国光、红玉、红富士或配合黄香蕉以增加产品风味，比例为 3∶1 或 4∶1 为宜。

（2）白砂糖 干燥洁净、无杂质，纯度 96％以上。

（3）柠檬酸 洁净粉末状，纯度 98％以上。

（4）维生素 C 洁净粉末状，纯度 98％以上。

（5）果胶酶 白色至微黄色粉末，纯度 99％。

（6）明胶 淡黄至白色，透明带光泽的粉粒、无臭无杂质。

（二）工艺流程

原料选择→清洗、分选→破碎→压榨→加热→离心分离→澄清→过滤→调配→杀菌→灌装→密封

（三）操作要点

1. 原料选择

采用新鲜成熟苹果，剔除烂果、病虫害、严重机械伤等不合格果。

2. 清洗

一般采用水流输送槽进行苹果的预清洗作业，该作业一般在垂直或水平螺旋输送机用喷射水流完成。刷式水果清洗机也能很好地清洗苹果。清洗前或清洗后由人工在输送带上进行挑选。

3. 破碎

用破碎机将果实破碎，同时用定量泵注入 5％维生素 C 溶液，以防氧化褐变（维生素 C 添加量为苹果的 0.01％）。颗粒大小按不同类型榨汁机而定，通常如用包裹式榨汁机，粒度宜细，以 2～6mm 为宜，带式或螺旋式榨汁机，粒度则粗一些。直至开始榨汁时始终保持果浆的粒度。

4. 榨汁

通常采用板框式榨汁机、带式连续压榨机或倾析式离心提汁机，条件允许，最好采用液压式榨汁机进行榨汁。榨汁前，为提高出汁率及便于榨汁操作，需经过酶法处理，即将破碎的果浆中加入 0.02％～0.03％的果胶酶和纤维素酶的高活性复合酶制剂，45℃保温搅拌 1～2h，然后进行榨汁。要求出汁率平均达到 78％～81％。

5. 加热

榨出的果汁立即经片式或管式热交换器瞬间加热至 77～78℃，再冷却至 60℃，保持 1～3min，使汁胶体物质凝聚沉淀。

6. 离心分离

用碟片离心机，将果汁中的颗粒较大的不溶性物质如粗淀粉及果渣等分离排除。

7. 澄清

苹果汁的澄清工艺十分重要，处理不当，在成品中很容易出现浑浊和沉淀。如果是贮藏过的苹果原料，采用液压榨汁机或螺旋榨汁机压榨，苹果汁中更易出现析出物或浑浊物。因此必须采用酶制剂、澄清剂及其处理工艺来进行苹果汁澄清。苹果汁常用的澄清剂有明胶和明胶-硅胶-膨润土复合澄清剂。果汁加 0.5％明胶及硅溶胶处理 8～10min 后加入膨润土，继续静置沉降约 1～1.5h。

8. 过滤

用纸浆或过滤棉压成过滤层，用其将果汁过滤。

9. 调配

有些品种要进行调配，即用糖和酸将成品精度调整为 11％～12％，酸度调整为 0.35％左右，并适当调香。但成分调整必须符合有关食品法规。

10. 杀菌

常用的杀菌方法是巴氏杀菌或高温短时杀菌（HTST）。苹果汁的 pH 值小于 4.5，杀菌可低于 100℃，也能杀灭果汁中的微生物。因此一般要用多管式或片式瞬间杀菌器加热至 95～105℃，时间 10～15s。

11. 装罐

罐号	净含量/mL	苹果汁/mL
5133 易拉罐	250	250
591 缩颈罐	250	250
旋开式玻璃罐	250	250

12. 灌装与密封

杀菌后，立即热灌装，温度严格控制在 90℃以上，灌装后立即密封，倒罐 1～3min，瓶装须分段冷却，罐装直接迅速水浴冷却至 37℃左右。

(四) 产品质量标准

1. 感官指标

色泽：果肉色，透明，无变色现象。

滋味、气味：具有新鲜苹果固有的滋味和香气，无异味。

口感：自然清爽，酸甜可口。

组织形态：澄清透明，无肉眼可见外来杂质。

2. 理化指标

砷（以 As 计）≤0.10mg/kg；铅（以 Pb 计）≤0.04mg/kg；铜（以 Cu 计）≤1.00mg/kg。

3. 微生物指标

菌落总数≤100 个/mL；大肠菌群（MPN）≤3 个/100mL；致病菌：不得检出。

三、西番莲汁罐头生产

(一) 原辅材料

(1) 西番莲 新鲜，成熟度高的果实。

(2) 白砂糖 干燥洁净、无杂质，纯度 96％以上。

(3) 柠檬酸 洁净粉末状，纯度 98% 以上。

(4) 维生素C 洁净粉末状，纯度 98% 以上。

(5) 果胶酶 白色至微黄色粉末，纯度 99%。

（二）工艺流程

选料→清洗→破碎→打浆、取汁→过滤→澄清→调配→均质→灭菌→灌装→杀菌→冷却→成品

（三）操作要点

1. 原料选择

采收的果实要求成熟度至少八成以上，否则果汁酸味偏重、风味淡、可溶性固形物含量低。因此西番莲果不宜从藤上采摘，应在达到蒂落程度时采收或收集成熟后自然落地的果实加工，才能获得风味最佳、果汁含量最高的效果。

采用成熟落地的合格果，剔除病害、腐烂果、未熟果、干缩果及杂质。

2. 清洗

浸水 3min 后，用高压水喷洗，结合人工刷洗净果。

3. 破果、分离

人工切半、挖囊或经破果分离机将果皮挤成裂口，使含种子的胚囊和果汁从果皮中挤出。

4. 打浆、取汁

用打浆机取汁，第一道果浆通过 ϕ8mm 的滤网，第二道通过 ϕ0.6mm 的滤网先后除去种子、碎果核、纤维和细小的果肉粒子。打浆采用导程角为 1.5°、间距为 8mm 的打浆机。出汁率为 30%～35%。

5. 过滤

采取离心过滤，滤布 120 目，转速为 1600r/min，所得原浆除供调配外，可 -18℃ 冷冻贮藏备用。

6. 澄清

红色西番莲果实含淀粉约 1.0%～3.7%，其淀粉颗粒几乎全由支链淀粉所组成，因而使西番莲汁容易脱凝或产生淀粉粒膨胀，从而会大大增加果汁黏度，并有可能导致果肉微粒黏附在热交换器的加热表面，使热交换的效率下降，乃至成为产生异味的主要来源之一。添加 0.02mL/kg 的淀粉酶即可去除果汁中的淀粉。果胶酶添加量为 0.03%，温度 45℃、时间 50min，可得到澄清透明、不含果胶的澄清果汁。酶解后灭酶，于 90℃ 保持 2min。冷却至 25℃ 后以 4000r/min 转速离心 5min。

7. 调配

原浆果汁：10～15kg；维生素C：10～20mg/kg；70% 浓糖浆：11～12kg；柠檬酸：适量；复合稳定剂：100～200g；软化无菌水稀释至 100L。

调整：用浓糖浆或软化无菌水将果汁饮料糖度调整至 10%±0.5%，加入适量柠檬酸，控制成品酸含量为 0.35%±0.5%。

8. 均质

均质压力为 14～18MPa。

9. 灭菌

采用高温瞬间灭菌器预杀菌，温度 95℃ 杀菌 10～15s，出料温度 60℃。

10. 装罐

罐号	净含量/mL	果汁/mL
591 缩颈罐	250	250
旋开式玻璃罐	250	250

11. 灌装与密封

采取真空条件下密封，封口真空度 0.045～0.05MPa，封口温度 45～55℃。

12. 杀菌、冷却

(1) 采用回转杀菌器，以 100～150r/min 转速进行巴氏杀菌，罐头中心温度达 76.7～82.2℃，保持 1.5～4min 后，以同样的回转速率，用喷淋水迅速冷却至 37℃左右。

(2) 采取水浴二次杀菌，杀菌温度 68℃，时间 30min，急速冷却至 37℃左右。

西番莲汁特有的香味和风味对热处理非常敏感，温度越高超易产生具有"刺喉"类的醛类物质。因此整个生产过程都应采取真空条件下以较低的温度杀菌、灭酶、果汁的灌装和密封。

（四）产品质量标准

1. 感官指标

色泽：淡黄色。

口感：口味柔和，清凉爽口，酸甜适度。

香气：具有西番莲特有的水果香气。

组织形态：澄清透明，无沉淀，无杂质。

2. 理化指标

可溶性固形物（以折光计）≥12%；总酸（以柠檬酸计）为 0.3%。

3. 微生物指标

细菌总数≤100 个/mL；大肠杆菌（MPN）≤3 个/mL；致病菌：不得检出。

任务 2-2　粒粒橙饮料罐头生产

【任务描述】

粒粒橙饮料罐头是以新鲜柑橘为原料，经过清洗、碱液处理、去囊衣、调配、杀菌、灌装等工序制成的产品，是浑浊果汁类罐头的代表产品。浑浊果汁类罐头，制作时经过均质、脱气这一特殊工序，使果肉变为细小的胶状状态悬浮于汁液中，使汁液呈均匀浑浊状态。因汁液中保留有果肉的细小颗粒，故其色泽、风味和营养都保存得较好。目前市面上常见的浑浊果汁罐头有草莓、猕猴桃、橙子、芒果、山楂等几十种产品。

通过粒粒橙罐头生产的学习，掌握均质、脱气是浑浊果汁类罐头的加工技术要点。熟悉浑浊果汁罐头生产设备的准备和使用；能估算用料，并按要求准备原料；学会果汁调配；掌握热烫、碱液处理、灌装、杀菌以及分段冷却等操作要点。

教学采用资讯→计划→决策→实施→检查→评价六步教学法。

【任务实施】

一、生产任务单

生产 10000 罐粒粒橙罐头。罐号为 5113；罐盖为易拉盖；净含量 250g；原果汁含量 15%；可溶性固形物 15%；总酸度（以酒石酸计）0.6%～1.3%。

二、原料要求与准备

（一）原料标准

(1) 柑橘　选取八九成熟的新鲜柑橘，品种芦柑、黄岩早橘为佳。

(2) 白砂糖　应符合 GB 317 的要求，干燥、洁净。

(3) 柠檬酸　应符合 GB 1886.235 的规定。

(4) 香精、色素、甜橙油等　应符合 GB 2760 的规定。

（二）用料估算

根据生产任务书可知：产品净重 250g，生产量 10000 罐。柑橘囊胞含量 10%；可溶性固形物 15%。

查罐头工业手册得到：每生产 1t 柑橘汁需要柑橘 1750kg，白砂糖 60kg。每生产 1t 橘子囊胞需要鲜柑橘 1211kg。

本案例需要生产柑橘汁量＝250g×10000＝2500kg

需要生产橘子囊胞量＝2500kg×10%＝250kg

生产 2500kg 柑橘汁需要的鲜柑橘量＝1750kg÷1000kg×2500kg＝4375kg

生产 2500kg 柑橘汁需要白砂糖量＝60kg÷1000kg×2500kg＝150kg

生产 250kg 橘子囊胞量需要的鲜柑橘量＝1211kg÷1000kg×250kg＝302.75kg

生产 10000 罐粒粒橙罐头需要的鲜柑橘量＝4375kg＋302.75kg＝4677.75kg

综上所述：生产 10000 罐粒粒橙罐头需要的鲜柑橘量 4677.75kg，需要白砂糖量 150kg。其他添加剂按配方计算即可。

三、生产用具及设备的准备

（一）空罐的准备

挑选 5113 罐（见图 2-2-1），除去"舌头"、塌边等封口不良罐，剔除焊线缺陷、翻边开裂等不良罐。对合格的罐进行清洗、消毒。

图 2-2-1　5113 马口铁罐

（二）用具及设备准备

清洗槽、橘子去皮机（见图 2-2-2）、碱液槽、分粒机（2-2-3）、螺旋榨汁机、板框过滤机、调配罐（见图 2-2-4）、灌装机（见图 2-2-5）、糖度计、杀菌设备等。

四、产品生产

（一）工艺流程

　　　　　　　　┌→ 碱处理 → 漂洗 → 去囊衣 → 分粒 → 硬化 ┐

柑橘 → 清洗选果 → 热烫去皮去络 → 分瓣 → 榨汁 → 过滤 → 灭酶 → 均质 → 调配 → 杀菌 → 灌装 → 成品

图 2-2-2　橘子去皮机

图 2-2-3　橘子分粒机

图 2-2-4　调配罐

图 2-2-5　灌装机

（二）操作要点

1. 柑橘粒胞的制备

（1）选料　选取八九成熟的新鲜柑橘，品种芦柑、黄岩早橘为佳。去除病、烂果。

（2）热烫　按品种及大小分别于 95～100℃水中烫煮 1～3min，以外皮及橘络易剥离而不影响橘肉为准。

（3）去皮、去络、分瓣　用去皮机去皮，手工剥去橘络，分瓣机分瓣。

（4）碱处理　按原料品种、大小瓣分别将橘瓣在碱液槽或流槽式酸碱处理机中浸泡处理，碱液浓度 0.1%～0.4%，温度 40～60℃，时间 2～3min。以橘瓣表面的囊衣基本脱净，橘瓣光滑呈橘黄色，粒胞饱满，瓣仍未受破坏，即为反应终点。此时立即捞出漂洗。

（5）漂洗　用流动清水漂洗 30min，或用 pH 试纸测量漂水的 pH 在 7.5 以下时，即可停止漂洗。

（6）去囊衣　由人工将粘连在橘瓣上的囊衣选出，清除干净、沥干。

（7）分粒　在分粒机中放入清水，加入适量去囊衣橘瓣，利用水力将橘瓣破开。然后用清水淘筛出粒胞。

（8）硬化　取粒胞 1 份，放入 1.5 份的 0.5%氯化钙溶液中硬化 30min，处理温度为 38～40℃，硬化沥干，称至备用。

2. 柑橘原汁的制备

生产粒粒橙汁的橙汁最好使用橙汁专业厂家生产的浓缩橙汁或原汁，也可以自己生产。由于柑橘汁通常含有3％～6％的果浆（不溶性固形物），在制造果粒果汁饮料时，尽可能去除果汁中含有的果浆。澄清的方法有酶法澄清或物理过滤法。橙汁加工时先将橙果清洗后热烫（95～100℃，1min），去皮后用螺旋榨汁机取汁，过滤、均质、杀菌后贮存待用。

3. 悬浮剂液制备

取悬浮剂300～400kg和1kg白砂糖混合均匀后，在不断搅拌下慢慢移入配料罐糖液中，迅速升温至95℃以上，保温搅拌15min左右，使完全溶解至较清澈透明。

4. 调配

配方：柑橘原汁10～15kg；柑橘囊10～15kg；砂糖8～10kg；日落黄5g；粒粒橙悬浮剂0.3～0.4kg；甜橙油10kg；橘子香精50mL；柠檬酸适量；无菌水定容100L。

操作：将悬浮剂溶液、果汁及粒胞先搅拌混合均匀，加香、调配时应将料液降温至70℃以下为宜。

5. 灌装、密封

5133易拉罐，装罐量250mL，汁重250g。用粒粒橙灌装机或手工进行灌装，贮料罐中物料要不停地缓慢搅拌，使果粒和液体均匀一致。封口汁温不低于65℃，真空度保持0.03～0.04MPa。

6. 杀菌冷却

5133易拉罐杀菌式：5min—15min/85℃快速冷却。

7. 静置

杀菌冷却后的产品暂存车间或仓库静置4～8h，使果粒和汁液等渗透平衡，经人工充分摇匀后再贴标、装箱、入库。

（三）产品质量标准

1. 感官指标

色泽：呈橙黄色或淡黄色。

滋味、气味：具有鲜柑橘汁罐头应有的风味，酸甜适口，无异味。

组织形态：汁液均匀浑浊，砂囊悬浮在汁液，静置后允许有沉淀，但经摇动后仍呈原有的均匀浑浊状态。

杂质：无肉眼可见的外来杂质。

2. 理化指标

罐号：5113；净含量250g；原果汁含量不低于40％、60％和80％三种。可溶性固形物16％～19％；总酸度（以柠檬酸计）0.6％～1.3％。

3. 微生物指标

菌落总数≤100个/mL；大肠菌群（MPN）≤6个/100mL；致病菌：不得检出。

（四）问题分析与解决

1. 有异味

因柑橘果汁在提取过程中易为果实所含果皮油、糖苷以及其他杂质沾染而影响风味。改进取汁方法，防止沾染果皮油和果皮汁液。另外，加热易使果汁产生煮熟味。

2. 变色

柑橘汁属于热敏感性果汁，在加工和贮藏过程中，极易因受热及氧化而引起果汁风味和色泽恶化（如煮熟味和色泽变暗等）。因此，必须尽量缩短果汁在加工过程中的受热时间并防止空气混入。仓贮温度不宜过高。

【任务考核】

一、产品质量评定

按表 2-2-1 中项目进行检验记录。对成品质量给予评价、评分。检验方法按 GB/T 10786—2006 规定的方法进行，详见附录 2。

表 2-2-1 粒粒橙罐头成品质量检验报告单

组别		1	2	3	4	5	6
规格		250g 马口铁易拉罐装粒粒橙罐头产品					
总重量/g							
罐(瓶)重/g							
内容物重/g							
色泽							
口感							
气味							
组织状态							
可溶性固形物含量/%							
pH							
质量问题	沉淀						
	容器变形						
	杂质						
	果汁褐变						
结论(评分)							
备注							

二、学生成绩评定方案

对学生的评价方式建议采用过程考核成绩与成品质量评定成绩相结合，考评方案见表 2-2-2。

表 2-2-2 学生成绩评定方案

考评方式	过程考评		成品质量评定
	素质考评	操作考评	
	20分	30分	50分
考评实施	由指导教师根据学生的平时表现考评	由指导教师依据学生生产操作时的表现进行考评以及小组组长评定，取其平均值	由指导教师带领学生对产品进行检验，按照成品质量标准评分。见表 2-2-1

考评方式	过程考评		成品质量评定
	素质考评	操作考评	
	20分	30分	50分
考评标准	完成任务态度(5分) 团队协作(5分) 解决问题能力(5分) 创新能力(5分)	原辅料选购(5分) 生产方案设计（10分） 设备使用(5分) 操作过程(10分)	按照产品物理感官评定项目表评分

注：造成设备损坏或人身伤害的项目计0分。

【任务拓展】

一、黄桃果肉汁罐头生产

（一）原辅材料

（1）黄桃 选择香味浓的离核桃或半离核桃品种和采用成熟度好的桃子作原料。

（2）卡拉胶 白色至微黄色颗粒或粉末。

（3）白砂糖 干燥洁净、无杂质，纯度96％以上。

（4）柠檬酸 洁净粉末状，纯度98％以上。

（二）工艺流程

原料选择→清洗→去核→护色→软化→打浆→细磨→调配→均质→脱气→加热、灌装→密封→杀菌、冷却

（三）操作要点

1. 原料选择、清洗

剔除红肉桃、未成熟果、病虫害、霉烂果及杂质。选取达九成熟的黄肉桃为原料。充分水洗干净。

2. 去核

切半挖核或用辊压式核肉分离机去核。对开去核的桃肉，软化前用1.5％～2％盐水护色。采用切半扭核机去核的桃肉，在破碎及生打浆过程中应加0.10％～0.14％的维生素C和适量柠檬酸护色。

3. 软化

将果肉量40％的水加热至沸，然后将桃片或碎桃肉倒入，保持90～95℃，搅拌软化5～8min。

4. 打浆

采用筛孔直径0.5mm的打浆机打浆去皮，残渣用果肉量5％的水再打浆一次。

5. 细磨

将浆液通过胶体磨细磨，使桃浆进一步细化至颗粒直径3～5μm。

6. 调配

桃肉浆：35％；蜂蜜：2％；70％糖浆：8％～10％；维生素C：0.03％；卡拉胶：0.08％～0.1％；柠檬酸：适量；CMC（羧甲基纤维素）：0.16％（配成1％的溶液加入）；加水至100％。

7. 均质

采用高压均质机均质，工作压力 25～30MPa，温度 55～60℃。均质后，要求桃肉粒径小于 2～3μm。

8. 脱气

脱气条件为温度 40～50℃，真空度 0.06～0.07MPa。

9. 装罐

罐号	净含量/mL	汁重/mL
5133 易拉罐	250	250
旋开式玻璃罐	250	250

10. 加热、装罐

将桃汁经管式热交换器加热至 85℃，时间为 30～60s，快速装罐。

11. 密封

封口温度不低于 70℃。

12. 杀菌及冷却

净重 250mL（罐）杀菌式：3min—12min/100℃（水）快速冷却。

净重 250mL（瓶）杀菌式：5min—12min/100℃（水）分段冷却。

（四）产品质量标准

1. 感观指标

色泽淡黄，酸甜适口，具有带肉黄桃果汁特有的香气。

2. 理化指标

可溶性固形物含量≥8％，酸度 pH 3.5～3.8。

3. 微生物指标

达到商业无菌要求。

二、芒果果肉汁罐头生产

（一）原辅材料

（1）**芒果**　新鲜，无腐烂霉变。

（2）**白砂糖**　干燥洁净、无杂质，纯度 96％以上。

（3）**柠檬酸**　洁净粉末状，纯度 98％以上。

（4）**胡萝卜素**　紫红色或红色结晶性粉末，无臭、无味，纯度 98％以上。

（二）工艺流程

原料选择→清洗→去皮→去核→打浆→调配→均质→灌装→密封→杀菌→冷却

（三）操作要点

1. 选料

选择充分成熟、无病虫害、无腐烂的鲜芒果。若成熟度不够则应让其后熟。九成熟最佳。

2. 清洗

用人工或旋转式洗涤装置或鼓风式清洗机将果清洗干净。

3. 去皮

人工去皮或在输送带上用蒸汽处理2~2.5min，然后经冷水冷却，再去掉外皮。

4. 打浆

将去皮芒果送入螺旋桨式搅拌器，再将果实破碎成果浆和种核混合物，使果肉与种核分离。如无专用设备，亦可先由人工削肉去种核，再将果肉经二级或三级打浆机打浆，其筛孔直径为0.3mm、0.6mm或0.5mm。

5. 调配

果浆：100kg；胡萝卜素：适量；70%糖浆：52~58.5kg；软化水：242~251kg；柠檬酸调整至pH 3.5。

6. 均质

用高压均质机在20~25MPa压力下，均质2~3遍，使浆料中的大颗粒物质破碎至细度达到1~5μm以下。通过均质，使饮料组织均匀一致，控制饮料分层沉淀，使口感细腻。

7. 真空脱气

将调配好的饮料置入真空脱气机内脱气，以脱除饮料中的气体和令人不愉快的气味。真空脱气条件为：真空0.65~0.75MPa、90~95℃、10~15min。

8. 装罐

罐号	净含量/mL	果汁/mL
591缩颈罐	250	250
旋开式玻璃罐	250	250

9. 灌装、密封

均质后果浆经管式热交换器或瞬时杀菌器加热至80℃，趁热灌装与密封，封口温度不低于70℃。

10. 杀菌、冷却

净重250mL（罐）杀菌式：3min—12min/95℃（水）快速冷却至37℃。

净重250mL（瓶）杀菌式：5min—12min/95℃（水）分段冷却至37℃。

亦可采取热灌装杀菌，即95~100℃杀菌15~30s之后，趁热密封，封口温度不低于90℃倒罐保温3min，快速或分段（瓶）冷却至37℃左右。

（四）产品质量标准

1. 感官指标

色泽：微黄色，有光泽。

滋味：甜美爽口、口感肥美、有芒果特殊芳香，无异味。

组织状态：组织均匀、流动性好、久置或冷藏均无分层、沉淀现象。

2. 理化指标

总糖≥9g/100mL；总酸（以柠檬酸计）≥0.15g/100mL；可溶性固形物≥10g/100mL（以折光计）。

重金属含量：应符合GB 7098规定。

食品添加剂：应符合GB 2760规定。

3. 微生物指标

细菌总数≤100个/mL；大肠菌群（MPN）≤4个/100mL；致病菌：不得检出。

三、杏子果肉汁罐头生产

（一）原辅材料

（1）杏子 原料应注意选择成熟适度、甜酸适口的品种，红杏和黄杏应注意适当搭配。

（2）白砂糖 干燥洁净、无杂质，纯度96％以上。

（3）柠檬酸 洁净粉末状，纯度98％以上。

（4）食品添加剂 应符合GB 2760—2014规定。

（二）工艺流程

原料选择→清洗→修整→软化→打浆→调配→均质→加热→灌装→密封→杀菌→冷却

（三）操作要点

1. 原料预处理

选择新鲜的红杏和黄杏作为原料，剔除伤烂等不合格果，不同品种分开处理。果实先用清水浸泡15～30min，彻底洗净果实表面附着的尘污。然后进行修整，修除蒂柄、伤疤、病虫害、黑斑点等，切半去核。加工流程要快速，特别是修整切半后的杏块，必须迅速软化，防止积压变色。

2. 软化

按配方，糖液先在夹层锅中加热至沸，倒入果块，搅拌煮3～10min，以软化透为准。

3. 打浆

筛板孔径为0.5～1.0mm，连续打浆二次，滤除碎渣及粗纤维。

4. 调配

以70％浓糖液或沸水将均质后的汁，糖度调整至16％，酸度控制为0.5％。

5. 均质

打浆后的汁，以压力14～18MPa均质机进行均质。

6. 加热

杏子汁在夹层锅或热交换器迅速加热至75～80℃，搅拌均匀后趁热装罐。加热时注意捞去泡沫。

7. 装罐

罐号	净含量/mL	杏子汁/mL
5133易拉罐	250	250
旋开玻璃罐	250	250

空罐身底宜用抗酸涂料铁，罐盖不宜打字，用喷码机喷码为佳。

8. 灌装、密封

封口汁温不低于75℃。

9. 杀菌及冷却

净重250mL（罐）杀菌式：2min—（4～6min）/100℃（水）快速冷却。

净重250mL（玻璃罐）杀菌式：2min—（4～6min）/100℃（水）分段冷却。

（四）产品质量标准

1. 感官指标

色泽：淡黄色，色泽均匀一致。

滋味、气味：具有杏子应有的气味，酸甜适中，口感细腻，无异味。

组织形态：汁液质地均匀，体态滑润，无杂质。

2. 理化指标

可溶性固形物≥10％；总酸（以柠檬酸计）≥0.5％；铅（以 Pb 计）≤1mg/kg；砷（以 As 计）≤0.5mg/kg；铜（以 Cu 计）≤10mg/kg；汞（以 Hg 计）≤0.1mg/kg；锡（以 Sn 计）≤10mg/kg。

3. 微生物指标

细菌总数≤100 个/mL；大肠菌群≤4 个/100mL；致病菌：不得检出。

四、蓝莓果肉汁罐头生产

（一）原辅材料

（1）**蓝莓** 新鲜野生蓝莓。

（2）**果胶酶** 白色至微黄色粉末，纯度99％。

（3）**白砂糖** 干燥洁净、无杂质，纯度96％以上。

（4）**柠檬酸** 洁净粉末状，纯度98％以上。

（二）工艺流程

原料选择→清洗→打浆→过滤→澄清→调配→均质→脱气→灌装→封盖→杀菌、冷却→保温→检验→成品

（三）操作要点

1. 原料预处理

选择新鲜、成熟度好的原料。摘除果柄、枝叶，剔除病虫害、变色、变质等不合格果，因原料往往带皮压榨，如果清洗不干净会将灰尘污物带入汁液而影响品质。采用喷水冲洗，喷嘴流量以 20～23L/min 为宜，喷嘴与果实距离为 17～18cm。

2. 灭酶、打浆

在夹层锅中加 1 倍的水，加热到90℃，软化、灭酶 8～10min，放入孔 ϕ0.6mm 的打浆机中打浆，在胶体磨中细磨，制得蓝莓果浆。

3. 粗过滤

在保存果汁色泽、香味和风味特性的前提下，将新鲜果汁通过 80 目筛滤机粗滤，从而去除细胞本身的细胞壁、皮层和其他悬浮物，使其相对稳定。

4. 澄清

在汁中加入 0.03％的果胶酶，混均匀后加温至 45℃保温 2h，用蝶式离心机分离蓝莓汁，转速为 1600r/min。为防止原果汁发酵、微生物腐败，要求及时完成果胶分解作业。

5. 调配

调节 pH 为 3.2～3.6，含酸量（以柠檬酸计）为 0.25％，含糖量（以折光计）为 9％。配料时果汁温度高于常温，所以调整折光不应高于 9.5％。

6. 均质

均质处理是防止原果汁饮料沉淀的一种物理方法，使果汁中成分微细化，从而抑制颗粒沉淀，选用 9～12MPa 压力，40～50℃的条件下进行均质效果较好。

7. 脱气

由于在配料时对物料进行搅拌，果汁混入一定量的空气，对物料中营养成分产生氧化作用

而影响品质（如损失维生素 C 和产生褐变等），在杀菌灌装前要尽可能去除物料中的空气，所以必须将物料泵入密闭容器中，在温度 35℃以下、0.90～0.95MPa、真空脱气 6～10min。

8. 灌装

空罐采用 GB 10785 规定 5133、214×2 罐型（带易拉盖、彩印铁），并符合 GB/T 14251《罐头食品金属容器通用技术要求》的规定。罐盖应喷印有生产日期和厂代号，在 80℃的水中消毒 5min，控干水分备用。每罐定量装罐为 250mL＋10mL。逐罐检验装罐量。

9. 封罐

灌装后及时封罐，用全自动真空封罐机，在 0.056MPa 进行封罐，逐罐检查封罐质量，剔除不合格品。

10. 杀菌、冷却

采用常压水杀菌，杀菌式：5min—16min—5min/100℃。

封罐至杀菌时间不得超过 40min。杀菌结束应及时冷却到罐中心温度 45℃，擦净罐外水珠和污物，并涂一薄层液体石蜡油，以防生锈。在 37℃库温下保温 5 昼夜，如果没有变质现象，再经检验合格后打检、包装出厂。如果实罐真空度不足 0.13MPa 的饮料罐不得出厂。

（四）产品质量标准

1. 感官指标

色泽：呈淡蓝色。

滋味、气味：酸甜适中，具有本品种应有的滋味及气味。

组织形态：澄清透明，无沉淀，无杂质。

2. 理化指标

净含量：250mL；可溶性固形物（以折光计）：8%～10%；总酸（以柠檬酸计）：0.20%～0.35%；果汁（肉）含量≥35%。

重金属含量：铅（以 Pb 计）≤1mg/kg；砷（以 As 计）≤0.5mg/kg；铜（以 Cu 计）≤5mg/kg。

食品添加剂：应符合 GB 2760—2014 的规定。

3. 微生物指标

菌落总数≤100 个/mL；大肠菌群数（MPN）≤30 个/100mL；致病菌：不得检出。

任务 2-3　浓缩苹果汁罐头生产

【任务描述】

浓缩苹果汁罐头是以新鲜苹果为原料，经过清洗、破碎、酶处理、浓缩、杀菌、灌装等工序制成的产品，是浓缩果汁类罐头的代表产品。浓缩果汁类罐头，制作时经过浓缩脱水这一特殊工序，一般不加糖或用少量糖调整，浓缩倍数有 4、5、6 等几种。其中含有较多的糖分和酸分，可溶性固形物含量可达 40%～60%。目前市面上常见的浓缩果汁罐头有草莓、蓝莓、芒果、橘子等几十种产品。

通过浓缩苹果汁罐头生产的学习，掌握浓缩脱水是浓缩果汁类罐头的加工技术要点。熟悉浓缩果汁罐头生产设备的准备和使用；能估算用料，并按要求准备原料；学会果汁调配；掌握破碎、离心、灌装、杀菌以及分段冷却等操作要点。

教学采用资讯→计划→决策→实施→检查→评价六步教学法。

【任务实施】

一、生产任务单

生产 10000 罐浓缩苹果汁罐头。罐号：5133；罐盖为易拉盖；净含量 250g；原果汁含量 100%；可溶性固形物 70%；总酸度（以酒石酸计）0.5%。

二、原料要求与准备

（一）原料标准

（1）苹果　选择新鲜、成熟的苹果。剔除腐败果、病虫害果及严重机械伤等不合格果。香味浓郁、含糖量高、酸甜适口、果汁丰富、榨汁容易、不易褐变的苹果品种是优质的原料。例如，澳洲青苹、国光和红玉都是苹果中的优良加工品种。

（2）果胶酶、纤维素酶　应符合 GB 1886.174 对食用酶制剂的卫生要求。

（3）柠檬酸　应符合 GB 1886.235 规定。

（4）维生素 C　应符合 GB 1886.28 规定。

（5）食品添加剂和加工助剂　制作过程中，食品添加剂和加工助剂的使用必须符合 GB 2760 的规定。

（二）用料估算

根据生产任务书可知：产品净重 250g，生产量 10000 罐。可溶性固形物 70%。

本案例需要生产浓缩苹果汁量＝250g×10000＝2500kg

由实验得知：苹果出汁率为 70%，果汁浓缩至 1/5

需要新鲜苹果量＝浓缩苹果汁量÷苹果出汁率×浓缩倍数＝2500kg÷70%×5＝17857kg

综上所述：生产净重 250g 浓缩苹果汁 1 万罐，大约需要新鲜苹果 17857kg。

三、生产用具及设备的准备

（一）空罐的准备

挑选 5133 罐，见图 2-3-1，除舌头、塌边等封口不良罐，剔除焊线缺陷、翻边开裂等不良罐。对合格的罐进行清洗、消毒。

（二）用具及设备准备

清洗槽、破碎机、包裹式榨汁机、带式连续压榨机、蒸馏器、脱气机、螺旋榨汁机、硅藻土过滤机、高温瞬时灭菌器（图 2-3-2）、真空浓缩机（图 2-3-3）、贮罐等。

图 2-3-1　5133 马口铁罐

四、产品生产

（一）生产流程

　　　　　　　　维生素 C
　　　　　　　　　↓
苹果→清洗挑选→破碎→酶处理→榨汁→灭酶和芳香物质回收→离心分离→澄清、过滤→杀菌→浓缩灌装→浓缩苹果汁

图 2-3-2　高温瞬时灭菌器

图 2-3-3　真空浓缩机

（二）操作要点

1. 清洗

用流动水或用流送沟输送，并将果实洗净。

2. 破碎

用破碎机将果实破碎，同时用定量泵注入 5％维生素 C 溶液，以防氧化褐变（维生素 C 添加量为苹果的 0.01％）。颗粒大小按不同类型榨汁机而定，通常如用包裹式榨汁机，粒度宜细，以 2～6mm 为宜；带式或螺旋式榨汁机，粒度则粗一些。

3. 酶处理

将破碎的果浆中加入 0.02％～0.03％的果胶酶和纤维素酶的高活性复合酶制剂，45℃保温搅拌 1～2h，然后进行榨汁，要求出汁率平均达到 78％～81％。

4. 榨汁

通常采用板框式榨汁机、带式连续压榨机或倾析式离心提汁机，条件允许，最好采用液压式榨汁机进行榨汁。

5. 灭酶、芳香物质回收

将榨出果汁及时经瞬间杀菌器进行加热至 90℃，维持 15～30s，立即冷却至 50～55℃。目的是杀菌和钝化多酚氧化酶和果胶酶，促使热凝固物质凝固，在灭酶的同时，可以进行香气物质的回收，将含有香气物质的蒸汽精馏，制成 150～200 倍的浓缩香精。刚榨制的果汁中有氧存在，易产生褐变，因此灭酶前最好脱气，可以将脱气和香气物质的回收同步进行。

6. 离心分离

采用碟式离心机除去汁中较大的果肉颗粒，离心机转速为 6000r/min。

7. 加酶澄清、过滤

果汁离心后，调整 pH 为 3.5，加入复合果胶酶制剂，经 50℃酶处理 1～2h。酶处理后的果汁，经明胶、硅溶胶处理 8～9min 后，加入膨润土，继续静置沉降 50min 左右，然后将下层带絮凝沉淀物的果汁经硅藻土过滤机或板框过滤机分离，所得清汁再与上层清汁一起经离心机进行第二次分离。

8. 杀菌

将分离的澄清果汁经高温瞬时灭菌器 95～105℃灭菌 10～15s，并冷却到 45℃左右供浓缩。

9. 浓缩

采用离心薄膜式真空浓缩机或多效降膜式真空浓缩设备进行浓缩，使果汁在真空度为 0.066～0.07MPa，温度 40～50℃ 条件下浓缩至 1/5～1/7，糖度 70°Bx 时为终点。

10. 罐装与贮存

将浓缩汁泵入贮罐中搅拌均匀，冷却至 10℃ 以下，即可装罐和密封，并在 0～4℃ 下冷藏。

（三）产品质量标准

1. 感官要求

香气及滋味：具有苹果固有的滋味和香气，无异味。

外观形态：澄清透明，无沉淀物，无悬浮物。

杂质：无正常视力可见的外来杂质。

2. 理化指标

可溶性固形物（20℃，以折光计）≥65%；可滴定酸（以苹果酸计）≥0.70%；乙醇≤3.0g/kg；透光率≥95.0%；浊度≤3.0NTU；富马酸≤5.0mg/L；乳酸≤500mg/L；羟甲基糠醛≤20mg/L；果胶试验阴性；淀粉试验阴性；稳定性试验≤1.0NTU。

3. 食品安全要求

应符合 GB 17325 的规定。

 【任务考核】

一、产品质量评定

按表 2-3-1 中项目进行检验记录。对成品质量给予评价、评分。检验方法按 GB/T 10786—2006 规定的方法进行，详见附录 2。

表 2-3-1　浓缩苹果汁罐头成品质量检验报告单

组别	1	2	3	4	5	6
规格	250g 规格马口铁罐浓缩苹果汁罐头产品					
总重量/g						
罐(瓶)重/g						
内容物重/g						
色泽						
口感						
气味						
组织状态						
可溶性固形物含量/%						
pH						
质量问题　沉淀						
质量问题　容器变形						
质量问题　杂质						
质量问题　果汁褐变						
结论(评分)						
备注						

二、学生成绩评定方案

对学生的评价方式建议采用过程考核成绩与成品质量评定成绩相结合，考评方案见表 2-3-2。

表 2-3-2　学生成绩评定方案

考评方式	过程考评		成品质量评定
	素质考评	操作考评	
	20分	30分	50分
考评实施	由指导教师根据学生的平时表现考评	由指导教师依据学生生产操作时的表现进行考评以及小组组长评定，取其平均值	由指导教师带领学生对产品进行检验，按照成品质量标准评分。见表 2-3-2
考评标准	完成任务态度(5分) 团队协作(5分) 解决问题能力(5分) 创新能力(5分)	原辅料选购(5分) 生产方案设计(10分) 设备使用(5分) 操作过程(10分)	按照产品物理感官评定项目表评分

注：造成设备损坏或人身伤害的项目计 0 分。

【任务拓展】

一、浓缩山楂清汁罐头生产

（一）原辅材料

（1）**山楂**　成熟度高，色泽鲜艳。

（2）**果胶酶**　白色至微黄色粉末，纯度 99%。

（二）工艺流程

原料→原料果验收→分选→清洗→螺旋提升→加水打浆→果浆预热→果浆酶解→压榨→浊汁暂存→灭酶→酶解→超滤→清汁暂存→杀菌→浓缩→成品暂存→成品混匀→无菌灌装→封桶、贴标→贮存

（三）操作要点

1. 原料果要求及验收

原料果要求充分成熟、色泽红艳，原料酸度 8%～15%。

验收原料时需检验原料的新鲜度、成熟度、酸度等。要求腐烂率＜3%，冬季要注意不能有冻害，原料产地要求为本公司确认的，发放农残、重金属合格证的地区。

2. 分选、清洗

去除草、叶等杂物，剔除腐烂等不合格原料果。输送至洗果槽内，使用循环水进行必要的清洗工作。

3. 破碎、打浆、酶解

输送至破碎机，压裂可以使用辊式破碎机，调节两辊轮之间的距离，使果实被压成扁平状而不破碎。如果山楂果实大小不一，在加工量大时，最好于破碎前对果实进行大小分级，否则会使破碎程度不均，影响出汁率；或者压破大果的果核，使核中的不良成分进入浸汁中影响汁的风味。进行软化水的喷淋清洗，按照原料果：软化水＝1：1.5 加入 50～60℃ 的热水。同时添加果浆酶 AB(U12L) 1000g/t，以原料果计，具体情况根据打浆机实际能力调整。果浆酶使用前须配

制好，将酶加入 50~60℃ 软化水中，溶解后使用。通过管式果浆预热器将果浆加热到 55~58℃，在果浆罐进行暂存。酶解时间为 1~2h。

4. 压榨

采用布赫榨汁机进行榨汁。二榨加水两次，加水后混匀时间≥10min，水温（70±5）℃。加水量按果渣重 1~1.5 倍添加。

5. 灭酶

压榨后的果汁进入到浊汁罐进行暂存，要求时间≤2h。灭酶时杀菌式：（97±2）℃/20s。去酶解物料温度控制在 50~55℃。

6. 酶解

添加果胶酶 150mg/kg、淀粉酶 80mg/kg、超滤酶 60mg/kg。酶解时间为 1h，酶解温度 50~55℃。检测结果呈阴性后进入下道工序。

7. 超滤

超滤后清汁浊度<0.5NTU。随时观察并记录超滤流量等相关信息。

8. 杀菌

过滤后的物料进入清汁罐进行暂存，暂存时间≤2h。杀菌式：（125±2）℃/20s。

9. 浓缩

采用双效升膜式真空浓缩锅或其他型号浓缩锅进行真空浓缩。成品糖度控制在 60~60.5°Bx。出口温度控制≤15℃，进入成品罐。

10. 成品暂存、混匀

浓缩后的产品进入到成品罐，在能开启搅拌器时进行连续搅拌。成品满罐后，搅拌 3h 后检测理化指标，合格后下达灌装通知单。

11. 无菌灌装

杀菌式：（95±3）℃/20s，杀菌后温度降至≤20℃。降温后果汁进行无菌灌装，可灌入 220L 钢桶、PE 袋、无菌袋。

12. 封桶、贴标、贮存

将无菌袋上的冷凝水用干净的毛巾擦拭干净后按照规定叠整齐无菌袋及 PE 袋，然后封好桶盖，贴好标识。终产品贮存在 -5℃。

（四）产品质量标准

1. 感观指标

红褐色液体，具有新鲜成熟的山楂固有的滋味与香气，无异味。

2. 理化指标

可溶性固形物含量：（50±1）°Bx；可滴定总酸含量（以柠檬酸计）：2.0%±0.2%。

3. 微生物指标

按国标 GB 17325—2015 执行，细菌总数≤100 个/mL；大肠杆菌≤3 个/100mL；致病菌：不得检出。

二、桑葚浓缩汁罐头生产

（一）原辅材料

桑葚：成熟、紫色桑葚。

（二）工艺流程

原料→清洗去杂→压榨→精滤→离心分离→调配→杀菌→浓缩→灌装→入库

（三）操作要点

1. 原料

选取成熟、紫色、无霉烂、无杂质的新鲜桑葚为原料。

2. 漂洗去杂

用自来水在漂洗池中漂洗后，经水再淋洗，在淋洗过程中除去杂质异物备用。

3. 压榨

将漂洗沥干的原料由螺旋输送机送至螺旋压榨机榨汁，破碎压榨，果汁从孔径 8mm 的滤网流出，贮存于暂存罐中。

4. 精滤

由螺旋压榨机获得的果汁中混有少量桑籽、果肉碎屑及悬浮物，需用精滤机将其除去，其滤网孔径为 0.3mm。

5. 高速离心分离

经精滤后的桑葚汁液中仍含有细小微粒和不溶性悬浮物，既影响果汁透明度，也影响其稳定性，故需用高速离心机进一步分离。其操作条件为：流量 2000L/h，转速 7000r/min，压力 0.5MPa。

6. 调配

为改善桑葚浓缩汁的贮藏性，在不影响原有风味的前提下，适当作些调整，此操作在调配罐中完成。

7. 杀菌

经调配后的桑葚汁因易受微生物污染和存在的酶会引起变质，故需加热杀菌和钝化酶。此过程在板式热交换器完成。其操作条件为：工作蒸汽压力 0.3MPa，料液流量 1800～2000L/h，杀菌温度 99.5～101.5℃，杀菌时间 30s。

8. 浓缩

经杀菌处理后的果汁，由泵输入贮罐，然后再泵入离心薄膜真空浓缩罐中进行浓缩。浓缩时受热温度在 60℃左右，受热时间仅需 3min 左右，即可使桑葚原汁浓度提高 5～6 倍。其操作条件为：流量 1400～1950L/h，蒸汽工作压力为 6MPa，罐内真空度为 −77～−79kPa，操作温度为 61～62℃，出口温度 60℃，浓缩汁成品浓度为 30～52°Bx。

9. 灌装

浓缩桑葚汁达到规定的浓度后，经管道导入经杀菌处理的包装容器中，立即密封，迅速冷却，送入冷库。包装容器采用内衬双层无毒聚乙烯塑料袋的铁桶，铁桶内壁涂有一层无毒涂料瓷漆，使用前用紫外线杀菌。

10. 入库

经装桶、密封、冷却的成品，宜低温贮存，入库后的库温通常维持在 0～4℃的温度。

(四) 产品质量标准

1. 感观指标

色泽：紫红色。

香气及滋味：酸甜适中，具桑葚特有的香气。

浊度：浑浊度均匀一致，久置有少量果肉沉淀。

杂质：无肉眼可见的外来杂质。

2. 理化指标

砷（以 As 计）≤0.1mg/kg；铅（以 Pb 计）≤0.5mg/kg；铜（以 Cu 计）≤5mg/kg。

3. 微生物指标

菌落总数≤10 个/mL；大肠菌群（MPN）≤3 个/100mL；致病菌：不得检出。

三、葡萄浓缩汁（清汁型）罐头生产

（一）原辅材料

（1）葡萄 应选用新鲜、成熟的葡萄，不得使用腐烂变质及有病害的葡萄。

（2）果胶酶 白色至微黄色粉末，纯度 99%。

（3）淀粉酶 白色至微黄色粉末，纯度 98%。

（二）工艺流程

原料→原料果验收→原料果投放→原料漂洗→原料分选→原料淋洗→除梗、脱粒→果浆输送或白葡萄汁一榨后果渣→破碎→果浆预热→酶解浸提→压榨→浊汁暂存→灭酶→酶解→超滤→清汁暂存→浓缩→除酒石→分离酒石→稀释→浓缩→成品暂存→成品混匀→杀菌→无菌灌装→封桶、贴标→贮存

（三）操作要点

1. 原料及验收

原料选取新鲜、成熟的葡萄原料。原料验收，主要验收：①检验原料的新鲜度、成熟度、糖度等；②腐烂率<3%；③冬季要注意不能有冻害，剔除所有的保鲜剂等药品、PE 膜等；④原料产地要求为本公司确认的，发放农残、重金属合格证的地区。

2. 原料果投放

由于葡萄是比较难贮藏的原料，收购应根据生产情况边生产边收购，验收后直接投放到生产线，保持平稳的上料速度。

3. 原料漂洗、分选、淋洗

原料投放在鼓风清洗机内，水温控制在 30~40℃。清洗后由刮板提升机输送至选果台。在网状输送拣选台上，人工摘除未成熟果、裂果、霉烂果及杂物。腐烂率<2%。经双道软化水喷淋进行清洗，水温控制在 30~40℃。

4. 除梗、脱粒

清洗后的葡萄，进入除梗脱粒机。要调整好轴转速和进料速度，以使整串葡萄完全脱粒。除梗率≥99%。

5. 破碎

葡萄粒脱落后经螺杆泵输送至压榨或白葡萄汁一榨后果渣经螺杆泵输送至压榨。采用 CM50 破碎机，档位为 5 档，要求葡萄籽破碎率≤1%。软化水：果渣＝1:3，添加果浆酶 50~80g/t（果浆酶配置：果浆酶：软化水＝1:30）。

6. 酶解

通过管式果浆预热器将果浆加热到 55~58℃，在果浆罐进行暂存。进行酶解浸提，酶解时间：1~2h。

7. 压榨

在果浆能够满足生产时进行填充压榨，榨出汁率控制在 50％～70％。压榨后的果汁进入到浊汁罐进行暂存，要求时间≤1h，每两个小时冷凝水冲洗一次罐。

8. 灭酶

杀菌式：(95±3)℃/20s。去酶解物料温度控制在 50～55℃。

9. 酶解

添加果胶酶 25mg/kg、淀粉酶 10mg/kg、超滤酶 40～60mg/kg；酶解时间：1h；酶解温度：50～55℃。检测结果呈阴性后进入下道工序。

10. 超滤

超滤后清汁浊度<0.5NTU。过滤后的物料进入清汁罐进行暂存，暂存时间≤30min。每隔一小时要进行冷凝水冲洗物料罐一次。

11. 浓缩

浓缩不做灭菌清洗，不走 125℃ 杀菌器，1 效温度<9℃。白葡萄汁糖度浓缩至 40～45°Bx，出口温度控制在≤15℃。出料直接进入成品罐。

12. 除酒石

浓缩后的产品进入到成品罐，在能开启搅拌器时进行搅拌。然后静置在罐内 24h，进行除酒石工作，温度≤15℃。

13. 分离酒石

当酒石析出量检测达到标准要求后，进行酒石分离工作，吸除上清液，经纸板过滤将成品过滤进另外的成品罐。将底部含有酒石的物料添加 50～55℃软化水进行提糖，经卧式离心机和纸板过滤器进入清汁罐进行暂存。

14. 稀释

将除完酒石的果汁打到酶解罐或成品罐，进行稀释，使糖度≤25°Bx。

15. 浓缩

做灭菌清洗，走 125℃ 杀菌器。浓缩至 (69±1)°Bx，出口温度控制≤20℃，进入成品罐。

16. 成品暂存、混匀

浓缩后的产品进入到成品罐，在能开启搅拌器时进行连续搅拌。成品满罐后，搅拌 3h 后检测理化指标，合格后下达灌装通知单。

17. 成品杀菌

杀菌式：(98±3)℃/20s，杀菌后温度降至≤20℃。200 目过滤器灌装清洗前后必须检查完好性。

18. 无菌灌装

降温后果汁进行无菌灌装，可灌入 220L 钢桶、PE 袋、无菌袋。

19. 封桶、贴标、贮存

将无菌袋上的冷凝水用干净的毛巾擦拭干净后按照规定叠整齐无菌袋及 PE 袋，然后封好桶盖，贴好标识。终产品贮存在−5℃。

（四）产品质量标准

1. 感官指标

色泽：具有该品种应有的色泽，并随浓缩度的提高，色泽随之加深。

组织形态：清澈、无杂质、无沉淀。

香气：具有典型的葡萄水果香。

滋味：加水复原成原汁后，滋味纯正柔和，酸甜适口，无异味。

杂质：不允许有肉眼可见的外来杂质，不得含有果梗、果皮及碎屑。

2. 理化指标

可溶性固形物≥30%，以下指标均以加水复原后可溶性固形物为15%时测定为准，砷（以 As 计）≤0.1mg/kg；铅（以 Pb 计）≤0.5mg/kg；铜（以 Cu 计）≤5mg/kg。

3. 微生物指标

菌落总数≤100 个/mL；大肠菌群（MPN）≤6 个/100mL；致病菌：不得检出。

 项目思考

1. 果汁罐头是如何分类的？

2. 写出生产各种果汁罐头的工艺流程。

3. 原料取汁前的预处理有哪些？取汁常用的设备有哪些？

4. 果汁澄清的方法有哪些？

5. 浑浊果汁均质和脱气的作用分别是什么？

6. 果汁浓缩的方法有哪些？

7. 如何进行果汁糖、酸及其他成分的调整？

8. 果汁罐头容易出现的质量问题有哪些？如何解决？

9. 简答桑葚清汁罐头的生产工艺流程及操作要点。

10. 简答葡萄清汁罐头的生产工艺流程及操作要点。

11. 简答西番莲清汁罐头的生产工艺流程及操作要点。

12. 简答粒粒橙饮料罐头的生产工艺流程及操作要点。

13. 简答蓝莓汁罐头的生产工艺流程及操作要点。

14. 简答浓缩苹果汁罐头的生产工艺流程及操作要点。

项目3 果酱类罐头生产

【知识目标】

◆ 掌握凝胶形成的原理。

◆ 掌握果酱类罐头生产所需的机械设备。

◆ 明确果酱类罐头对原料的要求。

◆ 掌握果酱、果冻罐头生产的工艺流程及操作要点。

◆ 掌握果酱、果冻罐头检验的内容和方法。

【能力目标】

◆ 能正确地估算原辅材料用量。

◆ 能正确选择和处理生产果酱、果冻的原辅料。

◆ 正确使用与维护果酱罐头生产机械设备。

◆ 会生产果酱和果冻罐头。

◆ 能够正确地检验罐头食品的各项指标。

◆ 能正确检查、记录和评价生产效果。

【知识贮备】

一、果酱类罐头的种类

按配料及产品要求的不同，果酱类罐头可分成以下几种。

1. 果酱

分成块状或泥状两种。将去皮（或不去皮）、核（芯）的水果软化磨碎或切块（草莓不切），加入砂糖熬制（含酸及果胶量低的水果须加适量酸和果胶）成可溶性固形物65%～70%装罐而制成的罐头产品。如草莓酱、桃子酱等罐头。

2. 果冻

将处理过的水果加水或不加水煮沸，经压榨、取汁、过滤、澄清后加入砂糖、柠檬酸（或苹果酸）、果胶等配料，浓缩至可溶性固形物 65%～70% 装罐而制成的罐头产品。

二、果胶形成凝胶的原理

果酱类产品的制造是利用果胶的胶凝作用来制取的。果胶物质包括原果胶、果胶和果胶酸三种形态，性质各异。原果胶不溶于水，在原果胶酶或加热或酸、碱溶液中水解为果胶，果胶可进一步水解为不具胶凝性的果胶酸，只有果胶具胶凝性。所以在煮制果酱过程中要采取措施促进原果胶水解，但要控制果胶再水解。

果胶是由许多半乳糖醛酸分子脱水结合而成的长链高分子化合物，其中部分羧基为甲醇所酯化。通常按其酯化度分为高甲氧基果胶（含甲氧基 7% 以上）和低甲氧基果胶（含甲氧基 7% 以下）。两种果胶的胶凝作用不同。天然的果胶一般为高甲氧基果胶，普遍存在于果蔬中。

(1) 高甲氧基果胶的胶凝　果胶本身带负电荷并高度水合，阻碍胶体分子之间的凝聚。当有脱水剂（如 50% 以上的糖）及适量的 H^+（pH 值 2.0～3.5）存在时，果胶分子脱水，并使其所带的负电荷消除从而呈电中性，这样果胶大分子便凝聚成凝胶。因此，果胶的胶凝作用需要果胶、糖、酸比例适当，一般要求果胶含量 1% 左右，pH 值 2.0～3.5 或含酸量 1% 左右，糖浓度 50% 以上。果胶胶凝过程是复杂的，受多种因素影响：

① 果胶含量　果胶含量越高，甲氧基化程度越高，分子量越大，胶凝力越强；反之则弱。

② pH 值　酸起中和电荷的作用，pH 值过高过低都不能使果胶胶凝。pH 值过低会引起果胶水解；pH 值大于 3.5 则不胶凝，pH 值在 3.1 左右时，凝胶的硬度最大。

③ 糖浓度　大于 50% 时才起脱水剂的作用。浓度较大，则脱水作用也大，胶凝也较快，硬度也大。其他胶体如琼脂、低甲氧基果胶等，糖浓度对其胶凝无甚影响，因此适宜制造低糖果酱。

④ 温度　温度＞50℃ 不胶凝，低于 50℃ 则胶凝，温度越低，胶凝越快，硬度越大。

(2) 低甲氧基果胶的胶凝　低甲氧基果胶的胶凝作用，是低甲氧基果胶的羧基与钙离子或其他多价金属离子结合所形成，与糖用量无关。由于低甲氧基果胶的羧基大部分未被甲氧基化，因此，对金属离子比较敏感，少量的钙离子也能使之胶凝。pH 值（最适 pH 值 3.5～5.0）、温度（要求＜30℃）对其胶凝也有影响。

三、果酱类罐头生产工艺

(一) 工艺流程

选料→原料处理→加热软化→$\begin{cases} 配料浓缩→装罐→密封→杀菌→冷却→果酱 \\ 提取果汁→加糖浓缩→入盘冷却成型→果冻 \end{cases}$

(二) 工艺要点

1. 果酱罐头

(1) 原料选择　生产果酱的原料要求含果胶及酸量多、芳香味浓、成熟度适宜。一般成熟度过高的原料，其果胶及酸含量就会降低；成熟度过低的原料，则色泽风味差。目前市场上常见的水果果胶含量和含酸量差别很大。

如：苹果（指含酸高的品种）、柑橘类（夏蜜柑、甜橙类、柠檬类、杂柑类）、杏、山楂等含果胶及酸都很丰富，适合做加工果酱的原料。

无花果、甜樱桃、桃、香蕉、番石榴等含果胶高但含酸量低，加工时可以添加苹果酸及柠檬酸，调节 pH 值。

酸樱桃、菠萝、杨梅、芒果等原料含酸量多但含果胶少，加工时可以添加海藻酸钠和卡拉胶等，以便形成胶凝状态。

成熟的桃子、洋梨等含果胶和酸均少，不适宜加工果酱。

（2）原料处理及要求　原料需先剔除霉烂、成熟度低等不合格果。必要时，按大小、成熟度分级，再按不同种类的产品要求，分别经过清洗、去皮或不去皮、去核（芯）或不去核、切块（莓果类及全果糖渍品等原料，要保持全果浓缩）、修整（彻底削除斑点、虫害等部分）等处理。果皮粗硬的原料，如菠萝、梨、苹果、柑橘（金柑可带皮）等，必须除去外皮。去皮、切块后易变色的水果，必须及时浸入 1%～2% 稀盐水，或于 0.1%～0.2% 的柠檬酸溶液中护色，并尽快地加热软化，破坏酶的活性。

（3）加热软化　原料在打浆前要进行预煮，使其软化便于打浆，同时可以杀灭酶活性，防止变色和果胶水解。预煮时加入原料重的 10%～20% 的水进行软化，也可以用蒸汽软化，软化时间一般为 10～20min。

图 3-0-1　打浆机

（4）破碎、打浆　生产果泥时软化后用打浆机打浆过筛（图 3-0-1），以除去果皮、种子和心皮等，肉质柔软的原料如草莓等果实可直接进行煮制。

生产果酱时在软化前进行适当破碎，软化后可直接进行煮制。

（5）配料　果酱的配方按原料种类及成品标准要求而定，一般果肉（浆）占总配料量的 40%～50%，砂糖占 45%～60%（其中可用淀粉糖浆代替 20% 的砂糖）。当原料的果胶和果酸含量不足时，应添加适量的柠檬酸、果胶或琼脂，使成品的含酸量达到 0.5%～1%，果胶含量达 0.4%～0.9%。

所有固体配料使用前都应配成浓溶液过滤备用。砂糖配成 70%～75% 的溶液；柠檬酸配成 50% 的溶液；果胶粉不易溶于水，可先与其重量 4～6 倍的砂糖充分混合均匀，再以 10～15 倍的水在搅拌下加热溶解；琼脂用 50℃ 左右的水浸泡软化，洗净杂质，加热溶解后过滤，加水量为琼脂的 20 倍。

（6）浓缩　浓缩是制作果酱类制品最关键的工艺，常用的浓缩法有常压浓缩法和真空浓缩法。

常压浓缩是将原料置于夹层锅内，在常压下加热浓缩。浓缩过程中，糖液应分次加入，这样有利于水分蒸发，缩短浓缩时间，避免果浆变色而影响制品品质。糖液加入后应不断搅拌，防止锅底焦化，促进水分蒸发，保持锅内各部分温度的均匀一致。浓缩初期可加入少量冷水或植物油，以消除泡沫，防止外溢，保证正常蒸发。浓缩时间要掌握得当，不宜过长或过短。需添加柠檬酸、果胶或淀粉糖浆的制品，当浓缩达到可溶性固形物为 60% 以上时，再依次加入。常压浓缩的主要缺点是温度高、水分蒸发慢、营养物质破坏严重、制品色泽差。

真空浓缩又称减压浓缩，浓缩时先通入蒸汽于锅内赶走空气，再开动离心泵，使锅内形成真空，当真空度达 0.053MPa 以上时，开启进料阀，待浓缩的物料靠锅内的真空吸力吸入锅中，达到容量要求后，开启蒸汽阀门和搅拌器进行浓缩。加热蒸汽压力保持在 0.098～0.147MPa 时，锅内真空度为 0.087～0.096MPa，温度 50～60℃。浓缩过程若泡沫上升激烈，可开启锅内的空气阀，使空气进入锅内抑制泡沫上升，待正常后再关闭。浓缩时应保持物料超过加热面，防止焦锅。当浓缩至接近终点时，关闭真空泵开关，解除锅内真空，在搅拌下将果酱加热升温至 90～95℃，然后迅速关闭进气阀出锅。

（7）装罐和密封 果酱出锅后，必须迅速装罐，要求每锅酱自出锅至分装密封完毕不超过 30min，最好不超过 20min。密封酱体温度 80～90℃。果酱装罐时，防止果酱污染罐边或瓶口或颈部，如有污染，必须用消毒的清洁白色湿布彻底拭擦干净，避免贮藏期瓶口发霉。果酱装量按规定净重适当增加装量，防止净重不足。

（8）杀菌 果酱在加热浓缩过程中，酱料中的微生物绝大部分被杀灭，且由于果酱的糖度高，pH 低（pH 3～4），故一般装罐密封后残留于果酱中的微生物是不易繁殖的。在工艺卫生条件好的情况下，果酱密封后，只要倒罐数分钟进行罐盖消毒即可。但也发现一些果酱罐头，特别是低糖果酱和玻璃罐装果酱罐头，有生霉和发酵的质量问题。因此，果酱罐头密封后进行杀菌还是必要的。

杀菌方法：沸水或蒸汽杀菌。玻璃罐宜用蒸汽杀菌，防止松盖使水进入罐内，最好采用常压连续式杀菌机。杀菌温度及时间依品种及罐型等不同而异，一般以 100℃杀菌 5～15min。

（9）冷却 铁罐装果酱杀菌后迅速以冷水冷却至罐温 38℃左右。玻璃罐则需先以 50～60℃热水淋洗，再分段以冷水喷淋冷却至 38℃左右。

2. 果冻罐头

（1）选料 含果胶高、含酸量多、出汁率高的原料，适合加工果冻。果实含果胶及含酸量多少，对于果酱的胶凝力和品质关系很大。必须由适宜比例的果胶、糖、酸配合，才能形成软硬适度的胶冻。

（2）原料处理 详见水果罐头生产【知识贮备】三、原料预处理。

（3）加热软化 加热软化时，依原料种类加水或不加水，多汁的果蔬可不加水，肉质致密的果实如山楂、苹果等则需加果实重量 1～3 倍的水。软化时间依原料种类而异，一般在 20～60min 不等，以煮后便于

图 3-0-2 螺旋榨汁机

打浆或取汁为准，若加热时间过久，果胶分解，不利于制品的凝胶。

（4）取汁 制作果冻时软化后用压榨机榨出汁液或浸提取汁。榨汁机见图 3-0-2。

（5）加糖浓缩 在添加配料之前，需对所得到的果浆和果汁进行 pH 值和果胶含量测定，形成果糕、果冻凝胶适宜的 pH 为 3～3.5，果胶含量为 0.5%～1.0%。如果含量不足，可适当加入果胶或柠檬酸进行调整。一般果浆（或果汁）与糖的比例是 1∶（0.6～0.8）。煮制浓缩时水分不断地蒸发，糖浓度逐渐提高，应不断搅拌防止焦糊。当可溶性固形物含量达 65% 以上，沸点温度达 103～105℃，用搅拌浆从锅中挑起少许浆液呈片状脱落时即可停止煮制。

（6）灌装、杀菌、冷却 浓缩到终点后要趁热灌装、密封。为了安全，在封罐后要进行杀菌处理，在 90～100℃下杀菌 5～15min，依罐型大小而定。

杀菌后马上冷却至 38～40℃，玻璃瓶要分段冷却，每段温差不要超过 20℃。然后用布擦去罐外水分和污物。塑料容器要用鼓风干燥箱烘干水分，烘干温度 55℃，时间 5～10min。然后检验果冻，合格后送入仓库保存。

四、果酱类罐头常见质量问题及防止措施

（一）糖的结晶

防止措施：控制果酱中总含糖量不超过 60%，并保持其中转化糖占 30% 左右为宜。转化糖不足者，可加入适量淀粉糖浆代替砂糖，但用量不能超过砂糖总量的 20%（重量计）。

（二）变色

果酱变色，一般有因金属离子或氧化引起的变色，亦有因糖焦化引起的褐变两种。防止措施：

① 易变色的果实去皮、切块后，应迅速浸于稀盐液或稀酸或酸、盐混合液中护色，或添加抗氧化剂（如维生素 C），并尽快加热破坏酶的活性。

② 加工过程中防止与铁、铜等金属接触。深色水果，如草莓、杨梅等，不得采用素铁罐。

③ 加工流程要快速，防止加热和浓缩时间过长，特别是浓缩终点到达后，必须迅速出锅装罐、密封、杀菌和冷却，严防积压。

④ 罐头仓贮温度不宜太高，以 20℃ 左右为宜。

（三）物理胀罐

防止措施：

① 果酱装填量勿过满，开罐后顶隙度以保持 3mm 左右为宜。

② 密封时酱温不应低于 80℃。

③ 采用抽气密封。

（四）发霉变质

玻璃罐装果酱类罐头，易发生霉菌污染质量事故。防止措施：

① 严格剔除霉烂原料，对贮放草莓、杨梅等浆果类原料的库房，每立方米的空间以 0.2g 过氧醋酸消毒，不仅能延长原料的鲜度和贮藏期，且可减少霉菌污染。

② 原料必须彻底清洗干净，必要时进行消毒处理。

③ 生产前彻底做好环境卫生（以福尔马林消毒），车间工器具以 0.5％ 过氧醋酸及蒸汽消毒，特别是装罐工序的工器具卫生及操作人员的个人卫生，更应严格。

④ 玻璃罐瓶盖严格按规定要求清洗和消毒。

⑤ 果酱封口温度 80℃ 以上，封口必须严密，严防果酱污染罐口。

⑥ 果酱生产，从原料处理至装罐密封杀菌，必须最大限度地缩短工艺流程，特别是浓缩至装罐、密封和杀菌过程，更应快速。

⑦ 玻璃罐装果酱，以用蒸汽加热杀菌，淋水冷却较好。

任务 3-1　草莓果酱罐头生产

【任务描述】

草莓酱罐头是以新鲜草莓或速冻草莓为原料，经过去皮、清洗、破碎、加热浓缩等处理，将其装入罐头容器中，经密封、杀菌等工序制成的凝胶状态的产品。这是水果果酱类罐头的代表。

通过草莓果酱罐头生产的学习，掌握水果果酱的加工技术。熟悉果酱罐头生产设备的维护和使用方法；能估算用料，并按要求准备原料；掌握配料、加糖浓缩、杀菌、冷却等操作要点。

教学采用资讯→计划→决策→实施→检查→评价六步教学法。

【任务实施】

一、生产任务单

生产草莓酱罐头 1000 罐。要求：净含量 360g，360g 规格玻璃罐灌装；糖度不低于 65％。

二、原料要求与准备

（一）原辅料标准

（1）草莓 果实新鲜良好，成熟适度，风味正常，无霉烂和病虫害。无黑干疤、无僵果。果面呈紫红色或浅红色，囊胞饱满。

（2）白砂糖 应符合 GB/T 317 的要求，干燥、洁净。

（3）柠檬酸 采用干燥洁净，纯度在 96％以上，应符合 GB 1886.235 的要求。

（4）果胶 淡米黄色粉末。无异味。

（二）用料估算

根据生产任务书可知：产品净重 360g，即每罐装入果酱重 360g，生产量 1000 罐。

查罐头工业手册得到：每生产 1t 可溶性固形物 65％草莓酱需要草莓 840kg，需要白砂糖 620kg。

本案例需要生产果酱量＝360g×1000＝360kg

需要草莓量＝840kg÷1000kg×360kg＝302.4kg

需要白砂糖量＝620kg÷1000kg×360kg＝223.2kg

综上所述：生产草莓酱罐头 1000 罐，需要新鲜草莓 302.4kg，需要白砂糖量 223.2kg。柠檬酸添加量按总重的 0.3％比例添加，果胶按总重的 0.4％添加。

三、生产用具及设备的准备

（一）空罐的准备

选用 360g 规格的四旋玻璃罐灌装。将玻璃罐以 95～100℃水或蒸汽消毒 12min，倒罐沥水，装酱时保持玻璃罐温 40℃以上。剔除瓶口破裂、不圆等不良瓶。

罐盖用前以沸水消毒 3～5min 沥干水分，或用 75％的酒精拭擦消毒。

（二）用具及设备准备

清洗设备、切片机（图 3-1-1）、真空浓缩设备（图 3-1-2）、杀菌设备、灌装设备、不锈钢盛装容器、搅拌器、糖度计、温度计等。

图 3-1-1 切片机

图 3-1-2 真空浓缩设备

四、产品生产

（一）工艺流程

原料→挑选、修整→清洗→切片→加热浓缩→灌装→封口→杀菌→抹瓶→入库

（二）操作要点

1. 挑选、修整

加工草莓酱的原料可以是新鲜的草莓也可用速冻草莓。

新鲜草莓先将蒂叶、黑干疤处理干净，剔除霉烂、僵死果及青果。质检后的果料清洗两遍，沥净水分。

速冻草莓先解冻后再用。使用前 2h 出库，到解冻间专用容器内解冻，解冻时间大多十几分钟，至半解冻状态，将草莓放在操作台上进行挑选，挑出虫蛀、黑头、青头、带叶等不合格果。

2. 切片

切片借助于切片机来完成，切片的厚度为 3～5mm。切片机使用前要进行清洗、消毒，使用期间每隔 2h 就进行清洗、消毒一次。

3. 配料

配方：草莓浆 48.2kg、砂糖 60.2kg、果胶 400g、柠檬酸 300g、预出成品 100kg。成品糖度 65%。

配料的准备：配料中所用的砂糖、柠檬酸、果胶粉，均应事先配成浓溶液过滤备用。

果胶：按粉重加入 2～4 倍砂糖（用糖量在配方总糖量中扣除）充分混合均匀，再按果胶重加水 10～15 倍，在搅拌下加热溶解。

砂糖：扣除果胶用糖，其余的配成 40% 的糖液，过滤、备用。

柠檬酸：配成 50% 溶液。

4. 加热浓缩

首先将果片与糖一起加入不锈钢槽中，搅拌均匀。打开真空浓缩罐，关闭入口盖，拧紧手轮。打开真空阀，使真空度升到 0.05MPa 时，打开吸料阀门，用真空浓缩罐中的吸料管将原料吸入真空罐中，进行真空浓缩。浓缩温度控制在 65℃。接着，依次吸入柠檬酸、果胶溶液，浓缩大约 45min，用折光仪测定糖度，当折射率达到 65% 时，立即将温度升到 95～98℃，浓缩结束。然后打开真空浓缩罐的出料口，将草莓浓缩液移入消毒过的不锈钢容器中，移入灌装车间准备灌装。

5. 灌装、封口

① 标准装填量：360～370g，最大装填量 380g。

② 装罐要求：酱要趁热装瓶，温度不低于 80℃，保持顶隙 5mm，装罐时尽量不要溢出瓶外，瓶口罗纹处用毛巾擦干净。同时检查瓶内是否有杂质，随时剔除。

采用机械灌装。趁热密封，封口时罐内中心温度不低于 70℃。

6. 杀菌

滚动杀菌。用塑料盘盛装，防止磨盖。杀菌式：5min—15min—20min/(95～98)℃。

7. 冷却

分段冷却应防止炸瓶；出屉时打检，剔除低空、掉盖瓶。

（三）产品质量标准

1. 感官指标

色泽：酱体呈紫红色或深红色，有光泽，均匀一致。

滋味、气味：具有草莓果实制成的草莓酱罐头应有的滋味和气味，甜酸适口，无焦糊及其他异味。

组织形态：酱体尚细腻、均匀，呈软胶凝状，徐徐流散，无汁液析出，无糖结晶，有果肉颗粒，无果蒂、干疤果、僵果。

杂质：不允许存在。

2. 理化指标

净含量≥360g；糖度≥65%。

食品添加剂：按 GB 2760 标准执行。

铅(以 Pb 计)≤1.0mg/kg。铜(以 Cu 计)≤5.0mg/kg。

锡(以 Sn 计)≤200mg/kg。锌(以 Zn 计)≤0.5mg/kg。

3. 微生物要求

应符合罐头食品商业无菌要求。

 【任务考核】

一、产品质量评定

按表 3-1-1 中项目进行检验记录。对成品质量给予评价、评分。

检验方法按 GB/T 10786—2006 规定方法进行，详见附录 2。

表 3-1-1　草莓果酱罐头成品检验报告单

组别		1	2	3	4	5	6
规格				360g 装的草莓酱罐头			
真空度/MPa							
总重量/g							
罐(瓶)重/g							
净重/g							
糖度/%							
色泽							
气味							
口感							
组织状态							
pH							
质量问题	封口						
	破裂						
	硬块						
	杂质						
结论(评分)							
备注							

二、学生成绩评定方案

对学生的评价方式建议采用过程考核成绩与成品质量评定成绩相结合，考评方案见表 3-1-2。

表 3-1-2 学生成绩评定方案

考评方式	过程考评		成品质量评定
	素质考评	操作考评	
	20分	30分	50分
考评实施	由指导教师根据学生的平时表现考评	由指导教师依据学生生产操作时的表现进行考评以及小组组长评定，取其平均值	由指导教师带领学生对产品进行检验，按照成品质量标准评分。见表 3-1-1
考评标准	完成任务态度（5分） 团队协作（5分） 解决问题能力（5分） 创新能力（5分）	原辅料选购（5分） 生产方案设计（10分） 设备使用（5分） 操作过程（10分）	按照产品物理感官评定项目表评分

注：造成设备损坏或人身伤害的项目计 0 分。

【任务拓展】

一、苹果酱罐头生产

（一）原辅材料

（1）苹果 果实新鲜良好，成熟适度，风味正常，无霉烂和病虫害；含果胶及酸多，芳香味浓的苹果。

（2）白砂糖 应符合 GB/T 317 的要求，干燥、洁净。

（3）柠檬酸 应干燥洁净、纯度在 96％以上，符合 GB 1886.235 的要求。

（二）工艺规程

原料选择→原料处理→护色→预煮→打浆→配料→浓缩→装罐、封口→杀菌→冷却→成品

（三）操作要点

1. 原料处理

用清水将果面洗净后去皮、去心，将苹果切成小块。

2. 护色

原料去皮后应立即放入 1％～2％的食盐水或 0.1％～0.2％的柠檬酸溶液进行护色。

3. 预煮

将小果块倒入不锈钢锅内，加果重 20％～30％左右的水，煮沸 15～20min，要求果肉煮透，使之软化兼防变色。

4. 打浆

用打浆机打浆或用破碎机来破碎。

5. 配料

按果肉 100kg 加糖 70～80kg（其中砂糖的 20％宜用淀粉糖浆代替，砂糖加入前需预先配成

75％浓度的糖液）和适量的柠檬酸。

6. 浓缩

先将果浆倒入锅中，分 2～3 次加入糖液，在可溶性固形物达到 60％时加入柠檬酸调节果酱的 pH 为 3.1，待加热浓缩至 105～106℃，可溶性固形物达 65％以上时出锅。

7. 装罐、封口

出锅后立即趁热装罐，封罐时酱体的温度不低于 85℃。

8. 杀菌、冷却

封罐后立即投入沸水中 5～15min，杀菌后分段冷却到 38～40℃。

（四）产品质量标准

1. 感官指标

色泽：酱体呈红褐色或琥珀色，有光泽，均匀一致。

滋味、气味：具有苹果果实制成的苹果酱罐头应有的滋味和气味，甜酸适口，无焦糊及其他异味。

组织形态：酱体尚细腻、均匀，呈软胶凝状，徐徐流散，无汁液析出，无糖结晶，有果肉颗粒。

杂质：不允许存在。

2. 理化指标

净含量 312g；总糖量（以转化糖计）不低于 57％；可溶性固形物不低于 65％。

食品添加剂：按 GB 2760 标准执行。

铅（以 Pb 计）≤1.0mg/kg。铜（以 Cu 计）≤5.0mg/kg。

锡（以 Sn 计）≤200mg/kg。锌（以 Zn 计）≤0.5mg/kg。

3. 微生物要求

应符合罐头食品商业无菌要求。

二、杏子酱罐头生产

（一）原辅材料

（1）杏　果实新鲜良好，成熟适度，无霉烂和病虫害；含果胶及酸多，芳香味浓。

（2）白砂糖　应符合 GB/T 317 的要求，干燥、洁净。

（3）果胶　淡米黄色粉末，无异味。

（二）工艺规程

选果→修整→切半挖核→软化→打浆→配料→浓缩→装罐、封口→杀菌→冷却→成品

（三）操作要点

1. 选果

剔除病虫害、伤烂、成熟度低等不合格果。洗净果面泥沙杂质。

2. 修整

修除干疤、黑点、机械伤、严重变色、局部青皮等不合格部分。

3. 切半挖核

切半挖去核并漂洗一次。

4. 软化

按果肉重加入 10％～20％的清水在夹层锅中加热煮沸 5～10min 以果块软化易于打浆为准。用孔径 0.7～1.5mm 的筛孔打浆机打浆 1～3 次。

5. 配料

低糖果酱配方：杏浆 400kg、砂糖 420kg、LM 型果胶 4.5kg。

6. 加热及浓缩

采用真空浓缩：果肉与糖水吸入真空浓缩锅，真空浓缩至 44％～46％时破除真空，搅拌加热至 90℃以上，迅速出锅装罐。

7. 装罐

罐号	净含量/g	杏子酱/g
778	340	340
9116	1000	1000
260mL 玻璃罐	300	300
380mL 玻璃罐	454	454

8. 密封

酱体温度不低于 85℃。

9. 杀菌及冷却

净重 1000g 杀菌式：5min—15min/100℃（水），冷却。

净重 454g 杀菌式：5min—15min/100℃（汽），分段冷却。

净重 340g 杀菌式：5min—12min/100℃（水），冷却。

（四）产品质量特点

酱体金黄色，有光泽，均匀一致；酱体呈胶凝状；酸甜适度，无焦糊味及其他异味；总糖 45％以上。

三、钙果果酱罐头生产

（一）原辅材料

1. 钙果

果实新鲜良好，成熟适度，风味正常，无霉烂和病虫害；含果胶及酸多，芳香味浓。

2. 白砂糖

应符合 GB/T 317 的要求，干燥、洁净。

3. 果胶

淡米黄色粉末，无异味。

（二）工艺流程

原料→挑选→清洗→软化→打浆→浓缩→装瓶→杀菌→冷却→成品

（三）操作要点

1. 原料处理

挑选新鲜的钙果，去除腐烂果实，清洗。

2. 软化

按果实：水＝1：0.5（重量比）的比例，称取果实和水置于锅中加热至沸，然后保持微沸状态 10min，将果肉煮软而易于打浆为止，切勿软化过度，使之产生糊锅、变褐、焦化等不良现象。

3. 打浆

果实软化后，用筛板孔径为 0.8～1.0mm 的打浆机进行打浆 1～2 次，除去果梗、核、皮等杂质。

4. 浓缩

按果浆：白砂糖＝1：0.8 的比例配料，先将白砂糖配成 75％的糖液并过滤备用。

将果浆倾入夹层锅进行浓缩，将 75％的糖液分 1～2 次倒入锅中，糖液加入后需不断搅拌以使水分迅速蒸发，浓缩时用拆光仪检查其可溶性固形物含量，如果已达 60％时，即可停止浓缩进行装罐，在浓缩时注意搅拌以防止果酱焦化。

5. 装瓶

果酱浓缩好后立即趁热装瓶，装罐前玻璃罐需用蒸气加热或沸水消毒。

6. 封口

封口时，瓶内温度应在 80℃以上。并检查封口是否严密，瓶口若黏附果酱，应用干净的布擦净，避免贮存期间瓶口发霉。

7. 杀菌

密封后将瓶放到沸水锅中杀菌 20min，后逐步用 80℃、60℃及 40℃温水冷却，擦干瓶外水珠。

（四）产品质量特点

酱体红褐色，有光泽，均匀一致；酱体呈胶凝状；酸甜适度，无焦糊味及其他异味；总糖 65％以上。

任务 3-2　山楂果冻罐头生产

【任务描述】

山楂果冻罐头是以山楂为原料，经过清洗、取汁、加糖浓缩等处理，然后将其装入容器中，经密封、杀菌等工序制成的凝胶产品，是水果果冻产品的代表。

通过山楂果冻罐头生产的学习，掌握果冻类罐头的加工技术。掌握果冻生产设备使用方法；能估算生产用料，并按要求准备原料；掌握浓缩、杀菌以及冷却等操作要点。

教学采用资讯→计划→决策→实施→检查→评价六步教学法。

【任务实施】

一、生产任务单

生产山楂纯果冻罐头 5000 罐。要求：净含量 270g，塑料杯灌装；可溶性固形物含量不低于 65％。

二、原料要求与准备

（一）原辅材料

（1）山楂 选择成熟度适宜（九成左右），果胶物质丰富，含酸量高，芳香味浓的原料。去除霉烂变质、病虫害严重的不合格果。

（2）白砂糖 应符合 GB/T 317 的要求，干燥、洁净。

（3）生产用水 应符合 GB 5749 的规定。

（二）用料估算

山楂纯果冻用料的估算是根据实验数据所推算的，仅供参考。每生产 1t 山楂纯果冻（不使用添加剂生产的果冻）需要山楂 1200kg，需要白砂糖 620kg。

本案例需要生产果冻量＝270g×5000＝1350kg

需要新鲜山楂量＝12000kg÷1000kg×1350kg＝16200kg

需要白砂糖量＝620kg÷1000kg×1350kg＝837kg

综上所述：生产山楂纯果冻罐头 5000 罐，需要新鲜山楂 16200kg，需要白砂糖 837kg。

三、生产用具及设备的准备

（一）空罐的准备

选用 270g 规格的耐高温的塑料杯作为果冻包装容器。

剔出有波纹、针孔、斑点及其他缺陷等的容器。

合格容器使用前进行清洗消毒。

（二）用具及设备准备

包括清洗设备（图 3-2-1）、过滤器（图 3-2-2）、真空浓缩设备、煮料缸（图 3-2-3）、灌装设备、杀菌设备（图 3-2-4）、糖度计、不锈钢盆等。

图 3-2-1　清洗设备

图 3-2-2　过滤器

四、产品生产

（一）工艺流程

原料→清洗→破碎→提取果汁→浓缩→装罐→密封→杀菌→冷却→成品

图 3-2-3　煮料缸

图 3-2-4　杀菌设备

（二）操作要点

1. 清洗、破碎

取新鲜山楂，除去果柄及花萼，洗净，切成 2～4 瓣，不需去核、去籽；也可用破碎机破碎原料。

2. 提取果汁

将破碎的山楂倒入锅中，加入与果等重的温水，温度在 85～90℃维持 1h，并不断搅拌，然后过滤，剩下的果渣，再加与原料等重的水，进行第二次提取，将两次提取的果汁混合配用。

另一提取果汁的方法，是将山楂压破，加相当于果重 1.6～1.8 倍的水，煮沸并维持沸腾状态 10min，将果实连同汁液浸泡 12～24h，再将汁液滤出。残渣还可制作山楂酱、山楂糕。

3. 加糖浓缩

按上述方法提取的山楂汁，称重后，放入锅中，加热煮沸待沸点温度升高到 101℃左右时，开始加砂糖，加糖量为原果汁量的 40％～60％，继续浓缩，至沸点温度达 105～106℃，或用小勺取出少许，表面开始结成皮状，即可出锅。

4. 灌装

将浓缩好的山楂冻从煮料缸放出，运至灌装机内，灌装，自动封口。

5. 杀菌、冷却

在 85℃的杀菌箱中杀菌 20min，然后冷却到 18～25℃。

6. 烘干

用鼓风式干燥机，在 55℃的温度下，干燥 10min。冷却后成型了。

7. 检查、包装

剔除有 5mm 以上的大气泡的果冻、容器变形的以及包装打歪的果冻。合格果冻装箱入库。

（三）产品质量标准

1. 感官指标

色泽：呈玫瑰红色或山楂红色，色泽均匀。

滋味、气味：具有山楂的果香味，甜酸适口，无焦糊及其他异味。

组织形态：柔软适中、富有弹性、细腻、均匀，呈透明凝胶状，具有包装容器较完整的形态。无明显絮状物，气泡直径不得超过4mm。

杂质：不允许有肉眼可见的外来夹杂物。

2. 理化指标

净重270g，允许公差±3%；析水量≤1%；总酸（以柠檬酸计）0.10%～0.35%；可溶性固形物含量≥65%。pH应为2.9～3.0。

3. 微生物要求

菌落总数≤100cfu/g；大肠杆菌≤30PN/100g；致病菌：不得检出。

【任务考核】

一、产品质量评定

按表3-2-1中项目进行检验记录。对成品质量给予评价、评分。检验方法按GB/T 10786—2006规定方法进行，详见附录2。

表 3-2-1　山楂罐头成品质量检验报告单

组别	1	2	3	4	5	6
规格	270g规格塑料杯装山楂果冻罐头产品					
总重量/g						
杯重/g						
净重/g						
糖度/%						
色泽						
口感						
弹性						
气味						
pH						
质量问题 大气泡						
容器变形						
包装打歪						
出水						
硬块						
杂质						
结论（评分）						
备注						

二、学生成绩评定方案

对学生的评价方式建议采用过程考核成绩与成品质量评定成绩相结合，考评方案见表3-2-2。

表 3-2-2　学生成绩评定方案

考评方式	过程考评		成品质量评定
	素质考评	操作考评	
	20分	30分	50分
考评实施	由指导教师根据学生的平时表现考评	由指导教师依据学生生产操作时的表现进行考评以及小组组长评定，取其平均值	由指导教师带领学生对产品进行检验，按照成品质量标准评分。见表 3-2-1
考评标准	完成任务态度（5分）团队协作（5分）解决问题能力（5分）创新能力（5分）	原辅料选购（5分）生产方案设计（10分）设备使用（5分）操作过程（10分）	按照产品物理感官评定项目表评分

注：造成设备损坏或人身伤害的项目计 0 分。

【任务拓展】

一、蓝莓果冻罐头生产

（一）原辅材料

（1）蓝莓　选择水分充足、无霉变、无病虫害、完全成熟、含果胶物质多的新鲜蓝莓果为加工果冻的原料。

（2）白砂糖　应符合 GB/T 317 的要求，干燥、洁净。

（3）生产用水　应符合 GB 5749 的规定。

（4）琼脂　洁净无杂质，气味正常。

（二）工艺流程

蓝莓→清洗→预煮→榨汁→过滤→加热至沸点 101℃→称重→加糖浓缩→调胶、调酸→加热至沸点 106℃→趁热灌装→密封→检验→成品

（三）操作要点

1. 清洗

用流动的水洗净泥沙污物和农药残留。

2. 预煮

将洗净的原料倒入不锈钢锅内，加占果重 1/2 的水，加热煮沸至果实变软。

3. 榨汁、过滤

将软化后的果实送入压液机进行压榨取汁，然后用过滤机过滤。

4. 加热浓缩

将过滤后的汁液加热至沸点 101℃，称重。按上述称量的果汁重量加入 50% 的蔗糖，加热至沸点 103～104℃。再加入占果汁量 1% 的琼脂，加琼脂时，应先将琼脂切碎，用清水浸泡 4h 后捞起来，添 10 倍量清水加热成溶胶后，倒入果汁中。然后再用柠檬酸调节 pH 值为 3.1。然后用大火迅速煮沸浓缩，边煮边搅拌，在短时间内使混合液上升到 106℃，这时即为浓缩终点。

5. 灌装

将已浓缩好了的果冻趁热装入玻璃罐中，立即密封。玻璃罐及罐盖在使用前应经过高温消

毒，冷却后即为成品。

（四）产品质量特点

产品红紫色，半透明，表面光滑，有微量液体析出，具较浓的果香，口感细腻，富有弹性和韧性，酸甜可口。

二、沙棘果冻罐头生产

（一）原辅材料

（1）沙棘　挑选充分成熟的新鲜果实，剔除虫病害及腐烂变质的果实。

（2）白砂糖　应符合 GB/T 317 的要求，干燥、洁净。

（3）生产用水　应符合 GB 5749 的规定。

（4）果胶　淡米黄色，无异味。

（二）工艺流程

原料挑选→清洗→破碎预热→榨汁→过滤→加热至沸点 101℃→称重→加糖浓缩→调胶、调酸→加热至沸点 106℃→趁热灌装→密封→检验→成品

（三）操作要点

1. 清洗

用清水充分洗涤，放于筐中，浸于 0.03％高锰酸钾溶液中消毒 5min 再用清水轻轻漂洗干净，沥干水分备用。

2. 破碎预热

用手工或破碎机打碎成 0.1～0.4cm 的小块，再加热至 60～70℃，维持 15min，促使色素充分溶出。

3. 榨汁过滤

经热处理后的原料，用榨汁机榨汁 2～3 次，一般第一次榨汁后，将果渣按 1∶1 水浸渍 12～24h 后再榨，而后将几次榨出的果汁混合在一起，用不锈钢过滤机过滤，除去悬浮物。

4. 配方

果汁 35kg、水 10kg、果胶 0.4kg、砂糖 61kg、50％柠檬酸 0.4kg、预出成品 65％的果冻 100kg。

5. 浓缩

将汁液入夹层锅中加热，加入砂糖（或配成 75％糖浆加入）及柠檬酸液，加热浓缩15～20min，当可溶性固形物浓度达 65％以上时，迅速加入事先配成浓度为 4％～5％的果胶液，继续加热至温度达到 105℃左右时出锅装罐。

6. 装罐

罐号	净含量/g	果冻重/g
15mL 塑料杯	15	15
30mL 塑料杯	30	30

7. 密封

酱体温度不低于 85℃，15～30mL 塑料杯采用果冻自动充填封口机进行。

（四）产品质量特点

产品金黄色，色泽均匀。具有沙棘的果香味，甜酸适口，无焦糊及其他异味。口感细腻、富

有弹性，呈透明凝胶状。

三、柑橘马茉兰罐头生产

（一）原辅材料

（1）甜橙 选择成熟度适宜，新鲜甜橙为原料。去除霉烂变质、病虫害严重的不合格果。

（2）白砂糖 应符合 GB/T 317 的要求，干燥、洁净。

（3）果胶粉 黄白色粉末状，略有腥味，无杂质，高透型。

（4）生产用水 应符合 GB 5749 的规定。

（5）淀粉糖浆 应符合 GB/T 20885—2007 质量要求。

（二）工艺流程

原料去皮、切分→取汁→过滤→配料→浓缩→装罐→密封→杀菌→冷却

外果皮处理→切分→软化、脱苦→糖渍

（三）操作要点

1. 原料处理

采用成熟的柠檬、橙或蕉柑等为原料，经清洗后，纵切半或四开，剥取外皮。

2. 取汁

由果肉榨出果汁，经过滤澄清，果肉渣加入适量水搅拌加热 30～60min，抽提果胶液，经过滤澄清，与果汁合并。

3. 果皮处理

选用色鲜、橙红或橙色无斑点的外果皮，并用刀片去内皮白层，再切成长 25～35mm，厚约 0.5～1.0mm 的条片。

4. 果皮软化和脱苦

切成的条片，用 5%～7% 盐水煮沸 20～30min，或 0.1% 碳酸钠液煮沸 5～8min，流动水漂洗 4～5h（以具适宜苦味及芳香味为准），离心去水。

5. 果皮糖渍

条片以 50% 糖液加热煮沸，浸渍过夜，再加热浓缩至可溶性固形物达 65% 出锅备用（用糖量应在配方用糖中扣除）。

6. 配料

果汁 50kg、淀粉糖浆 33kg、果皮（糖渍好的）16～20kg、果胶粉约 1%（成品计）、砂糖 34kg、柠檬酸 0.4%～0.6%（成品计）。

7. 浓缩

采用夹层锅或真空锅浓缩，至可溶性固形物达 64%～65% 出锅装罐。

8. 装罐

罐号	净含量/g	柑橘马茉兰/g
380mL 玻璃罐	454	454

9. 密封

果酱温度 85～90℃。

10. 杀菌及冷却

杀菌式：5min—15min/（85～90）℃（汽）冷却。

（四）产品质量标准

1. 感官指标

色泽：橘黄色，色泽均匀。

滋味、气味：具有甜橙的果香味，甜酸适口，无焦糊及其他异味。

组织形态：柔软适中、富有弹性、细腻、均匀，呈半透明凝胶状，外果皮在果冻中分布均匀。具有包装容器较完整的形态。无明显絮状物，气泡直径不得超过4mm。

杂质：不允许有肉眼可见的外来夹杂物。

2. 理化指标

净重454g，允许公差±3%；析水量≤1%；总酸（以柠檬酸计），0.10%～0.35%；可溶性固形物含量≥65%。pH应为3.1～3.0。

3. 微生物要求

菌落总数≤100cfu/g；大肠杆菌≤30PN/100g；致病菌：不得检出。

 项目思考

1. 水果中果胶形成凝胶的原理是什么？形成的条件是什么？
2. 果酱浓缩终点的判断有哪三种方法？
3. 如何防止果酱产品的"返砂"和"流汤"？
4. 果酱罐头生产的工艺流程如何？操作要点有哪些？
5. 果冻罐头生产的工艺流程如何？操作要点有哪些？
6. 高真空低温浓缩的优越性有哪些？

项目4 蔬菜罐头生产

【知识目标】

◆ 明确蔬菜罐头的种类。

◆ 熟练掌握蔬菜罐头的加工工艺。

◆ 知道蔬菜罐头容易出现的质量问题。

【能力目标】

◆ 能正确估算原辅材料用量。

◆ 能正确选择和处理生产蔬菜罐头的原辅料。

◆ 能正确使用与维护清渍类、醋渍类、调味类、盐渍（酱渍）类罐头生产设备与用具。

◆ 会生产清渍类、醋渍类、调味类、盐渍（酱渍）类蔬菜罐头。

◆ 会检验蔬菜罐头食品的各项指标。

◆ 能够正确检查、记录和评价生产效果。

【知识贮备】

一、蔬菜罐头的种类

根据加工方法和要求不同，蔬菜罐头可分为清渍类、醋渍类、调味类、盐渍（酱渍）类等几种。

（一）清渍类蔬菜罐头

清渍类蔬菜罐头是蔬菜罐头中最常见的一类。这类罐头是选用新鲜或冷藏良好的蔬菜原料（包括适于罐藏的脱水蔬菜原料，如莲子、豌豆、红豆、玉豆、蚕豆等）经加工处理、预煮漂洗（或不预煮）、分选装罐后，加入稀盐水、糖盐混合液、沸水、蔬菜汁，再经排气密封杀菌后制成。清渍蔬菜罐头的特点是能基本保持各种新鲜蔬菜原料应有的色、形、味。如清水笋、整番茄、青刀豆、蘑菇、清水荸荠、清水花椰菜等蔬菜罐头均属这类。

（二）醋渍类蔬菜罐头

醋渍类蔬菜罐头都是选用鲜嫩的或盐腌的蔬菜原料，经加工整理或切块（萝卜、卷心菜等，需经过预煮处理）装罐，并根据要求装入适量鲜茴香、月桂叶、辣椒、胡椒、蒜头等香辛配料，然后加入醋酸或食醋及食盐混合液，密封杀菌制成。根据产品要求，有的醋渍蔬菜罐头，装罐时没有另装鲜茴香、辣椒等香辛小配料，而是在醋盐混合液中加入砂糖及丁香、桂皮、月桂叶等制成的香料水。

醋渍类蔬菜罐头，一般要求产品的含醋酸量 $0.4\%\sim0.9\%$，含盐量 $2\%\sim3\%$，大多采用玻璃罐为容器，也有采用抗酸涂料的镀锡薄板罐为容器。由于这类产品的含酸量较高，故装罐密封后，一般都采用巴氏或沸水杀菌即可。

适合生产醋渍罐头的蔬菜原料很多，如蒜头、洋葱、花椰菜、胡萝卜等。

（三）调味类蔬菜罐头

调味类蔬菜罐头一般选用新鲜蔬菜原料及其他小配料，经加工整理切块（片）、油炸或不油炸，再经调味装罐制成。如油焖笋、八宝斋（素菜）、浇汁茄子等蔬菜罐头，均属于本类品种。

（四）盐渍（酱渍）类

盐渍类蔬菜罐头是以新鲜蔬菜为原料，经盐腌或盐渍装罐加工而成蔬菜制品，如盐水青豆、盐水胡萝卜均属于本类品种。

酱渍类蔬菜罐头是将新鲜的蔬菜原料经过脱盐、脱水后，装入布袋或丝袋里扎口入缸或池酱渍，然后装罐成品，如什锦酱菜。

二、蔬菜罐头生产工艺

（一）原料挑选和分级

各种原料投产前，必须剔除霉烂、病虫害、畸形、成熟度不足或过度成熟、变色等不合格原料，并选除杂质。合格的原料，按大小、成熟度、色泽分组，达到每批原料品质较一致。便于去皮、预煮、装罐和杀菌等操作。

（二）清洗

蔬菜原料的洗涤较水果困难，特别是根菜类及块茎类蔬菜，如马铃薯、胡萝卜、荸荠、莲藕等，由于携带泥沙多，原料表面粗凹不平，必须经过浸泡、刷洗和喷洗，才能洗涤干净。蔬菜原料洗涤完善，对于减少附着于原料表面的微生物，特别是耐热性芽孢菌，具有十分重要的意义，必须认真对待。

随着生产的大型化，今后要向机械化洗菜方向发展。洗菜机如图 4-0-1 和图 4-0-2 所示。

图 4-0-1　滚筒式气泡清洗机　　　　图 4-0-2　去杂质高压气泡清洗

洗涤用水应符合饮用水标准，洗涤过程保持水的清洁，或用流动水，防止不清洁水的循环使用，致使增加污染。

（三）去皮及整理

原料的种类不同，去皮方法和要求也不同，莲藕、荸荠、马铃薯、莴苣、青豆、笋类等原料，一般采用手工或机械去皮或去荚（壳），机械去皮（壳）机如图 4-0-3 和图 4-0-4 所示。

图 4-0-3　清洗去皮　　　　　　　　　　　图 4-0-4　青豆剥壳机

胡萝卜、红甜椒等可用浓碱液去皮。有的蔬菜去皮后易变色及品质恶化，如莲藕、荸荠等，必须迅速浸于稀食盐水或稀酸液中护色，并尽快进行预煮。有部分蔬菜原料不需去皮，如刀豆、黄瓜、叶菜类、花菜类、菇类等，这类原料只需去蒂柄或适当修整处理即可。整只装的笋类、花椰菜等原料，需按产品标准要求，保持该品种特有形态和大小，不论采用什么方法去皮或修整，均应保持切面整齐光滑、完整、美观，防止不应有的刀痕、毛边等缺陷。

（四）预煮和漂洗

大部分蔬菜原料，装罐前均须经预煮处理。预煮的主要目的：

① 软化组织，便于装罐，排除原料组织中的空气。

② 破坏酶的活性，稳定色泽，改善风味和组织，脱除部分水分，保护开罐固形物稳定。

③ 杀灭部分附着于原料中的微生物。

预煮的方法，通常采用连续预煮机以沸水或蒸汽加热预煮，图 4-0-5 所示为蔬菜（预煮）漂烫杀青机。预煮用水需经常更换，保持清洁，特别是含硝酸根等腐蚀因子多及易变色的原料，如刀豆、莲藕等，更应注意换水。对于易变色的原料，需在预煮水中加入适量柠檬酸进行护色，如蘑菇等原料（加酸量以不影响产品风味和色泽为准）。预煮的时间和温度，一般根据原料种类、块形大小、工艺要求等条件而定。预煮后必须急速冷透，严防冷却缓慢，影响质量。不需漂洗的原料应立即捞起分选装罐。需漂洗的原料则捞于漂洗槽（池），按规定漂洗条件进行漂洗。注意漂洗过程应经常换水，防止变质。

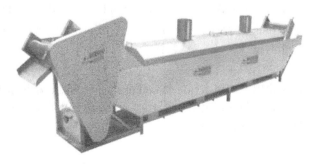

图 4-0-5　蔬菜（预煮）漂烫杀青机

（五）切分

原料经过预处理后，要按要求切分成片、块、丝、丁、棱等各种规格，切分可以人工进行，但有些大规模企业采用机械切制，如图4-0-6输送式切菜机、图4-0-7自动切段机、图4-0-8切片机、图4-0-9切丁机。

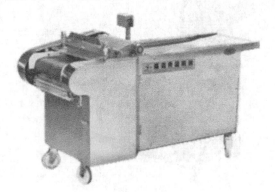 

图 4-0-6　输送式切菜机　　　　　　　　图 4-0-7　自动切段机

图 4-0-8　切片机　　　　　　　　　图 4-0-9　切丁机

（六）汤汁配制

大部分蔬菜罐头在装罐时都要注入一定量的汤汁，所用汤汁主要有清渍液、调味液两大类。

1. 配制汤汁用的水和盐

蔬菜罐头用盐要求纯度高，不允许含有微量的重金属和杂质。盐中所含微量的铜、铁等，可使蔬菜中的单宁、花色素、叶绿素等变色；铁的存在还将使部分蔬菜罐头中形成硫化铁。因此，要求所用盐的氯化钠含量不低于99％，钙、镁含量以钙计不得超过0.1g/kg，铁不得超过0.0015g/kg，铜不得超过0.001g/kg。

配制汤汁用的水除需符合国家饮用水标准外，还必须符合果蔬装罐用水的特殊要求，为不含铁和硫化物的软质水。尤其是水硬度，水中和盐中的钙、镁盐类都将造成汤汁（如盐水）硬度过高而使一些罐藏蔬菜变硬，如豌豆、玉米等。

2. 汤汁的制备

（1）清渍液的制备　所谓清渍液是指用于清渍类蔬菜罐头的汤汁，包括稀盐水、盐和糖的混合液及沸水或蔬菜汁，其中又以使用盐水的为多，大多数清渍类蔬菜罐装用盐水的浓度为1%～2%。

（2）调味液的制备 调味液的种类很多，但配制的方法主要有两种，一种是将香辛料先经一定时间的熬煮制成香料水，然后香料水再与其他调味料按一定比例配制调味液；另一种是将各种调味料、香辛料（可用布袋包裹，配成后连袋去除）一起一次配成调味液。

（七）分选和装罐

各种蔬菜装罐前，必须按产品质量标准要求进行分选。将不同色泽、大小形态的蔬菜分开装罐。

① 每罐装入蔬菜量，应根据产品要求的开罐固形物含量，结合原料品种、老嫩、预煮程度及杀菌后的脱水率等因素进行调整。

② 汤汁要求加满，防止罐内顶隙度过大，引起氧化圈，或蔬菜露出液面变色。

③ 配制汤汁的用水必须符合饮用水标准，严防带不良气味；用水中的硝酸根离子和铁离子含量防止过高。

（八）排气和密封

注入汤汁后，必须迅速加热排气或抽气密封：

① 加热排气者，应注意排气温度和时间，整番茄、青豌豆等品种，如排气温度太高，易引起罐内物料软烂破裂、净重不足等问题。排气不充分，罐内真空度太低，容易引起罐头突盖、假胀罐及罐内腐蚀等质量问题，一般要求排气至密封罐内中心温度达到70～80℃为宜。

② 热传导慢的品种，如整装笋类，则宜采取装罐前复煮后趁热装罐，并加入沸水再排气。整番茄、整装花椰菜等品种，除加入90℃以上的汤汁外，还应注意适当延长加热排气时间。

③ 排气后立即密封。为防止密封时汁水溢出污染罐外，密封后必须用热水洗净罐外，及时进行杀菌，严防积压。

④ 排气过程须防止蒸汽冷凝水滴入罐内，如四川榨菜等，宜采用抽气密封或预封后排气密封。采用抽气密封，应根据罐型、品种、加入汤汁温度等控制抽真空程度。带汤汁的品种，抽真空太高时，汤汁易被抽出，太低时，往往造成罐内真空度太低，一般控制抽真空0.04～0.067MPa为宜。

（九）杀菌和冷却

蔬菜类罐头（包括菇类），除番茄、醋渍、酱（盐）渍等类产品外，均属低酸性或接近中性的食品。由于原料在土壤中污染耐热性芽孢菌机会多，故大部分产品必须采用高温杀菌，才能达到长期保存的目的。但蔬菜类由于组织娇嫩、色泽和风味对热较敏感，稍高的温度或较长的时间极易引起组织软烂和风味色泽的恶化，严重损害制品的质量，清水花椰菜宜用沸水杀菌为好。因此，必须注意以下几点：

① 杀菌条件必须根据蔬菜原料的品种、老嫩、内容物的pH、罐内热的传导方式和快慢、微生物污染程度、罐头杀菌前的初温、杀菌设备的种类等条件而定。

② 在不影响产品的风味和色泽前提下，适当降低pH（使内容物偏酸性），可缩短杀菌时间。

③ 原料新鲜度越高，工艺流程越快（特别是装罐密封后至杀菌），微生物污染越轻；罐内热传导快的产品，杀菌时间可缩短。

④ 对罐内汤汁易于对流传热的产品，如刀豆、蘑菇等，宜采用高温短时间杀菌。采用连续或连续振动式杀菌机，较间歇静止式杀菌锅杀菌效果快且质量好。

⑤ 严格执行杀菌工序的操作规程。杀菌过程必须严格保持温度的准确性，特别是高温短时间杀菌，温度稍有误差，则对杀菌强度影响很大。保证升、降温和主杀菌时间的准确。如采用反压降温冷却，则应考虑适当增加主杀菌时间。抽气密封的产品，一般延长升温时间5min即可。

⑥ 蔬菜罐头杀菌后必须快速冷却，一般以冷却至罐内中心温度至 37℃ 左右为宜，以防止继续受热而影响内容物的色、形、味，并严防嗜热性芽孢菌的生长发育。冷却方式以在杀菌锅内用压缩空气或水反压降温冷却较好。特别是采用高温短时杀菌及大罐型的产品。反压冷却不仅冷却速度快，且有防止罐盖突角降低次废品率的效果。反压冷却，进入杀菌锅的冷却水压，以稍高于锅内压力即可，不要太高，以免冲力太大造成瘪罐。反压需用的压力，一般以稍高于杀菌式规定的杀菌压力即可。反压降温时间以 5min 左右为宜，对于某些特殊罐型和品种如盆形罐及汤汁少玻璃罐装的品种，则降温冷却时间宜稍缓慢或分段冷却较好。

目前用于蔬菜类罐头杀菌的设备有立式或卧式杀菌锅、回转式加压杀菌机、静水压加压杀菌机等。提高杀菌温度可缩短杀菌时间。对于改善蔬菜罐头内容物的色泽、组织和风味，减轻铁罐的腐蚀，均有明显效果。

三、蔬菜罐头常见质量问题及防止措施

（一）罐内腐蚀及硫化污染

1. 几种主要蔬菜罐头罐内腐蚀及硫化情况（表 4-0-1）

表 4-0-1　几种主要蔬菜罐头罐内腐蚀及硫化情况

名称	对空罐腐蚀或硫化程度	名称	对空罐腐蚀或硫化程度
青刀豆	腐蚀性重	小竹	腐蚀性较重,硫化较重
青豆	腐蚀性较轻,硫化重	荞头	腐蚀性重
整番茄	腐蚀性较重	香菜心	腐蚀性严重
番茄酱	腐蚀性严重	榨菜	腐蚀性较严重
蘑菇	腐蚀性较重,硫化较重	清水荸荠	腐蚀性较重,硫化较重
清水草菇	腐蚀性轻,硫化重	清水莲藕	腐蚀性较重,硫化较重
茄汁黄豆	腐蚀性较重,硫化较重	清水苦瓜	腐蚀性轻
茄汁玉豆	腐蚀性较重,硫化较重	芦笋	腐蚀性较重,硫化重
红甜椒	腐蚀性重	秋葵	腐蚀性较轻
茄汁什锦蔬菜	腐蚀性重	雪菜	腐蚀性严重
花椰菜	腐蚀性轻,硫化严重	桂花蜜汁藕	腐蚀性较重
冬笋	腐蚀性较重	蚕豆	硫化重
清水笋	腐蚀性较重	美味黄瓜	腐蚀性重

蔬菜类罐头绝大部分虽属低酸性食品，但许多品种对镀锡薄钢板的腐蚀，却较酸性水果罐头还要严重。各种产品腐蚀轻重程度因原料种类、品种、栽培管理条件及加工方法等不同而异。

蘑菇、荸荠、芦笋、刀豆、莲藕等品种，若用涂料铁，对内容物色泽、风味均有一定的影响，因此，生产中必须注意。

2. 防止腐蚀及硫化污染的措施

（1）根据各种品种对镀锡薄钢板腐蚀或硫化程度，针对性地选用抗蚀、抗硫性能好的镀锡薄钢板制罐，并严格防止空罐生产过程中损伤锡层或涂料层的机械伤。对素铁罐罐身内接缝，最好采用补涂料。

（2）对铁皮腐蚀严重的品种，如番茄酱、香菜心，必须采用涂膜厚的抗酸涂料铁，必要时，制罐后再喷涂一次。

（3）对含硫蛋白高的品种，如花椰菜、甜玉米及某些品种的青豌豆，必须采用抗硫涂料铁制罐，必要时喷涂一次。

（4）加入罐的汁液，调配时煮沸，注入罐内时汁温要求 85℃ 以上，并尽量加满，减小罐内顶隙度。

（5）排气或抽真空要充分，以提高罐内真空度。

（6）防止采用新鲜度差的原料，并选用含硝酸根及亚硝酸根离子低的原料。

（7）在不影响色泽和风味的前提下，适当延长预煮和漂洗时间。采用亚硫酸或其盐类等护色剂护色的品种，必须漂洗脱除残余二氧化硫及酸。

（8）需要预煮的品种，最好采用预煮机预煮。经常更换预煮用水，尽量减少预煮水中原料溶出的腐蚀成分浓度。

（9）提高杀菌温度，缩短杀菌时间，杀菌后快速冷却至罐温 37℃ 左右。最大限度地缩短工艺流程及减少装罐后的受热时间。

（10）罐头密封后倒放杀菌冷却，进库后正放，以及仓贮期间反复倒放。

（二）突角、罐外生锈

1. 突角

防止措施：采用加压水杀菌和反压冷印，严格控制平稳的升压和降压；适当增加预煮时间和尽量减小块形；提高排气后的罐内中心温度或提高真空封罐机真空室的真空度，根据不同产品的要求选用不同厚度的镀锡薄钢板，尤其是罐底盖选用较厚的镀锡薄钢板；封口后，及时杀菌。

2. 罐外生锈

防止措施：空罐和实罐生产过程中所用制罐模具要光洁、无损伤，严格防止铁皮的机械伤；方罐、梯形罐如采用锡铅焊罐，焊锡药水要擦干净；主罐经洗涤后要及时装罐不积压，封口后罐头力求清洗干净保持清洁，封口的滚轮、六角转盘及托罐盘要光洁不致刮伤；杀菌篮以及冷却水应经常保持清洁；升温、冷却时间不宜过久，冷却后罐温以 38～40℃ 为宜，出锅后及时擦去水分，力求擦干并及时装箱；贮放罐头的库温以 20～25℃ 为宜，梅雨季节门窗要关闭；刮北风时要开启窗门通风；罐头如是堆放，每堆不宜太大，堆与堆间隔保持 30cm，以利空气流通；装罐的木箱和纸箱的水分要控制，不宜太潮，黄板纸的 pH 要求 8～9.5。

（三）内容物的变色

蔬菜类罐头在加工和贮藏过程中，常发生变色现象。

蘑菇：色泽变褐、暗灰、变红、变黄。

荸荠、笋类：心变红、色发黄。

莲藕：色变红、紫黑。

花椰菜：色变红、发黄、灰暗。

刀豆、苦瓜、菠菜、青豆、黄瓜等：色变橄榄褐或黄绿。

番茄及其制品：色变褐至深褐。

芦笋：鳞片部位变紫色。

马铃薯：削皮切片后，迅速褐变。

以上变色原因，大体上分为酶褐变及非酶褐变（美拉德反应、焦糖化作用、维生素 C 氧化作用等）。此外，来自黄酮类化合物、类胡萝卜素、叶绿素等的天然色素变色、硫化变色等。

防止措施：

（1）卢笋、莲藕等应选用含花色素苷、单宁低的原料品种加工。

（2）对绿色蔬菜原料，如刀豆、青豆、菠菜、黄瓜等，应尽量减少工艺过程中的受热时间。

（3）防止原料机械伤，并尽量防止去皮后的半成品暴露在空气中，如蘑菇、笋类、荸荠、马铃薯、莲藕等。去皮后必须采用清水或稀食盐液或稀酸液等护色液短时间浸泡护色。

（4）对具酶褐变的蔬菜原料，如蘑菇、莲藕、荸荠、马铃薯等，应迅速进行预煮处理，以破坏酶的活性，预煮条件应适当。

（5）采用护色剂或降低pH：一些原料可采用护色剂护色，或采用柠檬酸稀液预煮。有的也可在汤汁中加入适量维生素C或柠檬酸。采用柠檬酸稀液预煮，必须注意防止成品中残余酸含量偏高，否则，不仅会影响风味，且经高温杀菌后，反而引起色泽变红或发黄。

（6）缩短工艺流程，减少受热时间。针对不同品种采用高温短时杀菌或沸水杀菌，杀菌后快速冷却，尽量减少半成品及成品的受热时间（包括杀菌条件及冷却方式的选择），特别像番茄酱的浓缩温度和时间以及杀菌后的冷却速度对制品褐变关系很大。

（7）加工过程，防止原料、半成品与铁、铜工器具接触，并防止加工用水中这些金属离子的含量偏高。莲藕若用铁制刀具削皮或接触铁器更易使色泽变紫黑。特别在pH偏碱性的情况下，变色更重。

（8）适当提高罐头的真空度，减少顶隙度，防止内容物露出液面。

（9）如原料采用碱液去皮，则必须漂洗，去净残余碱液，或采用酸液浸泡中和。

（10）采用新鲜度高、成熟度适宜、品种优良的原料。如新鲜度差的竹笋原料，制成的罐头色泽易发红发暗，成熟度高的荸荠原料，杀菌后荸荠心部易发红。

（11）罐头成品仓贮温度越低，变色越慢。

（四）酸败变质

低酸性的蔬菜类罐头，如刀豆、青豆、玉米、草菇、蘑菇、芦笋、小竹笋、油焖笋、花椰菜、马铃薯等产品，生产后在贮藏运销期间，常发生内容物酸败变质的质量事故。这是由于嗜热性酸败菌或称平酸菌在罐内危害所引起。这类细菌是属于兼性厌气菌类（专性嗜热菌也可能包括在内），能分解碳水化合物而产生酸类，如乳酸、甲酸及乙酸等，但不产生气体。酸败的罐头，外形和真空度一般正常（在某些情况下，真空度较正常罐稍低），从罐头的外表很难辨别罐的好坏，但开罐后内容物酸败，汁液浑浊而不能食用。如嗜热脂肪芽孢杆菌（*Bacillus Stearothermophilus*）是经常引起代酸性罐头食品酸败的一个典型菌类。这类细菌最适宜的生长温度为45～55℃，最适生长的pH为6.8～7.2。这类细菌主要来源于土壤，但灰尘中及糖、淀粉等配料中也有存在。

防止措施：

（1）注意原料的新鲜卫生，加工前应将原料充分洗涤干净，尽量缩短工艺流程，严防半成品积压（罐头封口后即杀菌，应缩短中间停留时间）和污染。

（2）预煮桶或预煮机、排气箱、盐水或糖水桶等加热设备，应采用不锈钢、铝等金属材料制造，不宜采用木质材料。同时对这些设备及管道、泵以及罐头杀菌后的冷却池等，必须严格刷洗消毒，防止耐热性细菌的滋长。

（3）罐头杀菌后必须迅速冷至37℃左右，冷却水最好经氯化处理。防止冷却不透的罐头装箱或堆成大堆，以免影响罐内温度下降。

（4）大部分酸败罐头产生的原因，主要是由原料污染或杀菌不彻底引起。因此，必须结合各厂实际工艺和卫生条件，选用合理的杀菌式，并严格注意罐头密封质量。

（5）及时抽取生产样品进行保温（一般55℃保温5d）反酸败菌培养检验。并经常对原料、半成品、密封后杀菌前的罐头、车间工具设备等，进行耐热芽孢菌芽孢数的检验，以指导生产。

（五）蔬菜类罐头的胀罐

有些蔬菜类罐头生产后，在贮藏运销期间，常发生罐头两端或一端底盖凸起。这种胀罐从罐头外表看，可分为软胀及硬胀两种。软胀包括物理胀罐（如装填太满及真空太低等所引起）及初期的氢胀或初期的微生物胀罐。硬胀罐主要是微生物胀罐，也包括严重的氢胀罐。

1. 物理胀罐

罐头两端或一端的罐盖凸起，若施压于盖，凸起处可恢复平坦，除去压力，又可凸起时，罐头内容物一般没有变质。主要系装罐时填太满，或排气不够，装罐温度太低引起。如小罐型的香菜心、整番茄、杂色酱菜、番茄酱等产品常发生这种现象；防止方法，除适当控制装填量，提高排气或装罐温度外，还应注意罐身用铁厚度及膨胀圈的抗压强度。仓贮温度太高或罐头远销海拔太高的地区，也易引起物理胀罐。杀菌冷却时降压太快及罐头严重碰撞也会引起物理胀罐。

2. 氢胀罐

氢胀罐属于化学性胀罐，主要因食品含酸与镀锡薄钢板腐蚀作用产生氢引起，虽然多发生于水果类罐头，但荸荠、香菜心、杂色酱菜、番茄酱等蔬菜罐头也会发生氢胀罐。氢胀严重的罐头，其两端底盖凸起与细菌性胀罐很难区别，开罐后虽然内容物有时尚未失去食用价值，但是不符合产品标准。防止措施：主要抑制罐内壁的腐蚀及防止涂料脱落。

3. 细菌性的胀罐

罐头两端凸起，严重者罐头发生爆破，内容物败坏变质，完全失去食用价值。

防止措施：

(1) 采用新鲜度高的原料。严格注意加工过程的卫生条件，防止原料、半成品污染。

(2) 在保证罐头产品质量的前提下，对原料的热处理及罐头杀菌条件，必须充分，使对罐头有危害性的微生物彻底杀灭。笋类、荸荠等罐头加工过程适当酸化处理，如竹笋漂洗用水调节 pH 为 4.2～4.5，荸荠经柠檬酸预煮后或在汤汁中加入适量柠檬酸，均可提高杀菌效果。

(3) 罐头的密封性能要好，防止泄漏。杀菌后的罐头冷却要透，防止嗜热性细菌繁殖。冷却水保持清洁，宜采用经氯化处理的水冷却。淋水冷却较浸泡冷却好。

(4) 罐头生产过程，及时抽样进行保温（37℃保温 7d）及细菌检验，并对原料、半成品及车间工具设备进行耐热菌芽孢的检验，以指导生产。

任务 4-1 滑子蘑罐头生产

【任务描述】

滑子蘑按菇体形状分为未开伞菇和开伞菇两类。未开伞菇按菌盖直径分为四级，开伞菇按菌盖直径分为三级。滑子蘑罐头是以滑子蘑为原料，经浸泡、分级、挑选、装罐、加入汤汁、密封、杀菌制成的，是清渍类蔬菜罐头的代表产品。清渍类罐头是蔬菜罐头中最大宗的一类，它是由新鲜或冷藏良好的原料经处理后装入罐内，加入稀盐水或沸水或盐糖混合液或蔬菜原汁后，再经排气密封杀菌冷却而制成的罐头产品，如青刀豆、清水笋、清水荸荠、蘑菇等罐头，它保持了原料固有的色、香、味、形。这类罐头加工比较简单。

通过滑子蘑罐头生产的学习，掌握清渍类蔬菜罐头的加工技术要点。熟悉清渍类蔬菜罐头生产设备的准备和使用；能估算用料，并按要求准备原料；学会配制清渍液；掌握排气、杀菌以及分段冷却等操作要点。

教学采用资讯→计划→决策→实施→检查→评价六步教学法。

【任务实施】

一、生产任务单

生产内销蘑菇罐头 5000 罐。要求：净重 530g；固形物含量不低于 50.0％，氯化钠含量为 0.8％～1.5％。

二、原料要求与准备

（一）原辅料标准

(1) 滑子蘑 新鲜饱满或冷藏良好，菇体完整，无虫害、破碎和变质现象。

(2) 食盐 应符合 GB 5461 的要求。

(3) 柠檬酸 洁净粉末状，纯度 98％以上。

（二）用料估算

根据生产任务单可知：净重 530g，固形物不低于净重的 50.0％，本次生产每罐装入蘑菇 265g，生产罐头 5000 罐。

根据实验得知：对于符合原料标准的蘑菇，可利用率 65.4％。

生产 5000 罐蘑菇罐头需要：

蘑菇量＝每罐装量重÷蘑菇可利用率×总罐数＝265g÷65.4％×5000＝2026kg

因此，生产 5000 罐滑子蘑罐头需滑子蘑 2026kg。

三、生产用具及设备的准备

（一）空罐的准备

准备合格的 580mL 四旋玻璃罐，清洗、消毒后备用。

（二）用具及设备的准备

清洗设备、排气箱、分级机、金属探测仪、杀菌锅、罐中心温度测定仪、电子秤、刀具、不锈钢盆等。

四、产品生产

（一）工艺流程

原料验收→浸泡→分级→挑选→装罐→加汤→封口→排气→密封→杀菌→冷却→静置、包装、储存

（二）操作要点

1. 原料处理方法及要求

原料验收：按滑子蘑原料质量标准进行验收。采摘后，在 12h 以内进入厂内，以免开伞或变质，进厂后应立即浸入流动的清水中。

浸泡：滑子蘑应浸泡在流动的清水中，在液面 15cm 以下为宜。时间应控制在 6～10h。不应超过 15h，进行充分清洗，去除杂质。

分级：将滑子蘑适量放入分级机入料槽中，水压适当，水量充足，大小分成四级，大致均匀，特小号（规格代号为 T）菌盖直径为 6～10mm；小号（规格代号为 S）菌盖直径为 10～14mm；中号（规格代号为 M）菌盖直径为 14～22mm；大号（规格代号为 L）菌盖直径为 22～30mm。

挑选：不开散的滑子蘑，按 L、M、S、T 规格进行分级，开伞的滑子蘑按 P（小）、E（中）、J（大）规格分级。在挑选时剔除散柄、碎蘑和培养菌等杂质。同一罐内规格应一致，不应混装。

2. 汤水配比

2.3％～2.5％的沸盐水加入 0.05％柠檬酸过滤备用。汤液温度 82℃以上。

3. 装罐

罐号	净重	固重	汤汁
580mL 玻璃罐	530g	265g	265g（82℃以上）

称重，装入罐中，加入汤汁，把罐盖盖上，但不旋紧（预封），以便排气。

4. 排气、密封

预封后立即放入排气箱中，进行热力排气，使罐内中心的温度达到 80℃以上，立即密封。

5. 杀菌、冷却

采用常压杀菌，杀菌式为：15min—60min—20min/100℃，也可采用高压杀菌，杀菌式为：10min—20min—反压冷却/121℃。冷却至罐中心温度 30～40℃。

6. 静置、包装、贮存

静置：冷却完毕的罐头静置干燥不低于 8h。

打检贴标包装：需要时经 36℃±1℃保温 10 昼夜。包装前进行打检、贴标、包装入库。

贮藏：成品库常温、清洁干燥、无污染、无异味。

（三）产品质量标准

1. 感官指标

应符合表 4-1-1 的要求。

表 4-1-1 感官指标

项目	优级	一级	合格
色泽	菌盖呈棕黄色或黄褐色,有光泽	菌盖呈棕黄色或黄褐色,较有光泽	菌盖呈棕黄色或褐色,尚有光泽
滋味、气味	具有滑子蘑罐头应有的滋味和气味,无异味		
组织形态	菇体完整,有弹性,大小大致均匀。 未开伞类:其中开伞和长柄各不超过 1％,混级和破碎各不超过 5％,变色和畸形各不超过 2％,但其总和不得超过 25％； 开伞类:其中破碎不超过 10％,变色和畸形各不超过 2％,但其总和不得超过 12％（以上均以个数计）。汤汁黏稠,允许有少量培养基碎屑存在	菇体完整,较有弹性,大小大致均匀。 未开伞类:其中开伞和长柄各不超过 12％,混级和破碎各不超过 6％,变色和畸形各不超过 3％,但其总和不得超过 30％； 开伞类:其中破碎不超过 15％,变色和畸形各不超过 3％,但其总和不超过 18％（以上均以个数计）。汤汁黏稠,允许有少量培养基碎屑存在	菇体完整,尚有弹性,大小大致均匀。 未开伞类:其中开伞和长柄各不超过 12％,混级和破碎各不超过 7％,变色和畸形各不超过 4％,但其总和不得超过 32％； 开伞类:破碎不超过 18％,变色和畸形各不超过 3％（以上均以个数计）。汤汁黏稠,允许有培养基碎屑存在

2. 理化指标

（1）净重 530g，允许公差±5g，每批产品平均净重应不低于标明重量。

（2）固形物含量应大于或等于 50%，允许公差±11g，每批产品平均固形物重应不低于规定重量。

（3）重金属含量应符合 GB 7098 的要求。

3. 微生物指标

应符合罐头食品商业无菌要求。

4. 食品添加剂要求

食品添加剂的使用应符合 GB 2760 的规定。

 【任务考核】

一、产品质量评定

按表 4-1-2 中项目进行检验记录。对成品质量给予评价、评分。检验方法按 GB/T 10786—2006 规定的方法进行，详见附录 2。

表 4-1-2　滑子蘑罐头成品质量检验报告单

组别		1	2	3	4	5	6
规格		530g 规格玻璃罐滑子蘑罐头产品					
真空度/MPa							
总重量/g							
罐（瓶）重/g							
内容物重/g							
罐与固重/g							
固形物重/g							
内容物汤汁重/g							
色泽							
口感							
pH							
质量问题	煮融						
	破裂						
	大小						
	瑕疵						
	杂质						
结论（评分）							
备注							

二、学生成绩评定方案

对学生的评价方式建议采用过程考核成绩与成品质量评定成绩相结合，考评方案见

表 4-1-3。

表 4-1-3 考评方案

考评方式	过程考评		成品质量评定
	素质考评	操作考评	
	20分	30分	50分
考评实施	由指导教师根据学生的平时表现考评	由指导教师依据学生生产操作时的表现进行考评以及小组组长评定,取其平均值	由指导教师带领学生对产品进行检验,按照成品质量标准评分。见表 4-1-2
考评标准	完成任务态度(5分) 团队协作(5分) 解决问题能力(5分) 创新能力(5分)	原辅料选购(5分) 生产方案设计(10分) 设备使用(5分) 操作过程(10分)	按照产品物理感官评定项目表评分

注:造成设备损坏或人身伤害的项目计 0 分。

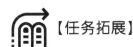

【任务拓展】

一、原汁整番茄罐头生产

(一) 配方

番茄:160kg;白砂糖:2kg;食盐:1.4kg;氯化钙:100g。

(二) 工艺流程

选料→清洗→预煮→挖蒂→热烫去皮→硬化处理→分选→汤汁配比→装罐→排气、密封→杀菌→冷却→擦罐、入库

(三) 操作要点

1. 原料标准

(1) 番茄 应选新鲜或冷藏良好的小番茄,色红、肉厚籽室小、形态和风味均好,未受病虫害危害,果实无裂缝、黑心果及霉变现象,横径在 30~50mm。以罗成 1 号、奇果等长圆形品种最为适宜。

(2) 食盐 应符合 GB/T 5461 的要求。

(3) 白砂糖 干燥、洁净、无杂质,纯度 96% 以上,应符合 GB/T 317 的要求。

(4) 氯化钙 白色碎块或颗粒,能溶于水,氯化钙含量在 96.0% 以上。

2. 选料

选除成熟度不足、病虫害、斑疤、伤烂等不合格品,按大小分级。再用清水将番茄洗干净。

3. 挖蒂

挖除蒂柄,防止太深,籽不能外流(机械去皮可不挖蒂)。

4. 热烫去皮

90~98℃热烫 15~40s,以表皮易脱离为准,冷水迅速冷却,剥去外皮。

5. 硬化处理

番茄浸于 0.5% 氯化钙液中浸泡 10min,洗果分选装罐。另外,也可将去皮后的番茄,于 10% 的糖水中(糖水中加碳酸钙 0.2%),真空度 0.080MPa 以上,抽空 5~10min,并浸泡 2~

10min，使果实渗透充分，再取出装罐，这种方法较用氯化钙硬化处理效果较好。

6. 分选要求

番茄色泽鲜红均匀，果实完整，果实最大横径不超过50mm，同罐中色泽、大小大致均匀。

7. 汤汁配比

茄汁经筛板孔径1.5mm及0.5mm打浆机打浆。

番茄原浆（5%～7%）	96.5kg	盐水（20%）	7.0kg
砂糖	2.0kg	氯化钙	100g

8. 装罐

罐号	净重	整番茄	汤汁
7116	425g	250～255g	170～175g（汁温90℃以上）

9. 排气及密封

排气密封：中心温度不低于70℃。

抽气密封：0.04～0.046MPa。

10. 杀菌及冷却

杀菌式（排气）：5min—(28～33)min—5min/105℃冷却。

整番茄罐头杀菌，可用100℃沸水杀菌40～50min。

（四）产品质量标准

1. 感官指标

应符合表4-1-4的规定。

表4-1-4　感官指标

项目	优级品	一级品	合格品
色泽	番茄呈红色，同一罐内番茄色泽一致，允许果蒂处稍带橙黄色；汤汁呈红色	番茄呈红色或橘红色，同一罐内番茄色泽较一致，允许果蒂处带橙黄色；汤汁呈红色至橙红色	番茄呈橘红色或橙红色，同一罐内番茄色泽尚一致，允许果蒂处略带黄色；汤汁呈红色至橙黄色
滋味气味	具有原汁整番茄罐头应有的风味，原果味鲜美，无异味	具有原汁整番茄罐头应有的风味，原果味鲜美，无异味	具有原汁整番茄罐头应有的风味，无异味
组织形态	番茄去皮，果形大体完整，籽实和果心无明显流失或严重外露，允许不影响外观的果蒂存在；大小大致均匀；番茄原汁不分离沉淀，允许有少量种籽存在；破裂果不超过20%	番茄去皮，果形较完整，籽实和果心稍有流失或外露，允许不影响外观的果蒂存在；大小较均匀；番茄原汁不分离沉淀，允许有少量的种籽存在；破裂果不超过30%	番茄去皮，果形尚完整，籽实和果心有流失或外露现象，允许不影响外观的果蒂存在；大小尚均匀

2. 理化指标

（1）净重　应符合表4-1-5中有关净重的要求，每批产品平均净重应不低于标明重量。

（2）固形物　应符合表4-1-5中有关固形物含量的要求，每批产品平均固形物重应不低于规定重量。

（3）氯化钠含量　0.3%～1.0%。

（4）重金属含量　应符合GB 7098的要求。

表 4-1-5　净重和固形物的要求

罐号	净重			固形物			
	标明重量/g	允许公差/%		含量/%	规定重量/g	允许公差/%	
		优、一级品	合格品			优、一级品	合格品
7116	425	±3.0	±5.0	55	234	±11.0	±11.0

（5）**番茄红素**　不小于 6mg/100g。

3. 微生物指标

应符合罐头食品商业无菌要求。

二、青刀豆罐头生产

（一）配方

青刀豆：360kg；食盐：4.8kg。

（二）工艺流程

选料→切端→拣选→盐水浸泡→预煮→装罐→排气→封罐→杀菌→冷却→成品入库

（三）操作要点

1. 原辅材料标准

（1）**青刀豆**　采用新鲜或冷藏良好未受病虫危害的青刀豆，要求色泽深绿、肉质丰厚、脆嫩、无筋，荚呈圆形，最好在种子达到麦粒大小时采摘。凡豆粒突出、畸形、锈斑、霉烂、带有粗筋及红花青刀豆均不得使用。

（2）**食盐**　应符合 GB/T 5461 的要求。

2. 分选

刀豆组织嫩，硬度适宜，无皱缩，色青绿或微黄绿。条装长度 70～110mm，段装长 35～60mm，同罐中刀豆大小、色泽大致均匀。

3. 汤汁配比

盐水浓度 2.3%～2.4%，注入罐内时温度不低于 75℃。

4. 装罐

罐号	净重	青刀豆	汤汁
500mL 罐头瓶	500g	275g	225g

5. 排气及密封

排气密封：中心温度 65～75℃。

抽气密封：0.04～0.047MPa。

6. 杀菌及冷却

杀菌式（排气）：10min—25min—反压冷却/119℃。

杀菌后的罐头立即冷却至 40℃左右。

（四）产品质量标准

1. 感官指标

应符合表 4-1-6 的要求。

表 4-1-6　感官指标

项目 \ 品级	优级品	一级品	合格品
色泽	豆荚呈黄绿色,汤汁较清晰	豆荚呈黄色或黄绿色,汤汁较清,允许稍有碎屑	豆荚呈黄色,汤汁尚清,允许有碎屑
滋味、气味	具有本品种青刀豆罐头应有的滋味及气味,无异味		
组织形态	组织柔嫩,豆粒无显著突起,食之无粗纤维感,允许老筋豆不超过固形物重的 5%,粗细较均匀,整条装青刀豆应竖装,段装豆长短大致均匀。一罐 425g 重的罐头中,豆叶或豆梗不超过 3 片,其他罐号按此比例增减	组织较柔嫩,豆粒无显著突起,食之无明显粗纤维感,允许老筋豆不超过固形物重的 8%,粗细大致均匀,整条装青刀豆应竖装,段装豆长短大致均匀。一罐 425g 重的罐头中,豆叶或豆梗不超过 3 片,其他罐号按此比例增减	组织尚嫩,允许老筋豆不超过固形物重的 12%,粗细尚均匀,整条装青刀豆应竖装,段装豆长短大致均匀,一罐 500mL 罐头瓶中,豆叶或豆梗不超过 4 片,其他罐号按此比例增减

2. 理化指标

（1）净重　应符合表 4-1-7 中有关净重的要求,每批产品平均净重应不低于标明重量。

（2）固形物　应符合表 4-1-7 中有关固形物含量的要求,每批产品平均固形物重应不低于规定重量。

（3）氯化钠　0.8%～1.5%。

（4）重金属　应符合 GB 7098 的要求。

表 4-1-7　净重和固形物的要求

罐号	净重		固形物		
	标明重量/g	允许公差/%	含量/%	规定重量/g	允许公差/%
500mL 罐头瓶	500	±5.0	55	275	±5.0

3. 微生物指标

应符合罐头食品商业无菌要求。

三、清水荸荠罐头生产

（一）配方

荸荠 350kg、白糖 48kg、柠檬酸 1.5kg。

（二）工艺流程

原料→挑选→清洗→去皮→分级→预煮→漂洗→整理→称重→装罐→注汁→排气→封口→杀菌→冷却→保温→打检→装箱→入库

（三）操作要点

1. 原辅材料标准

荸荠:新鲜肥嫩,肉质细嫩,无萎缩、畸形、花斑、病虫害、严重红心及腐烂现象,允许少量轻微自然斑点,果实横径在 3cm 以上。

2. 原料预处理

洗涤:先倒入清水浸泡 20～30min,再以擦洗机洗去泥沙,漂洗干净。

去皮：小刀先削除荸荠两端，以削尽芽眼及根为准；再削去周边外皮或以去皮机摩擦去皮（若不能及时预煮暂浸于清水中）。手工去皮较酸碱去皮风味好，但效率降低，可采用砂轮去皮机去皮，以提高工效。砂轮去皮机的方法如下：将荸荠在沸水中煮 3～5min（以纵切后荸荠表皮形成 2mm 的熟白圈为度），倒入去皮机中，一面加入适量热水，一面摩擦 3～5min，到外皮基本磨去，取出用小刀修整，削除残余碎皮及芽根。

分级：按直径分 20～24mm、25～28mm、29～32mm 及 32mm 以上四级。

预煮：按大小级分别在 0.4％柠檬液煮沸约 20min，荸荠与酸液比为 1：1 每次煮后调酸，每煮 3 次更换新液，漂洗 1～2h 脱酸（片装切片后再装罐）。

3. 分选

无残留外皮、无密集花斑点，切削面平整光滑，片装要求片的厚度 3～7mm，大小级别分开装罐。

4. 汤汁配方

1.5％～3％的糖液加入柠檬酸 0.05％～0.07％，汁温不低于 80℃。

5. 装罐

罐号	净重	荸荠	汤汁
500mL 罐头瓶	500g	270～280g	加满

6. 排气、密封

排气密封：中心温度不低于 75℃。

抽气密封：0.048～0.053MPa。

7. 杀菌、冷却

杀菌式：15min—30min—15min/100℃ 冷却。

(四) 产品质量标准

1. 感官指标

应符合表 4-1-8 的要求。

表 4-1-8 感官指标

品级 项目	优级品	一级品	合格品
色泽	白色或黄白色,允许少量自然斑点和部分红心,片装者呈淡黄色,允许带有红心。汤汁较接近透明,允许略有浑浊	白色或淡黄色,允许少量自然斑点和部分红心,片装者呈淡黄色,允许带有红心。汤汁允许略有浑浊	白色或淡黄色,允许带有自然褐色斑点和部分红心。汤汁允许略有浑浊
滋味、气味	具有清水荸荠罐头应有的滋味及气味,无异味		
组织形态	组织较嫩,去皮干净,整装者两端切面平整,形态大小大致均匀,横径大于 20mm。片装者完整片不低于 80％,边片横径大于 15mm;碎片不超过 30％,不完整片装者碎片不超过 20％。丁装者形态大小大致均匀	组织较嫩,去皮干净,整装者形态大小大致均匀,横径大于 18mm,片装者完整片不低于 75％,边片横径大于 14mm;碎片不超过 15％,不完整片装者碎片不超过 30％。丁装者形态大小大致均匀	组织尚嫩,去皮基本干净,整装者允许少量内皮层和芽眼存在,横径大于 16mm;片装者完整片不低于 70％,边片横径大于 13mm,碎片不超过 20％,不完整片装者碎片不超过 40％;丁装者形态大小大致均匀

注：碎片的百分数均以其总重与固形物重之比计。

2. 理化指标

(1) 净重　应符合表 4-1-9 中有关净重的要求，每批产品平均净重应不低于标明重量。

(2) 固形物　应符合表 4-1-9 中有关固形物含量的要求，每批产品平均固形物重应不低于规定重量。

(3) 重金属含量　应符合 GB 7098 的要求。

表 4-1-9　净重和固形物的要求

罐号	净重		固形物		
	标明重量/g	允许公差/%	含量/%	规定重量/g	允许公差/%
500mL 罐头瓶	500	±5.0	55	275	±5.0

3. 微生物指标

应符合罐头食品商业无菌要求。

四、银耳罐头生产

（一）配方

泡发银耳 280kg、白糖 62kg。

（二）工艺流程

选料→浸泡→整理→漂洗→装罐→加汤汁→封灌→杀菌冷却→入库检验→成品包装

（三）操作要点

1. 选料

选用干燥无霉变、色泽呈白色或淡黄色、银耳子实体大、子实层厚片多、耳片厚的银耳为原料。

2. 浸泡

浸泡前，应将原料进行翻晒，清除潮气和霉变物质，以利原料吸水，浸泡时干银耳和水的比例为 1∶30，清水浸泡 24h 左右，中间换水两次。

3. 整理

洗去杂质，沥干，剪去耳蒂。

4. 漂洗

经过整理的银耳，用清水洗净沥去水分，以备装罐。

5. 预煮

用干耳为原料可不用预煮，鲜耳为原料应当预煮。将 35% 或 40% 的糖溶液煮沸后倒入耳片，煮沸 30min 左右。

6. 装罐、加汤汁

银耳罐头一般选用旋转式玻璃罐，常用的有净重 510g 装和 375g 装。按规格要求装入耳片，注入 75～80℃ 的 25%～30% 的糖溶液。

7. 排气和密封

将嵌好胶圈的旋盖扣在瓶口上，并不拧紧，放入灭菌器内，当温度达到 100℃ 时，维持 30min，趁热（罐中心温度不低于 75℃）将旋盖拧紧。

8. 杀菌、冷却

封罐后应及时灭菌，高压保持 121℃、30min，然后解压，分段冷却至 37℃，擦干罐身水分后入库。

9. 入库检验

杀菌后的银耳罐头需在保温库内观察 7d，剔除胖听、浑浊罐头。

10. 成品包装

合格的银耳罐头贴标后用双瓦楞纸箱包装，箱体须注明厂名、品名、数量、批号和出厂日期，并附有产品合格证。

（四）产品质量指标

1. 感官指标

色泽：白色至微黄色，允许有少量的自然斑点。

滋味、气味：具有银耳罐头应有的风味，无异味。

组织形态：组织脆软适度，呈透明胶黏状。

杂质：不允许存在。

2. 理化指标

净重：510g、375g 装，每罐允许公差±3%，但每批平均值不低于平均净重。

固形物：不低于净重的 55%。

糖水浓度：开罐糖度应在 12%～16%。

重金属含量：Hg<0.1mg，Mo<1mg，As<0.5mg。

3. 微生物指标

应符合罐头食品商业无菌要求。

任务 4-2　糖醋大蒜罐头生产

【任务描述】

糖醋大蒜罐头是将鲜嫩或干鲜大蒜去掉根须、杆和表皮后，经盐渍、漂洗、装罐，加入糖醋液，经杀菌、冷却、封装而成的，是醋渍类蔬菜罐头的代表产品；醋渍类蔬菜罐头是选用鲜嫩或盐腌蔬菜原料，经加工修整、切块装罐，再加入香辛配料及醋酸、食盐混合液而制成的罐头。

通过糖醋大蒜罐头生产的学习，掌握醋渍类蔬菜罐头的加工技术要点。熟悉醋渍类蔬菜罐头生产设备的准备和使用；能估算用料，并按要求准备原料；学会配制醋渍液；掌握排气、杀菌、冷却及封口等操作要点。

教学采用资讯→计划→决策→实施→检查→评价六步教学法。

【任务实施】

一、生产任务单

生产 10000 罐糖醋大蒜罐头。要求：净重 820g；固形物含量 60%；糖度 18%～20%，含盐 1.5%～3%。

二、原料要求与准备

（一）原辅料标准

（1）大蒜 原料蒜头要求肥大、匀整。表皮纯白，鲜嫩，要剔除蒜皮粗老、有病虫害或腐烂的蒜头。

（2）食盐 应符合 GB/T 5461 的要求。

（3）冰醋酸 无色透明液体，应符合 GB 1886.10—2015 的要求。

（4）白砂糖 干燥洁净、无杂质，纯度 96% 以上。

（二）用料估算

根据生产任务单可知，产品净重 820g，固形物不低于净重的 60%，本次生产每罐装入大蒜 495g，生产罐头 10000 罐。

根据实验得知，对于符合原料标准的大蒜，可利用率 80%。

生产 10000 罐糖醋大蒜罐头需要：

大蒜量＝每罐装量重÷大蒜可利用率×总罐数＝495g÷80%×10000＝6188kg

需要配制的糖液总量＝（净重－大蒜重）×总罐数＝（820g－495g）×10000＝3250kg

$$配制的糖浆浓度＝\frac{每罐净重×开罐糖液浓度－每罐装入果肉量×装罐前果肉含糖量}{每罐加入的糖液量}$$

以装罐前大蒜肉含糖量为 0 来计算：

$$配制的糖浆浓度＝\frac{820×19\%}{820－495}＝48\%$$

需糖量＝需要配制的糖液总量×糖浆浓度＝3250×48%＝1560kg

因此，生产 10000 罐糖醋大蒜罐头需大蒜 6188kg，需糖 1560kg。

三、生产用具及设备的准备

（一）空罐的准备

准备 820mL 玻璃罐，并进行清洗、消毒备用。

（二）用具及设备准备

清洗设备、排气箱、杀菌锅、罐中心温度测定仪、电子秤、不锈钢盆、夹层锅等。

四、产品生产

（一）工艺流程

选料→修整→盐渍→漂洗→装罐→加糖醋液→排气→密封→杀菌→冷却→存放→成品

（二）操作要点

1. 原料处理

将蒜头根、叶切去，并除去包在蒜头外面的大部分鳞片，只保留最内层鳞片。然后投入清水中洗涤干净。

2. 盐渍

修整清洗后，分次加盐盐渍，按 3.0%、3%～4%、5% 盐量，每隔 24h 加 1 次，2 天后盐水需淹没蒜头，盐渍 60 天后可加工。

3. 漂洗

用清水漂洗已腌好的蒜头，每小时换水 1 次，使含盐量降低到 2%～3%，滤去水分。

4. 配糖醋液

精盐、冰醋酸、白糖放入清水中煮沸、过滤，保持糖温度 80℃以上。

5. 装罐、密封

按净重加入蒜头约 60%，再加糖醋液，排气中心温度 65℃以上，抽气真空度 53.3kPa，密封。蒜头包装容器除用玻璃罐外，也可以用复合薄膜袋包装。

6. 杀菌冷却

沸水杀菌 12min，分段冷却。

7. 存放

这类产品需要存放一段时间，使渍料风味渗入内部，方宜食用。

（三）产品质量标准

1. 感官指标

色泽乳白或淡黄，酸甜脆嫩，具有罐头的风味。

2. 理化指标

含盐 1.5%～3%，糖度 18%～20%，总酸 1% 以上。

3. 微生物指标

应符合罐头食品商业无菌要求。

 【任务考核】

一、产品质量综合评定

按表 4-2-1 中项目进行检验记录。对成品质量给予评价、评分。检验方法按 GB/T 10786—2006 规定的方法进行，详见附录 2。

表 4-2-1　糖醋大蒜罐头成品质量检验报告单

组别	1	2	3	4	5	6
规格	820g 玻璃罐装糖醋大蒜罐头产品					
真空度/MPa						
总重量/g						
罐(瓶)重/g						
内容物重/g						
罐与固重/g						
固形物重/g						
内容物汤汁重/g						
色泽						
口味						

续表

质量问题	脆度						
	pH						
	煮融						
	破裂						
	瑕疵						
	杂质						
结论（评分）							
备注							

二、学生成绩评定方案

对学生的评价方式建议采用过程考核成绩与成品质量评定成绩相结合，考评方案见表 4-2-2。

表 4-2-2　考评方案

考评方式	过程考评		成品质量评定
	素质考评	操作考评	
	20分	30分	50分
考评实施	由指导教师根据学生的平时表现考评	由指导教师依据学生生产操作时的表现进行考评以及小组组长评定,取其平均值	由指导教师带领学生对产品进行检验,按照成品质量标准评分。见表 4-2-1
考评标准	完成任务态度(5分) 团队协作(5分) 解决问题能力(5分) 创新能力(5分)	原辅料选购(5分) 生产方案设计(10分) 设备使用(5分) 操作过程(10分)	按照产品物理感官评定项目表评分

注：造成设备损坏或人身伤害的项目计 0 分。

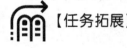
【任务拓展】

一、酸黄瓜罐头生产

（一）配方

黄瓜 270g、食盐 28g、冰醋酸 4.7g、芹菜 3.5g、辣根 3.5g、黑胡椒粒 2 粒、红辣椒 1g、茴香草 3.5g、圆葱 1g。

（二）工艺流程

选料→浸泡→刷洗→分切→热汤→分选→装罐→排气→密封→杀菌→冷却→检验→包装→成品

（三）操作要点

1. 原辅材料标准

（1）黄瓜　罐藏黄瓜应新鲜饱满，呈深绿色，瓜型正常，组织脆嫩，无病虫害及机械损伤；香草应新鲜无霉烂；洋葱应是新鲜、未抽薹、无霉烂的。

（2）**食盐** 应符合 GB/T 5461 的要求。

（3）**冰醋酸** 无色透明液体，冰醋酸纯度在 98％以上；应符合 GB 1886.10—2015 的要求。

2. 原料处理

黄瓜先在流动水中浸 3h，逐条在清水中刷洗净后修去蒂把和萼片，切成长 3～3.5cm 的小段。同时剔除空心超过 2mm 的黄瓜。

3. 热烫

在 90～100℃沸水中热烫 2min，用冷水急速冷却，然后进行检查，剔除形状不正、表面有黑点及其他不合格的黄瓜段。

4. 辅料处理

芹菜：切除须根，摘除黄色烂叶及大粗茎，将叶及小茎刷洗干净后切成 4～5cm 长条。

辣根：洗净后切成宽 1cm、长 3cm 左右的薄片。

黑胡椒粒：拣去杂质后清洗备用。

红辣椒：摘去梗蒂，去净种子，洗净后切成宽 0.5cm、长 3cm 的条状。

圆葱：去除外皮，切成宽 1cm、长 3cm 的条状。

茴香草：洗净并去掉粗茎。

5. 配汤

28g 精盐加 200g 清水，加热溶化后用清水补足 250g，再加入 4.7g 冰醋酸拌均匀后用 4 层纱布过滤备用。

6. 装罐

根据实验得知：对于符合原料标准的黄瓜，可利用率 50％，小配料利用率平均按 80％计。

500g 装玻璃瓶，每罐装入黄瓜 270g，汤汁 230g，芹菜 3.5g，辣根 3.5g，黑胡椒粒 2 粒，红辣椒 1g，茴香草 3.5g，圆葱 1g。装罐顺序依次为：辅料、黄瓜和汤汁。

7. 排气密封、杀菌冷却

排气至中心温度 75℃，立即密封，沸水浴杀菌条件为（5min—15min)/100℃，分段冷却。

（四）产品质量标准

1. 感官指标

色泽：具有接近本品种新鲜黄瓜的色泽。

滋味、气味：具有黄瓜加香辛料及醋酸盐水混合溶液制成的酸黄瓜罐头应有的滋味及气味，无异味。

组织形态：黄瓜块（个）形大小基本一致，分 11cm 以下整装及 2.5～4cm、6～8.5cm 和 8～11cm 段装四种，无瓜蒂和花萼片，组织较脆嫩。段装黄瓜空心直径不超过 2mm。

2. 理化指标

黄瓜不低于净重的 55％（涂料铁罐）和 50％（玻璃罐），小配料不低于净重的 2.5％～3.5％。

3. 微生物指标

应符合罐头食品商业无菌要求。

二、泡菜罐头生产

（一）配方

鲜菜 100kg、食盐 16kg、白酒 6kg、花椒 0.2kg、红辣椒 6kg、生姜 6kg、食盐 2kg、清

水 100kg。

（二）工艺流程

选料→预处理→切分→晾晒→浸渍→发酵→装袋→封口→检验→成品

（三）操作要点

1. 原辅材料标准

（1）原料 可做泡菜的原料要求：组织紧密，质地脆嫩，肉质肥厚，不易发软，富含一定糖分的幼嫩蔬菜。

胡萝卜：新鲜肥嫩，短圆锥形，表面光滑，无开裂或分叉，表皮肉质和心柱均呈橙红色。中心无粗筋，无病虫害及机械伤。

芹菜：新鲜，无病虫害。

黄瓜：新鲜饱满，呈深绿色，瓜型正常，组织脆嫩，无病虫害及机械损伤。

四季豆：豆荚新鲜，种子饱满，豆荚青绿色，种子组织柔嫩，无病虫害及机械伤。老豆为白色，无蛀虫和长霉。

（2）辅料

食盐：应符合 GB 2721—2015《食品安全国家标准 食用盐》的规定。

白酒：应符合 GB 2757—2012《食品安全国家标准 蒸馏酒及其配制酒》的规定。

白砂糖：应符合 GB/T 317—2018《白砂糖》的规定。

花椒：红色、皮厚、籽小、不霉变、无杂质。

生姜：肉质细嫩、姜味大、辣味小。

尖辣椒：色红，味辣。

柿椒：青绿色，肉厚、新鲜。

2. 原辅料预处理

花椒：洗净、晾干、剔除杂质。

尖辣椒：洗净、晾干、剔除杂质。

生姜：洗净、除皮、切成厚度 1mm 左右的薄片。

胡萝卜：切除叶柄基部、尾部、须根。

芹菜：去掉菜叶、切除老根。

黄瓜：瓜体去蒂或削去蒂基部，但不露籽。

四季豆：摘去荚筋。

3. 洗涤

将各种蔬菜分别用清水洗净，捞出，沥去浮水。

4. 切分

胡萝卜、黄瓜斜刀切成长度 5cm，厚度 0.5～1.0cm 的片。芹菜切成 5～10cm 的小段。

5. 晾晒

将洗净、切好的各种菜，置通风向阳处晾晒 3～4h，其间要翻动 2～3 次，至菜体表面呈现微皱。

6. 浸渍

将各种处理好的蔬菜和辅料，依次装入灌有盐水的泡菜坛中，进行浸渍。盐水漫过蔬菜。然后加盖干净菜盘，水槽中注入清水，扣上扣碗。

7. 发酵

菜坛盐水保持食盐在 8％以上。置 20～25℃条件下，发酵 10 天左右即为成品。在发酵过程中，发现水槽中的水蒸发过多时，应取下扣碗，擦干残存的槽水，更换新水。

8. 装袋、封口

根据实验可知，对于符合原料标准的胡萝卜、芹菜、黄瓜、四季豆，可利用率分别为 77％、65％、50％、90％。四种原料按 1∶1∶1∶1 的比例装罐，装袋时，要求称量准确，袋口不能粘上油脂和辅料。装袋后采用真空包装自动热封口，真空度 100kPa 以上，然后蒸汽杀菌，95℃、10min 后迅速冷却至常温。

9. 检验

预贮 48～72h，检出胖袋、破漏袋，并进行必要的理化检验，合格者方可出厂。

（四）产品质量特点

基本保持原蔬菜的颜色，有光泽；有原蔬菜的清香和一定的酯香；酸咸适口，稍有甜味及辣味。质地鲜嫩、清脆。

任务 4-3　榨菜丝软包装罐头生产

 【任务描述】

榨菜丝软包装罐头是以新鲜榨菜或坛装榨菜为原料，经清洗、切丝、脱水、装袋、密封、杀菌制成的，是调味类蔬菜罐头的代表产品；调味类蔬菜罐头的种类不如其他调味类罐头多，其是选用新鲜蔬菜及其他小配料，经切片（块）、加工烹调（油炸或不油炸）后装罐而制成的罐头产品。主要有油焖、茄汁两大类，如油焖笋、八宝斋、菜馅菜叶卷和番茄汁黄豆等。此外，还有将番茄经清洗、破碎、预热、打浆和浓缩后，装罐杀菌制成的番茄酱以及盐渍或酱渍类蔬菜罐头，如香菜心和四色酱菜等。

通过榨菜丝软包装罐头生产的学习，掌握调味类蔬菜罐头的加工技术要点。熟悉调味类蔬菜罐头生产设备的准备和使用；能估算用料，并按要求准备原料；学会配制调味液；掌握原料处理、装袋、密封、杀菌等操作要点。

教学采用资讯→计划→决策→实施→检查→评价六步教学法。

【任务实施】

一、生产任务单

生产 10000 袋榨菜丝软包装罐头，要求包装袋规格 95mm/150mm，净重 250g，固形物不低于净重的 70％。

二、原料要求与准备

（一）原辅料标准

（1）**榨菜**　应符合 GB/T 1011 的要求。选出色暗、组织不脆嫩、质地软、老筋多、发酵、生霉、菜心发白等不合格的榨菜并选出杂物。坛装榨菜开坛后，先将坛口表面部分色泽发暗、口味欠佳的上层菜除去，倒出卤汁，然后把每坛上、中、下3层的菜翻拌均匀，并除去组织不脆嫩、质地软、老筋多和霉烂的榨菜。

(2) 食盐 应符合 GB/T 5461 的要求。

(3) 辣椒粉 选取红色，有辣味，无虫蛀、变质、杂质，呈粉状的辣椒粉。

(4) 味精 白色结晶粉末，谷氨酸钠含量不低于80％。

（二）用料估算

根据生产任务单可知，产品净重200g，固形物不低于净重的70％，本次生产每袋装入榨菜140g，生产罐头10000袋。

根据实验得知，对于符合原料标准的榨菜，可利用率80％。

生产10000袋榨菜丝软包装罐头需要：

榨菜量＝每袋装量重÷榨菜可利用率×总袋数＝140g÷80％×10000＝1750kg

因此，生产10000袋即食软包装榨菜罐头需榨菜量为1750kg。

图 4-3-1 洗袋机

三、所用设备及调试

（一）包装袋的准备

准备规格为 95mm/150mm 蒸煮袋，清洗消毒后备用，包装袋清洗可人工清洗，也可用机械清洗。洗袋机见图 4-3-1。

（二）用具及设备准备

用具及设备有多功能切菜机（图 4-3-2）、洗菜机（图 4-3-3）不锈钢锅、杀菌锅、加热设备、真空封口机、温度计、台秤、刀具等。

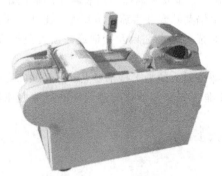

图 4-3-2 多功能切菜

图 4-3-3 慧友 CX100 洗菜机

四、产品生产

（一）工艺流程

选料→清洗→切丝→脱盐→脱水→拌料→计量装袋→抽空封口→杀菌→冷却→预煮检验→成品

（二）操作要点

1. 清洗

用冷开水（菜：水＝1∶1.5）清洗，除去碎菜、游离的老筋、菜皮和杂质。清洗时应勤换水，严禁浑水淘洗。

2. 切丝

用切菜机或人工切菜,切成 3mm 的丝条。

3. 脱盐、脱水

将切好的菜丝放入 30℃ 左右凉开水进行搅拌脱盐(水与菜的比例为 2:1,脱盐时间为 1～4min);然后用离心法或压榨法脱水,使菜丝含水量达到 79%～83%。

4. 拌料

将榨菜丝与味精、香料、辣椒粉、芝麻油均放入拌料机内,拌和均匀,应无调料成堆和菜丝成团出现。

5. 称重、装袋

采用聚酯-铝箔-聚乙烯,或聚酯-聚乙烯,或尼龙-聚乙烯薄膜复合袋,规格 95mm/150mm。将拌好的菜丝计量分别装入包装袋中,装袋时要注意不让卤汁和菜丝污染袋口,并应将袋内菜丝压平。

6. 抽空封口

真空度 93.3kPa,自动热合封口。热合线长短适度,袋口平整光洁,无皱褶,无击破伤痕,热合口承受 490kPa 压力。

7. 杀菌、冷却

采用蒸汽杀菌,温度 90～95℃,杀菌时间 8～12min;杀菌后冷水冷却至 30℃ 以下。

8. 预贮检查

春冬季预贮时间不少于 48h,夏秋季预贮时间不少于 72h,目的是剔除胖袋、漏气、溢水等不合格产品。

(三)产品质量标准

1. 感官指标

应符合表 4-3-1 的要求。

表 4-3-1 感官指标

项目 \ 品级	优级品	一级品	合格品
色泽	呈黄绿色或淡黄色,表面附有辣椒粉涂染的红色,有光泽		色泽正常,表面附有辣椒粉涂染的红色
滋味、气味	具有榨菜罐头应有的浓郁鲜香的滋味和气味,无异味		具有榨菜罐头应有的滋味和气味,无异味
组织形态	组织脆爽,呈条状,粗细均匀,表面有辣椒粉;允许碎屑不超过净重的 10%	组织脆爽,呈条状,粗细较均匀,表面有辣椒粉;允许碎屑不超过净重的 15%	组织尚脆爽,呈条状,表面有辣椒粉;允许碎屑不超过净重的 20%

2. 理化指标

(1) **净重** 净重 200g,允许公差±4.5,每批产品平均净重应不低于标明重量。

(2) **氯化钠** 含量 11%～15%。

(3) **重金属** 应符合 GB 7098 的要求。

3. 微生物指标

应符合罐头食品商业无菌要求。大肠杆菌群近似值 30 个/100g，致病菌不得检出。

【任务考核】

一、产品质量评定

按表 4-3-2 中项目进行检验记录。对成品质量给予评价、评分。检验方法按 GB/T 10786—2006 规定的方法进行，详见附录 2。

表 4-3-2　榨菜丝罐头成品质量检验报告单

组别		1	2	3	4	5	6
规格		250g 袋装榨菜丝罐头产品					
真空度/MPa							
总重量/g							
袋重/g							
净重/g							
色泽							
口感							
软硬度							
pH							
质量问题	封口						
	漏袋、胀袋						
	瑕疵						
	杂质						
结论（评分）							
备注							

二、学生成绩评定方案

对学生的评价方式建议采用过程考核成绩与成品质量评定成绩相结合，见表 4-3-3。

表 4-3-3　考评方案

考评方式	过程考评		成品质量评定
	素质考评	操作考评	
	20 分	30 分	50 分
考评实施	由指导教师根据学生的平时表现考评	由指导教师依据学生生产操作时的表现进行考评以及小组组长评定，取其平均值	由指导教师带领学生对产品进行检验，按照成品质量标准评分。见表 4-3-2
考评标准	完成任务态度(5分) 团队协作(5分) 解决问题能力(5分) 创新能力(5分)	原辅料选购(5分) 生产方案设计(10分) 设备使用(5分) 操作过程(10分)	按照产品物理感官评定项目表评分

注：造成设备损坏或人身伤害的项目计 0 分。

【任务拓展】

一、美味蒜薹罐头生产

（一）配方

（1）制香料水配方 桂皮 1.2kg，茴香 0.6kg，生姜 1.5kg，胡椒 0.5kg，芥籽 0.6kg，清水 120kg。

（2）汤汁配方 白砂糖 8kg，食盐 3kg，味精 0.08kg，香料水 10kg，冰醋酸 1.12kg，清水 85kg。

（3）装罐配料比 红辣椒 3～6 段，葱头片 5～10 片，蒜片 7～15 片，装量 425g，固形物 260～270g，汤汁 160～165g。

（二）工艺流程

选料→洗涤→浸泡→脱盐→烫漂→分选→切条→配汤汁→装罐→排气、密封→杀菌、冷却→检验→成品

（三）操作要点

1. 原辅材料标准

蒜薹：选用成熟适度、无过老、萎缩、无霉烂变质的新鲜蒜薹。

白胡椒：应符合 GB/T 7900 的要求。

桂皮、胡椒、茴香、洋葱、大蒜：干燥，无霉烂，香味正常。

乙酸：应符合 GB 1886.10 的要求。

食盐：应符合 GB/T 5461 的要求。

红辣椒：色红，味辣。

生姜：肉质细嫩、姜味大、辣味小。

味精：白色结晶粉末，谷氨酸钠含量不低于 80％。

2. 洗涤

先用流动水洗净蒜薹上的泥沙、杂物等，然后放入 0.05％高锰酸钾水溶液中浸泡 3～5min，再用清水洗净高锰酸钾残液（高锰酸钾消毒液每 2h 更换 1 次）。

3. 浸泡

将消毒后清洗净的蒜薹放入流水中浸泡 2～6h。

4. 烫漂

将浸泡后的蒜薹放入 80～85℃的热水中烫漂 30～60min，以蒜薹开始均匀软化，呈青色为度。可用如图 4-3-4 烫漂机进行，烫漂适度的蒜薹立即放入清水中冷却。

5. 分选

按原料的鲜嫩、硬度、色泽及粗细进行挑选分级，并剔除软烂蒜薹。

6. 切条

先用不锈钢刀切除蒜薹的总苞部分，再切成长度

图 4-3-4 链式烫漂机

为 7cm 或 3～6cm 的条与段，以备分别装罐。

此外，将红辣椒浸泡复水后切成 2～3cm 段；将大蒜分瓣去皮后切成厚 0.1～0.2cm 的片；再将葱头纵切成宽 0.5～0.8cm 的片备用。

7. 配汤汁

香料水制备：将桂皮、胡椒、茴香、生姜清洗干净后放入不锈钢夹层锅中，加水，加热微沸 30～60min，经过滤后用开水调整至 10kg 备用。

汤汁制备：将清水 85kg 加入不锈钢夹锅中，再依次加入砂糖、香料水、食盐，加热煮沸后，再加入冰醋酸和味精，经过滤后用开水调整至 100kg 备用。

8. 装罐

根据实验可知，对于符合原料标准的蒜薹，可利用率 80%。配料红辣椒、葱头片、蒜片应与净重成正比。红辣椒：3～6 段；葱头片：5～10 片；蒜片：7～15 片。

罐号	净重（g）	固形物（g）	汤汁（g）
7116	425	260～270	160～165

汤汁温度应不低于 75℃。

9. 排气、密封

抽气密封：真空度 47～53kPa。

排气密封：罐中心温度 75℃ 以上。

10. 杀菌、冷却

抽气杀菌式：5min—15min—20min/100℃；杀菌后均冷却至 37℃ 左右。

(四) 产品质量标准

1. 感官指标

色泽：蒜薹呈黄绿色或黄绿带黄白色，红辣椒呈红色或橙红色、蒜片呈白色，葱头片呈黄白色，汤汁较清晰。

滋味、气味：具有本品种美味蒜薹罐头应有的滋味及气味，无异味。

组织形态：组织较柔嫩，食之无粗纤维感，条状为长 7～11cm，装罐排列整齐，段状为 3～6cm，蒜片厚度为 0.1～0.2cm，葱片宽为 0.5～0.8cm。

杂质：不允许有外来杂质。

2. 理化指标

(1) 净重 425g，允许公差±3%，但每批平均不得低于净重。

(2) 固形含量　蒜薹、红辣椒、葱片、蒜片 4 种总重量不低于净重的 60%。

(3) 氯化钠　含 0.8%～1.5%。

(4) 重金属含量　锡（以 Sn 计）≤200mg/kg，铜（以 Cu 计）≤10mg/kg，铅（以 Pb 计）≤2mg/kg。

3. 微生物指标

无致病菌以及因微生物感染所引起的腐败现象。

二、茄汁黄豆罐头生产

(一) 配方

黄豆 80kg、番茄酱 30kg、白砂糖 10.5kg、食盐 3.75kg、洋葱屑 9kg、精制植物油 5.25kg、淀粉 3.0kg（水调匀）、味精（80%）0.15kg、白胡椒粉 0.03kg、月桂叶 0.03kg（煮水）、清

水 92kg。

（二）工艺流程

选料→浸泡→预煮→冷却→分选→配汤汁→装罐→排气、密封→杀菌、冷却→检验→成品

（三）操作要点

1. 原料处理方法及要求

选料：黄豆用分级机大小分级均匀，选去杂色豆、破皮豆、虫蛀、僵豆、半片豆及其他杂质。

浸泡：用清水（约 20℃）浸泡 18～20h，使浸泡后的豆增重 1.3～1.5 倍，要求豆粒完全浸透膨胀。

预煮：95～99℃水煮 10～20min。预煮液中加入 0.3％碳酸氢钠。

冷却：煮后豆立即用冷水或 1％～2％盐水浸冷透。

挑选：剔除油哈豆、半片豆、豆皮、杂质等，再用清水淘洗干净（处理过程可浸泡在清水或 1％的盐水中）。

2. 分选

豆粒饱满完整、均匀色黄。大小分开，同一罐中大小、色泽大致均匀。

3. 配汤

先将植物油加热，加入洋葱屑煎炒至微黄，再加番茄酱及其他调味料，充分拌匀，煮沸后加入淀粉浆，再沸后出锅。总量调制 153kg，浓度 20％～22％。

4. 装罐

罐号	净重/g	黄豆/g	汤汁/g
7113#	425	240～270	155～185（汁温 85℃以上）
854#	227	130～140	87～97（汁温 85℃以上）

5. 排气及密封

排气密封：中心温度不低于 75℃；

抽气密封：0.053～0.060MPa，封后洗罐、倒灌、装篮、杀菌。

6. 杀菌冷却

净重 425g 杀菌式：15min—75min—15min/121℃ 或 10min—80min—10min/116℃ 冷却；

净重 227g 杀菌式：15min—65min—15min/121℃ 或 10min—80min—10min/116℃ 冷却。

（四）产品质量标准

1. 感官指标

色泽：黄豆金黄、茄汁鲜红。

滋味、气味：具黄豆的清香及肉香滋味，无异味。

组织与形态：组织软硬适度、豆粒清晰。

2. 理化指标

净重：单罐净重(g)±3％；

固形物：不低于净重的 60％；

氯化钠含量：适量；

重金属含量：Se≤200.00mg/kg，Cu≤5.0mg/kg，Pb≤1.0mg/kg，Sb≤0.5mg/kg，Hg≤0.3mg/kg。

3. 微生物指标

符合罐头食品商业无菌要求。

任务 4-4　什锦酱菜罐头生产

【任务描述】

什锦酱菜罐头是以新鲜蔬菜为原料，经预处理腌制后装罐，加入汤汁、杀菌、冷却而制成的，是盐渍（酱渍）蔬菜罐头的代表产品；盐渍（酱渍）蔬菜罐头选用新鲜蔬菜，经切块（片）（或腌制）后装罐，再加入砂糖、食盐、味精等汤汁（或酱）而制成的罐头产品。如雪菜、香菜心等罐头。

通过什锦酱菜罐头生产的学习，掌握盐渍（酱渍）蔬菜的加工技术要点。熟悉盐渍（酱渍）蔬菜生产设备的准备和使用；能估算用料，并按要求准备原料；学会配制汤汁（或酱汁）。

教学采用资讯→计划→决策→实施→检查→评价六步教学法。

【任务实施】

一、生产任务单

生产 10000 罐什锦酱菜罐头。要求：净重 280g，固形物不低于净重的 60%，氯化钠含量为 0.8%～1.5%。

二、原料要求与准备

（一）原辅料标准

胡萝卜：新鲜肥嫩，短圆锥形，表面光滑，无开裂或分叉，表皮肉质和心柱均呈橙红色。中心无粗筋、无病虫害及机械伤。

马铃薯：采用个形大、芽眼浅的白色或淡黄色土豆。

卷心菜：采用新鲜、无虫蛀的白色平顶卷心菜。

蚕豆：采用新鲜去皮蚕豆，豆肉呈绿色。不可用发黄的老豆。

芹菜：新鲜，无病虫害。

圆葱：采用无霉烂变质的新鲜洋葱。

食盐：应符合 GB/T 5461 的要求。

（二）用料估算

根据生产任务单可知：产品净重 280g，固形物不低于净重的 60%，本次生产每罐装入混合菜 168g，胡萝卜、马铃薯、卷心菜约按 1∶1∶1 的比例装入，即胡萝卜、马铃薯、卷心菜每罐分别装入 54g、54g、54g，蚕豆片每罐约装入 6g，生产罐头 10000 罐。

根据实验得知：对于符合原料标准的胡萝卜、马铃薯、卷心菜和蚕豆片，可利用率分别为 50%、67%、57%、20%。

生产 10000 罐什锦蔬菜罐头需要：

胡萝卜量＝每罐装量重÷胡萝卜可利用率×总罐数＝54g÷50％×10000＝1080kg

马铃薯量＝每罐装量重÷马铃薯可利用率×总罐数＝54g÷67％×10000＝806kg

卷心菜量＝每罐装量重÷卷心菜可利用率×总罐数＝54g÷57％×10000＝947kg

蚕豆片量＝每罐装量重÷蚕豆可利用率×总罐数＝6g÷20％×10000＝300kg

因此，生产 10000 罐什锦酱菜罐头需胡萝卜量为 1080kg，马铃薯 806kg，卷心菜 947kg，蚕豆 300kg。

三、所用设备及调试

（一）空罐的准备

准备 280mL 玻璃罐，清洗、消毒后备用。

（二）用具及设备准备

马铃薯去皮机（图 4-4-1）、洗菜机、多功能切菜机、洗涤槽或洗涤用的不锈钢盆、不锈钢锅、杀菌锅、加热设备、封罐机、温度计、台秤、刀具等。

图 4-4-1　马铃薯去皮机

四、产品生产

（一）工艺流程

原料处理→分选→拌料→脱盐→装罐→注汤→密封→杀菌、冷却→检验→成品

（二）操作要点

1. 原料预处理

胡萝卜：采用红色或橙红色品种，洗净后用 5％氢氧化钠液去皮漂洗后切去两头，以切丁机切成 $0.8\sim1.0cm^2$ 的小方块，清水淘洗 1 次，剔除绿色、硬心及变色块。

马铃薯：用刀去皮，浸入水中护色，块形同胡萝卜，沸水煮 2min，冷水冷却。

卷心菜：去老叶及青叶，去硬茎，洗净切片，在 0.5％的氯化钙液中煮沸 1min（菜与液之比为 2∶1），复洗 1 次。

2. 分选

胡萝卜橙黄域橙色丁状，马铃薯白色域淡色丁状，蚕豆瓣青绿色，卷心菜无软烂。

3. 拌料

胡萝卜、马铃薯、卷心菜按比例充分搅拌均匀后装罐。

4. 配汤

清水 100kg，食盐 2kg，芹菜 4kg，圆葱 4kg。以上调料在锅内微沸 20～30min 过滤备用。

5. 装罐

净重 280g，混合菜 160～175g，另加蚕豆片 4 片，汤汁加满。

6. 排气及密封

排气密封：95℃，6～8min。

抽气密封：真空度 53.3kPa。

7. 杀菌及冷却

杀菌式（排气）：10min—45min—10min/118℃冷却。杀菌后立即冷却到 37℃左右。

（三）产品质量标准

1. 感官指标

色泽：具有各种原料煮制后应有的色泽。

风味：具有什锦蔬菜罐头应有的风味，无异味。

组织形态：组织软硬适度，胡萝卜、马铃薯呈块状。

2. 理化指标

（1）净重　每批产品平均净重应不低于标明重量。

（2）固形物　不低于净重的 60%。

（3）氯化钠　含量为 0.8%～1.5%。

（4）重金属含量　应符合 GB 7098 的要求。

3. 微生物指标

应符合罐头食品商业无菌要求。

【任务考核】

一、产品质量评定

按表 4-4-1 中项目进行检验记录。对成品质量给予评价、评分。检验方法按 GB/T 10786—2006 规定的方法进行，详见附录 2。

表 4-4-1　什锦酱菜罐头成品质量检验报告单

组别	1	2	3	4	5	6
规格	净重 280g 什锦酱菜罐头产品					
真空度/MPa						
总重量/g						
罐(瓶)重/g						
净重/g						
罐与固重/g						
固形物重/g						
内容物汤汁重/g						
色泽						
口感						
pH						
质量问题 软烂						
质量问题 破裂						
质量问题 大小						
质量问题 瑕疵						
质量问题 杂质						
结论(评分)						
备注						

二、学生成绩评定方案

对学生的评价方式建议采用过程考核成绩与成品质量评定成绩相结合，见表 4-4-2。

表 4-4-2 考评方案

考评方式	过程考评		成品质量评定
	素质考评	操作考评	
	20 分	30 分	50 分
考评实施	由指导教师根据学生的平时表现考评	由指导教师依据学生生产操作时的表现进行考评以及小组长评定，取其平均值	由指导教师带领学生对产品进行检验，按照成品质量标准评分。见表 4-4-1
考评标准	完成任务态度(5分) 团队协作(5分) 解决问题能力(5分) 创新能力(5分)	原辅料选购(5分) 生产方案设计(10分) 设备使用(5分) 操作过程(10分)	按照产品物理感官评定项目表评分

注：造成设备损坏或人身伤害的项目计 0 分。

【任务拓展】

一、酱黄瓜罐头生产

（一）配方

黄瓜 50kg、盐 7.5kg、酱油 25kg、花生油 1kg、白糖 1kg，食醋 1kg、味精 1kg、白酒 0.5kg、大蒜 5kg、八角适量。

（二）工艺流程

原料选择→清洗→切段→盐腌→脱盐→压水→调酱汁→酱制→计量装袋→抽空封口→杀菌→冷却→成品

（三）操作要点

1. 原料选择

选择粗细均匀、色绿、无种子的黄瓜为原料。

2. 清洗

用流动水反复冲洗，洗去泥沙污物和残留的农药。

3. 切段

用刀将黄瓜去头去尾，纵切四半，再切成长 2cm 的段。

4. 盐腌

将黄瓜倒入缸内，方法是一层黄瓜一层食盐，逐层腌渍，直到腌满为止。为了加速盐溶解，加盐时应注意下层少些，上层多些，表面用盐覆盖。腌制 1～2d。

5. 脱盐

把经过盐腌的黄瓜倒入清水中浸泡，漂洗掉黄瓜中的盐分，浸泡 6～8h。期间要多次换水。

6. 压水

将脱盐后的黄瓜用纱布包好，放到筛网上，用石头压上，直至将黄瓜中的水分压出。

7. 调酱汁

把花生油倒入锅内，加温，烧开，加入八角爆出香味，然后加入酱油，然后加入白糖，待酱油快要烧开时加入食醋、味精、白酒等，煮沸，冷却。冷却后加入大蒜片。

8. 酱制

将控干水分的黄瓜倒入冷却后的酱油中，与大蒜片拌匀，泡制3～5d即可食用。

二、辣椒脆片罐头生产

（一）配方

辣椒（青椒和红椒）10kg、白糖3kg、盐0.53kg、味精适量。

（二）工艺流程

原料→去筋、籽→切片→浸渍→沥干→真空油炸→脱油→冷却→包装

（三）操作要点

1. 原料

选择八九成熟，无腐烂、虫害，个大、肉实新鲜的青椒和红椒为原料。

2. 去筋、籽

辣椒纵向切两半，挖去内部的筋、籽，再用清水冲洗，沥干。

3. 切片

将去筋、籽的辣椒切成长4cm左右、宽2cm左右的片状。

4. 浸渍

将切分好的辣椒投入糖液中浸渍，糖液由15％的白糖、2.5％的食盐及少量的味精混合溶于水制作而成，糖液温度为60℃，浸渍时间为1～2h。

5. 沥干

用洁净的水把附在辣椒片表面的糖液冲去沥干。

6. 真空油炸

将沥干的辣椒片放入真空油炸机中进行真空油炸，真空度不宜低于0.08kPa，温度控制在80～85℃，油炸时间为通过真空油炸机的观察孔看到辣椒片上的泡沫几乎全部消失为止。

7. 脱油

有的真空油炸机具有脱油功能，不具备脱油功能的需由离心机脱油。

8. 冷却

将脱油后的辣椒片迅速冷却到40～50℃，尽快送入包装间进行包装。

9. 包装

用真空充气包装，即为成品。

三、盐水青豆罐头生产

（一）配方

青豆24kg、盐0.5kg。

（二）工艺流程

选料→剥壳、分级→盐水浮选→预煮→漂洗→挑选→洗涤、分选→装罐→排气、密封→杀菌、冷却→

（三）操作要点

1. 原辅材料标准

（1）青豆 采收时凭感官鉴定豆荚的外形，挑选膨大饱满、内部种子幼嫩、色泽鲜绿的青豆。

（2）食盐 应符合 GB/T 5461 的要求。

2. 剥壳

青豆手工剥壳比较麻烦，一般用剥壳机剥壳。

3. 分级

按豆粒直径大小在分组机中分成以下 4 号。

号数	1	2	3	4
豆粒直径/mm	7	8	9	10

4. 盐水浮选

早期 1 号豆用波美度 2～3°Bé 盐水浮选，生产后期 3～4 号豆用波美度 15°Bé 盐水浮选，上浮豆粒供生产使用，下沉豆粒作其他产品配料用。

5. 预煮、漂洗

预煮机或夹层锅预煮，各号豆分开预煮，100℃下煮 3～5min。预煮后及时冷却透。漂洗时间按豆粒老嫩而异，初期豆漂洗 30min，中后期豆漂洗 60～90min。

6. 挑选、洗涤

选除黄色、红花、有斑点、有虫蛀、有破裂等个小且劣质豆，并剔除杂质；清水淘洗一次。

7. 分选要求

不同大小粒和不同号数的豆分开装罐；豆粒色泽青绿或绿黄分开装罐，同罐中色泽均匀；选除过老豆，要求豆粒完好无破裂软烂；无夹杂物。

8. 汤水配比

2.3% 沸盐水，注入罐内时温度不低于 80℃。

9. 装罐

根据实验得知：对于符合原料标准的青豆，可利用率为 40%。装罐量按品种老嫩调整。

罐号	净重	青豆	汤汁
7116#	425g	235～255g	170～190g

10. 排气及密封

排气密封：中心温度不低于 65℃。

抽气密封：0.04MPa。

11. 杀菌及冷却

杀菌式：10min—35min—10min/118℃冷却。

（四）产品质量标准

1. 感官指标

色泽：豆粒为青黄色或淡黄绿色，允许汤汁略有浑浊。

滋味、气味：具有本品种青豆罐头应有的滋味及气味，无异味。

组织形态：组织较鲜嫩。同一罐中豆粒大小大致均匀，允许少数豆粒有轻微破裂。

2. 理化指标

豆粒不低于净重的 60％，氯化钠含量在 0.8％～1.5％。

3. 微生物指标

无致病病菌及因微生物作用所引起的腐败征象。

四、盐水胡萝卜罐头生产

（一）配方

胡萝卜 26kg、盐 0.25kg、0.2％柠檬酸适量。

（二）工艺流程

原料→挑选→切端→清洗→去皮→清洗→修整→预煮→分级→装罐→密封→杀菌、冷却→检验→成品

（三）操作要点

1. 原料处理方法

去皮：胡萝卜洗净泥沙杂质，再用碱液（碱含量为 8％～12％，温度为 95℃，时间约 3min）进行去皮，或用刨笋小刀刨净外皮表面，使之保持圆滑。

漂洗：去皮后立即以清水浸冷，并漂洗去残留液。

修整：用小刀修去残留皮、斑点、须根等，再切去两端。

预煮：用 0.2％柠檬酸煮沸 5min 后，立即以清水冷却透。

2. 分选

按色泽、大小分开装罐。不适宜条装的选出，切成约 1cm 的方丁或 3mm 的片分开装罐。

3. 配汤

配成盐含量为 1.5％的沸盐水。

4. 装罐

根据实验得知：对于符合原料标准的胡萝卜，可利用率为 50％。

净重	胡萝卜	汤汁
425g	260g（条装或丁、片）	165g

5. 排气及密封

抽气密封：0.053～0.60MPa。

6. 杀菌及冷却

杀菌式（抽气）：10min—30min—15min/115℃冷却。

（四）产品质量标准

1. 感官指标

色泽：所有胡萝卜均为橙红色，汤汁为浅橙红色；允许心部带微黄色，不带白色尖，不带青蒂，但心部可以略带青色。

滋味及气味：具有盐水胡萝卜罐头应有的滋味及气味，无异味。

组织形态：胡萝卜去皮，分整条、丁状及片状 3 种。整条胡萝卜大小大致均匀，个数不限，

可以在将青蒂切去时切成平蒂。750g 装的胡萝卜最大外径不能超过 3.5cm，丁状为 1cm 左右的方丁，片状的厚为 3mm。肉质的软硬要适中。

杂质：不允许有杂质存在。

2. 理化指标

盐含量：每千克制品中，锡（以 Sn 计）不超过 200mg，铜（以 Cu 计）不超过 10mg，铅（以 Pb 计）不超过 2mg。

3. 微生物指标

无致病病菌及因微生物作用所引起的腐败征象。

 项目思考

1. 什么是清渍类蔬菜罐头，清渍类蔬菜罐头包括哪些种类？
2. 生产 5000 罐净重 510g 的原汁整番茄罐头需要的番茄量是多少？
3. 简述原汁整番茄罐头的生产工艺流程。
4. 如何防止蘑菇采收以后出现的褐变和开伞？
5. 蘑菇在加工罐头过程中如何对菇体护色？
6. 蘑菇罐头杀菌的条件是什么？
7. 如何防止青刀豆及花椰菜的"酸败"质量事故？
8. 什么是醋渍类蔬菜罐头，醋渍类蔬菜罐头包括哪些种类？
9. 简述糖醋大蒜罐头生产工艺流程。
10. 生产泡菜罐头的主要原料及标准是什么？
11 如何对即食软包装泡菜罐头原料进行预处理？
12. 制作泡菜时为什么要加陈泡菜水？
13. 简述酸黄瓜罐头的加工工艺。
14. 什么是调味类蔬菜罐头，调味类蔬菜罐头包括哪些种类？
15. 简述软包装榨菜丝罐头的生产工艺。
16 什么是盐渍（酱渍）类蔬菜罐头，盐渍（酱渍）类蔬菜罐头包括哪些种类？
17. 什锦酱菜罐头生产对原料要求是什么？
18. 简述什锦酱菜罐头的生产工艺。
19. 青豆为什么要用盐水浮选？
20. 青豆预煮温度和时间如何确定？

项目5 水产类罐头生产

【知识目标】

◆ 了解水产类罐头的分类。

◆ 掌握生产水产类罐头所需的机械设备。

◆ 掌握水产类罐头的生产工艺及操作要点。

【能力目标】

◆ 能正确估算原辅材料用量。

◆ 能正确选择和处理生产水产类罐头的原辅料。

◆ 能正确使用与维护水产类罐头生产机械设备与用具。

◆ 会进行水产类罐头的生产。

◆ 能够正确检验水产类罐头食品的各项指标。

◆ 能够检查、记录和评价生产效果。

【知识贮备】

一、水产类罐头的种类

(一) 清蒸类水产罐头

清蒸类水产罐头，又称为原汁水产罐头，是将处理过的水产原料经预煮脱水（或在柠檬酸水中浸渍）后装罐，加入精盐、糖、味精等制成的罐头产品。脂肪多、水分少、新鲜肥满、肉质坚密的鱼类，如海鳗、鲐鱼、鲳鱼、马鲛鱼、金枪鱼等，都可作为清蒸鱼罐头的原料。除鱼类外，头足类的墨鱼，贝类中的蛤蜊、牡蛎以及虾、蟹等都可加工成清蒸类罐头。

清蒸水产罐头的生产中，要求特别注意原料的鲜度以及采取适当的杀菌温度与时间，尽量保持水产品原料特有的风味和色泽。主要产品有清蒸鲑鱼、盐水金枪鱼、清蒸墨鱼、清蒸对虾、清蒸蟹肉、原汁鲍鱼、原汁文蛤等。

（二）调味类水产罐头

调味类水产罐头是以鱼类等水产品为原料，在生鲜状态或经蒸煮脱水后装罐，加调味液后密封杀菌而制成的一类水产罐头。其特点是注重调味液的配方及烹饪技术，使产品各具独特风味，可满足消费者的不同爱好。调味罐头有红烧、茄汁、五香、烟熏、葱烤、鲜炸、糖醋、豆豉等多种品种，体现了我国烹饪技术的传统特色。其中茄汁类水产罐头实际上是一种风味独特的调味罐头，其调味品主要是番茄酱，因其产量大，也可单独列为一大类，是国内外市场颇受欢迎的水产品罐头之一。由于茄汁有调节和掩盖部分原料异味的作用，因而对原料的要求比清蒸类、油浸（熏制）类要低。

（三）油浸（熏制）类水产罐头

油浸（熏制）类水产罐头是以鱼类等水产品为原料，采用油浸调味方法制成的一类罐头食品。采用油浸调味是鱼类罐头所特有的加工方法，注入罐内的调味汁是精制植物油及其他简单的调味料如糖、盐等。将生鱼肉装罐后直接加注精制植物油，或将生鱼肉装罐经蒸煮脱水后加注精制植物油，也可以将生鱼肉经预煮再装罐后加注精制植物油，或是将生鱼肉经油炸再装罐后加注精制植物油，这些方法制成的鱼类罐头都可称为油浸鱼类罐头。其中凡预热处理采用的是烘干和烟熏方法的油浸鱼罐头称为油浸烟熏鱼类罐头。

二、水产类罐头生产工艺

（一）原料的验收

水产原料质量与最终产品质量之间有密切关系。罐藏水产原料的验收首先注意其鲜度。由于捕后装运和贮藏不当，会使水产品的新鲜品质迅速丧失，一般对刚捕捞上岸用于制造罐头的水产品采用冷冻或冷藏技术，预防腐败，还要避免原料挤压和阳光直射等。在罐头加工前，必须对水产品的质量从感官、化学、微生物等多方面加以评定并进行验收，以使产品标准一致。以感官鉴定为主，表 5-0-1 所列为鱼类感官鉴定指标，表 5-0-2 为其他水产品感官鉴定指标。

表 5-0-1　鱼类感官鉴定指标

项目	新鲜	较新鲜	不新鲜
眼部	眼球饱满、明亮，眼角膜透明清晰，无血液浸润	眼角膜起皱，稍变浑浊，血管出血，眼球凹进，但眼球仍然透明清晰	眼角膜浑浊，眼球塌陷，变成暗褐色，眼腔被血浸润
鳃部	鳃色鲜红，黏液透明无异味，鳃丝清晰，鳃盖紧闭	鳃片呈淡红色或灰褐色，黏液浑浊有酸味	鳃色呈黑褐色或灰白色，黏液浑浊，鳃丝粘连，有腐败味
肌肉	坚实有弹性，手指压后凹陷立即消失，肌肉的横断面有光泽，无异味	肌肉稍松软，手指压后凹陷不能立即消失，横断面无光泽，稍有酸腥味	松软无弹性，手指压后凹陷不易消失，易与骨刺分离，有霉味及酸味
体表	有透明黏液，鳞片鲜明有光泽，紧贴鱼体，不易剥落	黏液增加，不透明，并有酸味，鳞片光泽较差，易脱落	黏液污浊黏稠有腐败味，鳞片暗淡无光，易脱落
腹部	无膨胀现象，肛门凹陷无污染，无内容物外泄	膨胀不明显，肛门稍突出	膨大，肛门外凸，内容物外泄
水煮试验	鱼汤透明，带油亮光泽及良好气味	汤稍浑浊，脂肪稍乳化，气味和口味较正常	汤浑浊，脂肪乳化，气味和口味不正常

（二）冷冻原料的解冻

冻鱼在制罐前须先解冻。我国目前常见的解冻方法，大型鱼以水淋和水浸法为主，用水温一般控制在 18℃ 以下，水浸法以使用流动水浸泡并冲刷鱼体效果最好。解冻时间应根据水温、气温、加工季节等灵活掌握。一般保持外部冻块松散，鱼体中心仍稍微冻结为宜。解冻过程中，需

表 5-0-2　其他水产品感官鉴定指标

水产品类型	新鲜	不新鲜
软体类	色泽鲜艳,表皮色泽正常,有光泽,黏液多,体形完整,肌肉柔软而光滑	色泽发红,无光泽,表皮发黏,已略有臭味
虾类	外壳有光泽,半透明,肉质紧密,有弹性,甲壳紧密附着虾体,色泽、气味正常	外壳失去光泽,浑浊。肉质松软,无弹性,甲壳与虾体分离,从头部起逐渐发红,头脚易脱落,有氨臭味
蟹类	蟹壳纹理清晰,用手指夹背腹两面平置。脚爪伸直不下垂,肉质坚实,体重,气味正常	蟹壳纹理不清,蟹脚下垂并易脱落,体轻,发腐臭
贝壳类	受刺激时贝壳坚闭,两贝壳相碰发出实响	贝壳易张开,两贝壳相碰发出空响

防止钩、敲、砸,必须随解冻随加工处理,严防解冻后的鱼积压。远洋洄游性鱼类和红色肌肉较多鱼类更易腐败变质,只要达到半解冻状态就应进行原料处理;对体型较小的凤尾鱼等,多采用空气解冻法。

（三）原料的清洗

水产原料验收和处理后,必须分别进行清洗。清洗的方法如下。

1. 原料处理前的清洗

主要是洗净附着于原料外表的泥沙、黏液、杂质等污物,清洗方法按原料种类而异:鱼类、软体类,一般用机器或人工清洗或刷洗;贝类（包括蟹、虾等）用刷洗和淘洗,蛏子等贝类洗涤后,还需用 1.5%～2% 的盐水静置浸泡 1～3h,使蛏充分吐沙。

2. 原料处理后的清洗

主要洗除腹腔内的血污、黑膜和黏液等,宜用小刷顺刺刷洗,并除去脊椎淤血。螺及鲍鱼去壳后的肉,还应加入适量粗盐,以搓洗机搓擦,再以水冲去黏液等污物。

3. 盐渍后的清洗

有些需要盐渍的原料,盐渍后以清水洗涤一次,以洗除表面盐分,但应防止原料在水中浸泡,并注意沥干,以免影响成品含盐量。

以上洗涤用水,宜用清洁流畅的冷水,对鱿鱼、墨鱼、虾等易变质的原料,洗涤时还必须以冰降温（一般控制水温在 10℃ 以下）。原料在清洗过程中,防止原料在水中浸泡过久,以免引起吸水过多及营养成分的损失。需经油炸的鱼,洗后要充分沥干水分,最好能将鱼体表面吹干,可减少鱼在油炸时起泡或鱼皮破损。

（四）原料的处理

1. 去头

沿鳃骨切去头,去净鱼鳞。

2. 去鳍

尾鳍、背鳍、胸鳍等均应去除（小型鱼可不去鳍）。

3. 去内脏

背开或腹开,挖除内脏（沙丁鱼、青鳞鱼、凤尾鱼、鲫鱼、鲹鱼等小型鱼可不剖腹,由头部摘除内脏）。凤尾鱼鱼籽应完整地保留于腹腔。有些鱼,如鲅鱼、带鱼、黄鱼等,需按质量要求剪去腹部肉。

4. 切块

小型鱼类应整条装罐,不必切开;稍大的鱼类,应将胴体横向切成块状,鱼块大小应适于罐装为度；大中型鱼类则需开片。开片方法是从鳃盖骨后部起，紧贴脊骨之一侧直剖至尾部，共得左右两条不带脊骨的鱼片（或为一条带脊骨，一条不带脊骨的鱼片）。在装罐前再按罐型大小切成块。

5. 取肉

蚝、虾、鲍鱼等，一般生去壳取肉；蛏、蛤、贻贝、蟹、螺等则需蒸熟后取肉。贝类原料取肉前必须彻底洗净壳外泥沙，剥壳后，肉与壳严格分开，防止污染。蛏子等贝类洗涤后需用1.5%～2%盐水浸泡1～3h，使其充分吐沙。整个加工流程要求快速，并须降温，防止变质。

（五）原料的盐渍

原料鱼在蒸煮或油炸脱水前，多数需经清洁盐水浸泡或盐渍处理，其目的是：

① 脱除部分血水及可溶性蛋白质，改善产品的色泽和防止罐内蛋白质凝结；

② 使鱼肉组织收缩变硬，防止鱼皮脱离，并使鱼体吸收适量盐分。

盐渍使用的盐水浓度及浸泡时间，需根据鱼的种类、肥瘦、鲜度、大小鱼（块）及加工产品的要求而定，一般同品种的鱼，大鱼（块）较小鱼、肥鱼较瘦鱼、鲜鱼较冻鱼需用的盐水浓度高而时间长。多脂鱼类皮下脂肪较厚，会妨碍食盐进入，故需盐量较多，时间较长。

使用盐水的浓度应适宜。过高易使鱼肉过咸或组织粗硬。现在有些罐头厂，开始对一些茄汁、油浸鱼类的产品，采用低浓度盐水或不经盐渍处理，也取得较好效果，但鱼的鲜度要高。

盐水浸泡或盐渍时应适当翻动，使鱼块吸盐均匀。盐水应尽量用冷水配制，水温超过20℃宜用冰水降低盐水温度，盐水可使用数次，但每次盐渍完后，必须加食盐调整浓度，一般连续使用3～5次后，盐水中可溶性蛋白质及鱼肉血色素、杂质等会增加，使颜色变深，对鱼块（片）的质量将有不良影响，应并时更换新盐水。经过盐渍处理的鱼，在以后调味时，根据成品含盐量要求，减少加盐或不加盐。

（六）原料的脱水

脱水主要目的是使鱼脱去部分水分，使鱼体蛋白质凝固，鱼肉组织变紧密，具有一定程度的硬度，便于装罐，同时鱼肉脱水后，能使调味液充分深入鱼肉，保证了固形物的重量。另外，加热脱水能杀灭鱼体附着的一部分微生物，从而提高杀菌效果。脱水的方法有以下几种。

1. 蒸汽加热法

一般油浸类、茄汁类等鱼类罐头的预热处理多采用蒸汽加热法。其做法是：先将盐渍沥干后的鱼块定量装入罐，用清水或1°Bé清洁盐水注满（或不注水），装盘于脱水机以蒸汽加热脱水。脱水温度与时间应根据鱼的种类、大小及设备条件而异，一般采用98～100℃加热，必要时也可用100℃以上温度脱水。在实际生产中，以鱼块表面硬结、脊骨附近肉质蒸熟为度，然后将罐身倒置片刻，使罐内汤汁流出，即控水。控水后，应立即注入调味液加盖排气密封，以免肉面暴露在空气中时间过长而变色。

2. 沸水、盐水、调味液共煮

这种处理方法主要是增加产品的风味。对鱿鱼、墨鱼、虾、部分调味类罐头，采用鱼块与调味液共煮（又称焖煮）的方法，目的就是增加产品的风味。

3. 烘干法

有些烟熏或鲜炸鱼类罐头，熏或炸前，采用热风干燥，使鱼体表面吹干。

4. 油炸法

鲜炸、五香等鱼罐头均采用油炸脱水。经过油炸的鱼，肉质酥硬稳定，色泽和口味改善。其过程大致如下：将精炼过的植物油加热致沸，将大小已分类的沥干的鱼块进行油炸，炸时务必保证炸后鱼块老，嫩均匀一致，每次鱼块与油量之比为1：10～1：15。炸时应经常将鱼块翻动抖散，勿使鱼块粘连。待鱼块表面结皮，呈金黄色至黄褐色时，表示油炸完成，捞起沥油。油炸时油温高低应根据产品品种特点灵活掌握。太高或太低的油炸温度，既不利于产品产量，又易造成浪费。如油炸鲐鱼时，若油温太高，油炸时间虽短，但表面形成一层蛋白凝固的外壳，内部血水不易渗出，易使产品因血蛋白凝聚沉淀面不合格；另外高温易使油分解，分解出丙烯醛物质，使油和油炸的鱼变苦并易使鱼炸焦。油温太低，长时间炸不透，影响效率，油吸收量高，产品色泽还达不到要求。小型鱼油炸温度一般在 180～200℃ 为宜，较大的鱼，可提高油温至 200～220℃，油炸时间一般为 2～10min。经过长时间炸过的油，在高温和空气的作用下，色泽会逐渐变暗和发黑，酸价不断增大，碘价降低，以及油中聚积了氧化物并和油炸的鱼碎屑结合成颗粒，沉淀在锅底，或附着在鱼肉上，影响鱼的色泽和风味。因此，每炸一锅，要清除一次鱼肉碎屑，相隔一定时间，掺入新油调节，必要时更换新油。

（七）脱水率要求

脱水率对各类水产罐类的质量影响很大。脱水不足，固形物达不到标准，并易引起罐内汤汁浑浊；脱水率过高，易使产品肉质干硬或原料消耗量太大。因此，必须根据不同种类的原类产品质量要求，制订合适的脱水工艺条件。表 5-0-3 是不同种类的水产罐头对脱水率的一般要求。

表 5-0-3　不同种类的水产罐头对脱水率的一般要求

产品类别	脱水方法	脱水率/%	备注
清蒸虾类	盐水煮	30～35	对生虾肉计
清蒸鱼类	盐渍后装罐蒸煮	18～22	
油浸鱼类	盐渍后装罐蒸煮	18～22	
茄汁鱼类	盐渍后装罐蒸煮	18～22	
五香、鲜炸、烟熏类	盐渍后油炸或烘干	40～50	
红烧鱼类	盐渍后油炸或焖煮	35～40	

（八）原料的烟熏

烟熏能使鱼肉获得独特的风味和色泽。烟熏的方法有冷熏和热熏两种。冷熏的烟熏温度在 40℃ 以下，热熏的烟熏温度在 40℃ 以上，一般又将烟熏温度在 40～70℃ 的熏制方法称为温熏。由于温熏的熏制时间比冷熏要短，制品的色、香、味又较冷熏制品好，所以大多采用温熏。目前烟熏水产品罐头的品种和产量都很少，但它是特色产品，故作简单介绍。

水产罐头原料的温熏包括烘干和烟熏两个过程。烘干是将经处理后的鱼块（片）按大小分档，分别吊挂在烘车上，或平铺于烘车的网片上，鱼块（片）间留有一定空隙，然后送入烘房中进行热风烘干。一般开始时温度宜低些，约为 50～60℃，随着鱼片逐渐干燥而缓慢升高，在后阶段，烘干温度可升高至 65～70℃。烘干程度以鱼片表面干燥不粘手、其脱水率约为 15% 左右为宜。烘得过于干燥，烟熏时由于熏烟不易在鱼肉表面沉积和渗入内部，使鱼肉上色困难。干燥不够，则因鱼片表面水分多，而使熏烟沉积过多，甚至灰尘粘结在鱼肉表面，使鱼片表面发黑、鱼肉发苦。在烘干过程中，必须保持温度稳定，不得过高或过低，温度过高（70℃ 以上），会使鱼片表面结皮，内部包水，从而延长干燥时间，同时可能造成鱼片脱皮。温度过低（40℃ 以下），干燥速度缓慢，且微生物容易繁殖，从而造成鱼片腐败变质发臭。

熏烟的成分中，不宜含有过多的树脂蜡，否则，会使烟熏产品的色泽发黑，并带有苦味及其他不良气味，为此，必须选用不含松、樟味的胡桃、栗树、柞木、椴木、桦木（去皮）等硬杂木及其锯屑，不得使用松、杉等木材的锯屑，桃核或谷糠可少量掺混使用。熏烟的一般成分见表 5-0-4。

表 5-0-4　熏烟的一般成分分析（以对熏材干燥物的质量分数计）

成分	含量	成分	含量
树脂蜡	12.2	丙酮	0.9
甲酸	1.0	水及醇	60.0
甲醛	0.8	二氧化碳	4.9
乙醛	0.3	其他	19.9

（九）茄汁鱼类罐头的茄汁配制

茄汁类罐头就是利用番茄作为调味料的罐头食品。茄汁的配方因销售地区、罐型、固形物的不同，其配方有所差异，表 5-0-5 所示为我国茄汁鱼类罐头常用的几种茄汁配方。表 5-0-6 所示为我国茄汁鱼罐头中香料水配方。

表 5-0-5　我国茄汁鱼类罐头常用的几种茄汁配方　　　　　　单位：kg

名称	1	2	3	4	5	6
番茄酱	56.6	35	50	47.5	42	61
砂糖	9	6.5	8.7	5.9	10	5.5
精盐	2.7	3.5	7.7	1.75	1.2	4
味精		0.02	1.0	0.07	0.3	
植物油	12	16.5	19.5	7.4	15	17
冰醋酸		0.1～0.4		0.35～0.7	0.08	0.5
调味液或清水	19.7	3.5	13.1	26(清水)	31(清水)	
油炸洋葱		31.5			1.0	5.6
胡椒粉		0.1		0.37		
蒜泥		0.35		4.5		0.35
红胡椒粉		0.021		0.18		
辣椒油				5.9		0.2
黄酒		3.2				5.6
配制总量	100	100	100	100	100	100

注：配方 1 适于小白鱼、鲭鱼、青鳞鱼；配方 2 适于鲤鱼；配方 3 适于鲅鱼；配方 4 适于黄鱼、鳗鱼；配方 5 适于沙丁鱼；配方 6 适于墨鱼。

表 5-0-6　我国茄汁鱼罐头中香料水配方　　　　　　单位：kg

配料名称	用量		
	适用茄汁配方 1	适用茄汁配方 2	适用茄汁配方 3
月桂叶	0.02	0.08	0.035
胡椒	0.02		0.075
洋葱	2.5		3.0
丁香	0.04	0.025	0.075
芫荽子	0.02		0.035
精盐		0.01	
水	10	10	14
配制总量	12.6	10.1	17.2

1. 香料水配方说明

① 按规定配料量，将香辛料与水一同在锅内加热煮沸。并保持微沸 30～60min，用开水调整至规定总量。过滤备用。

② 胡椒、月桂叶、丁香、芫荽子，可复用一次，煮一次后，其渣可代替半量供下次使用。

③ 香料水每次配量不宜过多，宜随配随用，防止积压并防止与铁制工器具接触。

2. 茄汁配制方法的注意事项

① 按配方分别称取规定的配料量，将香料水倒入夹层锅，然后加入糖、盐、味精等配料溶解，再与已混合好的番茄酱、精制植物油（使用前加热至 180～190℃保持 5min）充分混合均匀，加热至 90℃备用。注意随配随用，防止配后积压。或将植物油先加热至 180～190℃，倒入洋葱炸至黄色，再加入番茄酱、糖、盐、辣椒油等加热至沸，最后加入酒、味精、冰醋酸等充分混匀备用。

② 凡经油炸的鱼，配方中精制植物油的用量可适当减少。

③ 配方中番茄酱干燥物含量以 20% 计算，如使用 12% 或 28%～30% 的番茄酱，需折算用量。

④ 配方中精盐用量应根据成品含盐量标准，结合鱼有无盐渍及盐渍时的盐水浓度适当增减。

⑤ 茄汁配制过程中应防止与铁、铜等工器具接触。

（十）装罐和加汤汁的注意事项

1. 空罐

根据不同品种要求必须分别采用抗硫或抗酸涂料罐。装罐前空罐应洗净经沸水消毒，倒罐沥干。需防止粘罐的产品可采用防粘涂料罐或在内壁均匀涂抹一层精制植物油。

2. 装罐重量

茄汁、清蒸、油浸等罐头，生鱼装入量应根据产品固形物要求、鱼的大小、捕捞季节、鲜鱼和冻鱼进行调整，一般冻鱼及大鱼、较鲜鱼和小鱼装量要少。

根据罐型，鱼（块）横或竖排列整齐，防止露出罐口，影响密封，同罐中大小鱼（块）及部位搭配均匀。每罐加入汤汁量以掌握密封后高于规定净重为宜。防止装罐量太满引起物理胀罐。连罐蒸煮脱水的产品，蒸煮后倒罐沥干汁水，及时趁热加热汤汁或热精制油，防止沥水后罐内鱼块积压变色。添加茄汁时要经常搅拌茄汁，防止汁油分离。

（十一）排气和密封

水产品罐头，特别是油浸类罐头，以采用预封后抽真空密封为宜。若采用加热排气，则油浸和鲜炸类罐头宜加专用盖，防止内流胶及蒸气污水滴入罐内。密封前根据罐型及品种不同，选择适宜的罐内中心温度或抽真空程度，防止成品真空度过高或过低。罐头密封后，用热水或洗涤液洗净罐外油污，迅速杀菌，特别是虾、蟹、贝类、鱿鱼等易变质的品种，要求密封至杀菌要及时，防止积压，避免引起罐内细菌繁殖败坏或风味恶化、真空度降低等质量问题。

（十二）冷却

经杀菌后的罐头，采用反压或常压迅速冷却到 38℃左右，反压冷却，降温和冷却的速度较快，对产品内容物的质量有利，且可防止罐盖突角，避免影响卷边的密封性。

三、水产类罐头常见质量问题及防止措施

（一）硫化物污染

虾、蟹、贝、鱿鱼、墨鱼及清蒸鱼类等含硫蛋白较高，在加热或高温杀菌过程中，均会产生挥发性硫（罐内残存细菌分解蛋白质也会生成硫化氢）。这些硫与罐内壁锡反应生成紫色硫化斑

（硫化锡），与铁反应则生成黑色硫化铁，污染内容物变黑。其挥发性硫发生量多少，与鱼、贝的种类，pH，新鲜度等有关。一般碱性情况下发生量多。

防止硫化物污染的方法：

① 加工过程严禁物料与铁、铜等工器具接触，并注意控制用水及配料中的这些金属离子含量。

② 采用抗硫涂料铁制罐。

③ 空罐加工过程为防止涂层损伤，罐盖代号打字后补涂或采用喷码代号。

④ 选用活的或新鲜度较高的原料，最大限度缩短工艺流程。

⑤ 煮熟时沸水中加入少量有机酸、稀薄盐水，或以 0.1％的柠檬酸或酒石酸溶液将半成品浸泡 1～2min，或装罐后加有机酸使内容物维持 pH 6 左右。

（二）瘪罐

鲜炸、五香等品种（如凤尾鱼、荷包鲫鱼），由于装罐时不加汤汁或少加汤汁，故杀菌冷却过程易引起瘪罐问题，防止措施：

① 选用厚度适宜的镀锡薄板，并加强罐盖膨胀圈的强度。

② 杀菌终了降温降压要慢，宜用 70℃ 热水先冷却，开锅后再分段冷却至 38℃ 左右。

③ 罐内真空不宜太高，并严防生产过程碰撞。

（三）血蛋白的凝结

清蒸及茄汁或油浸鱼罐头常发生内容物表面及空隙间有豆腐状物质，一般称为血蛋白。其形成原因是热凝性可溶蛋白，由于受热凝固而成的豆腐块现象，有损于产品外观。

影响血蛋白产生的因素与鱼的种类、新鲜度、洗涤、盐渍、脱水条件等有关。为了防止和减少血蛋白的产生，应采用新鲜原料，充分洗涤，去净血污，经盐渍除去部分盐溶性热凝性蛋白。鲐鱼罐头，其盐溶性蛋白中，热凝固性成分溶出的最大盐水浓度为 10°Bé 左右，将鱼肉在 10°Bé 盐水中浸渍 25～35min，基本上就能防止血蛋白的产生。

此外还应做到鱼肉脱水前控净血水，加热时迅速升温，使热凝性蛋白在渗出至鱼肉表面前在鱼肉内部就凝固。

（四）粘罐

开罐时鱼皮或鱼肉黏附于罐内壁，影响形态完整；其原因为鱼肉和鱼皮本身具有黏性，加热时接触罐壁处首先凝固；与此同时，鱼皮中的生胶质受热水解变成明胶，极易黏附于罐壁；而鱼皮与鱼肉之间有一薄层脂肪，受高热后溶化，致使皮肉分离而产生粘罐现象。

防止粘罐的方法：

① 选用新鲜度较高的原料。

② 采用防粘涂料罐或在罐内衬以硫酸纸或涂一层精制植物油。

③ 鱼块装罐前稍烘干表面水分，或浸 5％醋酸液（只适用于茄汁鱼类），也能取得减少粘罐的效果。

（五）茄汁鱼类罐头的色泽变暗

茄汁鱼类罐头生产过程中，常常出现茄汁变褐变暗现象，从而降低了产品质量。影响茄汁鱼色泽的因素，一般与番茄酱的色泽、鱼的种类新鲜度、茄汁配料过程的工艺条件以及产品贮藏条件等有关。据生产实践和有关试验认为，其中以选择番茄酱的品质及茄汁受热时间甚为重要。现将影响茄汁色泽的因素分述如下。

1. 茄汁配方及配制方法

茄汁鱼罐头用茄汁一般由番茄酱、油、糖及香料水配制而成。配香料水所用香料皆含有较多的鞣质成分及其他色素，这些成分皆有损于茄汁色泽。若香料水煮沸或放置时间过长，其色泽变为深黄褐色，对成品茄汁色泽有影响。

常用香料鞣质含量：

月桂	1.34%	洋葱	0.298%	丁香	11.08%
黑胡椒	0.226%	白胡椒	0.326%	芫荽	0.149%

影响番茄汁色泽的重要因素香茄红素，在高温、长时间受热和接触铜时易于氧化褐变，与铁接触变鞣酸铁。因此配制茄汁最好使用不锈钢容器，茄汁应按装罐量计划配制，随配随用，防止因积压使茄汁变色。

2. 解冻方法

冻鱼解冻常采用水淋法、浸泡法。后者解冻可使鱼排出较多的血水，因此成品色泽较前者为佳。

3. 原料处理

将鱼除去头、鳍、内脏后，应于清水中逐条洗净淤血（特别是脊骨血），去净腹中黑膜。如处理不净，血水及黑色素进入茄汁内可使产品色泽变褐变暗。

4. 腌渍方法

采用盐水腌渍可除去部分血液，有一定程度的拔血洗涤作用，故其成品茄汁色泽较佳。而采用干腌法成品色泽就稍差。

5. 脱水条件

茄汁鱼罐头目前是一般采用生鱼装罐、加热脱水、沥水后注热茄汁的工艺。因此，如生鱼块装量不准、脱水率不一、沥水程度不等都能影响茄汁的加入量，从而对成品的色泽有一定的影响。

6. 排气密封条件

茄汁鱼罐头生产常采用如下排气密封：

① 注冷茄汁→加热排气→常压密封；

② 注热茄汁→常压密封；

③ 注冷茄汁→抽气密封。

采用工艺①、工艺②茄汁受热时间较长，成品色泽较差；工艺②因茄汁温度高，油与番茄酱易分离，如搅拌不匀容易造成注入茄汁成分不一；工艺③茄汁受热时间较短，成品色泽比较好。

7. 杀菌冷却条件

罐头杀菌前积压受热时间过长，杀菌时超压温度偏高，杀菌后冷却不充分都可影响成品色泽。因此，罐头杀菌时，应严格遵守杀菌操作规程。

8. 罐头贮藏条件

贮藏温度过高（一般在3℃以上）褐变加速，因此罐头成品贮藏温度不宜过高。贮藏温度以不高于20℃为宜。

（六）水产罐头的结晶原因与防止方法

清蒸对虾、蟹、墨鱼等罐头，在贮藏过程中，常常产生无色透明的玻璃状结晶，从而显著降低商品价值。

现将这种磷酸铵镁结晶的性状、产生的原因综述如下。

（1）磷酸铵镁结晶的性状　磷酸铵镁结晶（也称鸟粪石）分子式为 $MgNH_4PO_4 \cdot 6H_2O$，是无色、无臭、无味、无毒透明的玻璃状结晶，结晶极硬，但能溶于胃酸，对人体无害。pH 6.3以下溶解度较大，难以析出。

（2）**结晶产生的原因** 虾、蟹及鱼类本身含有组成磷酸铵镁的各种成分，因此，当虾、蟹肉分解时产生的氨，在杀菌过程中易与镁及含磷物质结合生成磷酸铵镁，它在温度较高时溶解在汤汁中，冷却或贮藏后又慢慢析出。

防止结晶析出的方法：

（1）**采用新鲜原料** 因为原料越新鲜，蛋白质因细菌繁殖及肉质自溶作用而分解的氨量也越少。生产实践表明：使用不够新鲜的蟹子生产清蒸蟹肉罐头，贮藏不到半年就有结晶析出。如在产地加工点采用新鲜蟹子（多为活蟹）加工，罐头经贮藏近两年也未发现结晶析出。

（2）**控制 pH** 磷酸铵镁结晶在 pH 6.2～6.3 以上时易形成，在 pH6.3 以下溶解度较大，难以析出。因此，在生产虾、蟹罐头时，都采用浸酸处理，但经酸处理后对产品风味产生不良影响。因此，对酸液浓度、浸酸时间等条件应严格掌握。

（3）**避免使用粗盐或用海水处理原料** 因粗盐和海水含镁量较高，能促进结晶析出，据资料介绍，当镁含量达到 0.0012％时，可形成 60～100μm 以上肉眼可见的结晶。

（4）**杀菌后迅速冷却** 迅速冷却仅能形成微型结晶，但冷却缓慢则易形成大型结晶；因此，杀菌后应急速冷却，使内容物温度尽快通过 30～50℃的大型结晶生成带，从而可尽量避免生成肉眼可见的大结晶。

（5）**添加增稠剂** 添加明胶、琼脂（冻粉）等增稠剂，提高罐内液汁黏度，可使结晶析出变慢，但不能完全防止结晶析出。

（6）**添加螯合剂等** 添加 0.05％植酸或 0.05％乙二胺四乙酸二钠螯合剂，可使镁离子生成稳定的螯合物，从而可以防止磷酸铵镁结晶析出。螯合剂的螯合能力，一般在中性或酸性条件下较强，防止结晶效果也较好。乙二胺四乙酸二钠在欧洲一些国家已禁止使用，应注意产品销售地区的食品法规。

（七）罐内涂料的脱落

油浸类或油炸调味类鱼类罐头，由于涂料固化不完全或涂料划伤，经一定时间贮藏后，罐内涂料膜发生脱落现象。此外有些铁涂料中加氧化锌量高，油酸和氧化锌结合成锌肥皂，使油浸入涂料膜内引起皱纹剥落，因此，必须采用酸价低的植物油。

任务 5-1 清蒸鲑鱼罐头生产

【任务描述】

清蒸鲑鱼罐头是以新鲜或冷冻鲑鱼为原料，经过去头、去内脏、挖出鱼籽，将腹腔内膜、血污洗净等处理，然后将其装入罐头容器中，加入食盐，经排气、密封、杀菌等工序制成的产品。清蒸鲑鱼罐头是清蒸类水产罐头的代表产品。目前市面上常见的清蒸类水产罐头有清蒸对虾、清蒸蟹、原汁赤贝、清汤蛏等几十种产品。

通过清蒸鲑鱼罐头生产的学习，掌握清蒸类水产罐头的加工技术要点。能估算用料，并按要求准备原料；掌握鱼类原料处理、排气、杀菌以及分段冷却等操作要点。

教学采用资讯→计划→决策→实施→检查→评价六步教学法。

【任务实施】

一、生产任务单

生产 10000 罐清蒸鲑鱼罐头。要求：采用 9121# 抗硫涂料马口铁罐，净含量 850g。

二、原料要求与准备

（一）原辅料标准

① 鲑鱼：采用鲜鱼或冷冻鱼，鱼体完整肌肉有弹性，骨肉紧密相连，不得使用变质的鲑鱼。

② 食盐：应符合 GB/T 5461 的要求。

（二）用料估算

根据生产任务单可知：产品净重 850g，每罐装入肉重 840g，精制盐 8.5g。

根据实验得知：对于符合原料标准的鱼肉，原料去头损耗 13%，去内脏损耗 20%，不合格料 0.6%，其他损耗 2.4%，由此鲑鱼可利用率 64%。

生产 10000 罐清蒸鲑鱼罐头需要：

$$鲑鱼用量＝每罐鱼肉重÷对虾可利用率×总罐数＝840g÷64\%×10000＝13125kg$$

$$精制盐用量＝8.5g×10000＝85kg$$

综上可得：生产 10000 罐清蒸鲑鱼罐头，需要新鲜鲑鱼 13125kg，精制盐用量 85kg。

三、生产用具及设备的准备

（一）空罐的准备

清蒸鲑鱼罐头采用 9121# 马口铁罐作为容器，具体参数如表 5-1-1 所示。空罐经挑选、清洗、消毒后备用。

表 5-1-1   9121# 马口铁罐参数

罐号	成品规格标准尺寸/mm			计算体积/cm³	备注
	公称直径	内径 d	外高 H		
9121	99	98.9	121	883.45	

（二）用具及设备准备

不锈钢刀、砧板、塑料筐、防水计重秤（见图 5-1-1）、洗罐机、清洗槽（见图 5-1-2）、排气箱、封罐机、杀菌锅、电子罐中心温度测定仪等。

图 5-1-1   防水计重秤

图 5-1-2   清洗槽

四、产品生产

（一）工艺流程

原料验收→原料处理→装罐→排气→封罐→洗罐→杀菌→冷却→擦罐→保温检查→成品

(二) 操作要点

1. 原料处理

以清水充分洗去鱼体表面的污物、黏液，去头、去内脏、挖出鱼籽，将腹腔内膜、血污等充分洗净。

2. 称重装罐

按 9121# 罐净重要求人工称重。采用人工装罐，按罐高切段装罐，装罐时加入鱼肉重量 1% 的食盐。

3. 排气

装罐后，放入链带式排气箱排气。加热排气密封时要求罐内中心温度 80℃ 以上，或真空封口的真空度为 0.053～0.06MPa。

4. 封罐

排气后，使用真空封罐机封罐。封罐机设置要求：①封罐的真空度应控制在 0.4～0.5MPa。②装罐后，应随即进行封罐，封罐前罐内产品中心温度 ≥60℃。③封罐后，逐罐检查密封是否良好，封罐紧密度和迭接率 ≥50%，以充分保证每罐产品的真空度达到 0.025MPa。

5. 洗罐

使用专用的洗罐机洗净附着在罐外的鱼肉残渣和油迹。封罐后，罐盖朝上，落在洗罐机传送带上，被温度控制在 90～95℃ 的水清洗后，从传送带另一端取下罐头，检查清洗效果，无油污即可。如果罐体清洗不干净，需重新清洗。

6. 杀菌、冷却

将罐头整齐摆放在杀菌网帘上，罐底朝上，罐盖朝下，放入高压杀菌锅中杀菌。在杀菌过程中，应严格按操作规程进行，以免产生次品或废品。杀菌式：5min—80min—15min/115.2℃，杀菌锅应控制冷却后产品终温为 38～42℃。

7. 擦罐

杀菌后产品推出杀菌锅，将杀菌车倾斜 60°，控净罐底凹陷部位的存水，并自然晾干罐身表面水分。使用干净卫生的抹布，将罐身外表面擦拭一遍，罐盖叠接部位及拉环部位应仔细将污渍擦净，并涂抹少许食用液体石蜡防锈。

8. 保温检查

检查合格的罐头产品装入周转箱并转入库房内常温放置 10d，然后出库检查是否有缺陷。

(三) 产品质量标准

1. 感官指标

感官指标应符合表 5-1-2 的要求。

表 5-1-2　清蒸鲑鱼罐头的感官指标

项目	要求
色泽	肉色正常,具有本品种鱼的自然色泽
滋味气味	具有清蒸鲑鱼罐头应有的滋味及气味,无异味
组织状态	肉质组织较紧密,有弹性,大小大致均匀,软硬适度,小心从罐内向外倒出鱼块时不碎散

2. 理化指标

（1）净重　应符合表 5-1-3 的要求，每批产品平均净重应不低于标明重量。

表 5-1-3　清蒸鲑鱼罐头的净重要求

罐号	净重	
	标明重量/g	允许公差/%
9121	850	±4.5

（2）氯化钠含量　1.0%～2.0%。

（3）重金属含量　应符合表 5-1-4 的要求。

表 5-1-4　清蒸鲑鱼罐头的重金属含量　　　　　　　　单位：mg/kg

项目	锡（Sn）	铜（Cu）	铅（Pb）	砷（As）	汞（Hg）
指标	≤200.0	≤5.0	≤1.0	≤0.5	≤0.3

3. 微生物指标

符合罐头食品商业无菌要求。

【任务考核】

一、产品质量评定

按表 5-1-5 中项目进行检验记录。对成品质量给予评价、评分。检验方法按 GB/T 10786—2006，详见附录 2。

二、学生成绩评定方案

对学生的评价方式建议采用过程考核成绩与成品质量评定成绩相结合，考评方案见表 5-1-6。

表 5-1-5　清蒸鲑鱼罐头成品质量检验报告单

组别	1	2	3	4	5	6
规格	850g 马口铁罐清蒸鲑鱼罐头产品					
真空度/MPa						
总重量/g						
罐（瓶）重/g						
净重/g						
罐与固重/g						
固形物重/g						
可溶性固形物/%						
色泽						
口感						
气味						

	组织状态					
	pH					
质量问题	内壁					
	胀罐					
	硫化物污染					
	血蛋白凝固物					
	杂质					
结论(评分)						
备注						

表 5-1-6　学生成绩评定方案

考评方式	过程考评		成品质量评定
	素质考评	操作考评	
	20 分	30 分	50 分
考评实施	由指导教师根据学生的平时表现考评	由指导教师依据学生生产操作时的表现进行考评以及小组组长评定,取其平均值	由指导教师带领学生对产品进行检验,按照成品质量标准评分。见表 5-1-5
考评标准	完成任务态度(5分) 团队协作(5分) 解决问题能力(5分) 创新能力(5分)	原辅料选购(5分) 生产方案设计(10分) 设备使用(5分) 操作过程(10分)	按照产品物理感官评定项目表评分

注:造成设备损坏或人身伤害的项目计 0 分。

【任务拓展】

一、清蒸对虾罐头生产

(一)原辅材料

① 对虾:鲜虾或冻虾,色泽正常,允许轻微黑箍或黑斑,肉质有弹性,气味正常,不得使用不新鲜或冷冻两次的虾。

② 食盐:应符合 GB/T 5461 的要求。

③ 谷氨酸钠:应符合 GB/T 8967 的要求。

(二)工艺流程

原料验收→原料处理→预煮→装罐→加盐→加味精→排气→密封→杀菌→冷却→成品

(三)操作要点

1. 原料处理

小心剥去头和壳,用不锈钢小刀削开背部,取出肠线,按大小规格分档后,用冰水清洗 1～2 次。在预煮前虾肉要始终保持在 10℃下,以防变色。

2. 预煮

用 15％盐水 100kg，将虾肉 25kg 于盐水沸后入锅，按对虾大小分开煮，小虾煮 7～10min，大虾煮 9～12min，要经常更换预煮水，脱水率约 35％。

3. 装罐

采用抗硫涂料罐 962 号，净含量 300g，装虾肉 295g，加盐 4g，味精 1g，虾肉用硫酸纸包裹，排列整齐。

4. 排气及密封

采用热排气方法，罐头中温度 80℃以上；真空抽气 12min，真空度为 0.067MPa。

5. 杀菌及冷却

杀菌式（真空抽气）：15min—70min—20min/115℃，将杀菌后的罐冷却至 38℃，取出擦罐入库。

（四）产品质量标准

1. 感官指标

感官指标应符合表 5-1-7 的要求。

表 5-1-7　清蒸对虾罐头的感官指标

项目	要求
色泽	虾肉为白色或黄白色,允许稍带粉红色
滋味气味	具有清蒸对虾罐头应有的滋味及气味,无异味
组织状态	肉质组织较紧密,有弹性,大小大致均匀,软硬适度,小心从罐内向外取出虾肉时不碎散,允许有少量磷酸盐白色结晶

2. 理化指标

① 净重　应符合表 5-1-8 中有关净重的要求，每批产品平均净重应不低于标明重量。

② 固形物　应符合表 5-1-8 中有关固形物含量的要求，每批产品平均固形物重应不低于规定重量。

表 5-1-8　清蒸对虾罐头的净重和固形物要求

罐号	净重		固形物	
	标明重量/g	允许公差/％	规定重量/g	允许公差/％
962	300	±3.0	255	±9.0

③ 氯化钠含量　1.0％～2.0％。

④ 重金属含量　应符合表 5-1-9 的要求。

表 5-1-9　清蒸对虾罐头的重金属含量　　　　　　　单位：mg/kg

项目	锡(Sn)	铜(Cu)	铅(Pb)	砷(As)	汞(Hg)
指标	≤200.0	≤5.0	≤1.0	≤0.5	≤0.3

3. 微生物指标

符合罐头食品商业无菌要求。

二、原汁赤贝罐头生产

（一）原辅材料

① 赤贝：活鲜肥满或煮熟良好的闭合肌（贝柱）肉色白或乳白，无异味，取自非污染水域，不得使用破损或变质的贝柱。

② 食盐：应符合 GB/T 5461 的要求。

③ 柠檬酸：应符合 GB 1886.235 的要求。

④ 谷氨酸钠：应符合 GB/T 8967 的要求。

（二）工艺流程

原料验收→原料处理→预煮→热烫→配汤装罐→排气→密封→杀菌→冷却→成品

（三）操作要点

1. 原料处理

将活鲜赤贝充分擦洗，除净外壳泥沙，蒸煮至壳张开，取出赤贝肉，放入打套机中通入流动水打除外套，并在喷淋清水的震动筛中筛去已脱落的外套及杂质。摘净鳃套、贝毛，剔除不合格赤贝肉及杂质，用流动水漂洗除尽泥沙。

2. 预煮及热烫

将赤贝肉放入预煮液中，贝肉与预煮液之比为 1：2，预煮 10min。预煮液须事先用0.15％～0.20％的冰醋酸调至 pH＝4～5（预煮终了 pH 值不超过 5）。每锅预煮 4～5 次后更换新液。预煮后的赤贝肉应及时清洗，按赤贝肉大小分别于 70～80℃热水中烫洗一次，沥干备用。

3. 汤汁配方

精盐 4.25kg、柠檬酸 0.1kg、味精 1.25kg、水 94.4kg，加热配成 100kg 的汤汁。

4. 装罐

采用抗硫涂料罐，860 号罐，净含量256g，装赤贝肉170g，加 80℃以上汤汁 86g。

5. 排气及密封

热排气罐头中心温度90℃以上；真空抽气，真空度为 0.047～0.053MPa，密封后倒置杀菌。

6. 杀菌及冷却

860 号罐，真空抽气，杀菌式：15min—80min—15min/118℃。杀菌后将罐冷却至38℃左右，取出擦罐入库，正放。

（四）产品质量标准

1. 感官指标

感官指标应符合表 5-1-10 的要求。

表 5-1-10　原汁赤贝罐头的感官指标

项目	要求
色泽	肉色正常，汤汁呈淡灰白色，稍有沉淀
滋味气味	具有清汤赤贝罐头应有的滋味及气味，无异味
组织状态	贝肉软硬适度，贝体较完整，大小大致均匀

2. 理化指标

① 净重　应符合表 5-1-11 中有关净重的要求，每批产品平均净重应不低于标明重量。

② 固形物　应符合表 5-1-11 中有关固形物含量的要求，每批产品平均固形物重应不低于规定重量。

表 5-1-11　原汁赤贝罐头的净重和固形物要求

罐号	净重		固形物	
	标明重量/g	允许公差/%	规定重量/g	允许公差/%
860	256	±3.0	166	±11.0

③ 氯化钠含量　0.9%～1.8%。

④ 重金属含量　应符合表 5-1-12 的要求。

表 5-1-12　原汁赤贝罐头的重金属含量　　　　　　　　单位：mg/kg

项目	锡(Sn)	铜(Cu)	铅(Pb)	砷(As)	汞(Hg)
指标	≤200.0	≤5.0	≤1.0	≤0.5	≤0.3

3. 微生物指标

符合罐头食品商业无菌要求。

三、清汤蛏罐头生产

（一）原辅材料

① 蛏子：活鲜肥满的鲜蛏，气味正常，不得使用变质或破壳的蛏子。

② 食盐：应符合 GB/T 5461 的要求。

（二）工艺流程

原料验收→原料处理→蒸煮取肉→配汤装罐→排气→密封→杀菌→冷却→成品

（三）操作要点

1. 原料处理

将活蛏淘洗去泥沙，严格剔除破壳蛏、死蛏，然后将蛏放在 1～1.5°Bé 的盐水中，静置浸泡 40～80min 使蛏充分吐沙。

2. 蒸煮取肉

将蛏分装于有孔箩或盘中，放入杀菌锅内，采用 5min—5min—5min/110℃ 蒸煮，并回收蛏汁，以蛏壳张开、肉易剥离为准。脱水率约为 40%～42%（带壳计）。剥壳取肉，并剔除黑筋、碎壳及碎肉，淘洗去净泥沙杂质。

3. 配汤

将回收的蛏汁经澄清（浓度在 1.8°Bé 以上）后加入精盐调整至 3～3.5°Bé，煮沸过滤备用。

4. 装罐

罐号 755，净含量 185g，蛏肉 130～135g，加 80℃ 以上的汤汁 50～55g，蛏肉体长不小于 4cm 破裂蛏肉不超过固形物的 10%。

5. 排气及密封

热排气罐头中心温度达 75～80℃，趁热密封。

6. 杀菌及冷却

杀菌式：15min—35min—15min/118℃。杀菌后的罐冷却至 38℃ 左右，取出擦罐入库。

（四）产品质量标准

1. 感官指标

感官指标应符合表 5-1-13 的要求。

表 5-1-13　清汤蛏罐头的感官指标

项目	优级品	一级品	合格品
色泽	蛏肉呈灰白色,允许腹部呈黄绿色;汤汁呈灰白色至暗灰色	蛏肉呈灰白色,允许腹部呈深黄绿色,汤汁呈灰白色至暗灰色	蛏肉呈灰白色至灰色,允许腹部呈深黄绿色;汤汁呈灰白色至深灰色
滋味气味	具有清汤蛏罐头应有的滋味及气味,无异味		
组织状态	蛏肉软硬适度,无煮烂现象;大小较均匀,蛏体长 40mm 以上;破裂蛏不超过固形物重的 10%	蛏肉软硬较适度,无煮烂现象;大小尚均匀,蛏长 35mm 以上;破裂蛏不超过固形物重的 15%	蛏肉软硬尚适度,断裂蛏、破裂蛏不超过固形物重的 25%

2. 理化指标

① 净重　应符合表 5-1-14 中有关净重的要求，每批产品平均净重应不低于标明重量。

② 固形物　应符合表 5-1-14 中有关固形物含量的要求，每批产品平均固形物重应不低于规定重量。

表 5-1-14　清汤蛏罐头的净重和固形物要求

罐号	净重		固形物		
	标明重量/g	允许公差/%	含量/%	规定重量/g	允许公差/%
755	185	±4.5	55	102	±11.0

③ 氯化钠含量　0.6%～1.5%。

④ 重金属含量　应符合表 5-1-15 的要求。

表 5-1-15　清汤蛏罐头的重金属含量　　　　　　　　单位：mg/kg

项目	锡(Sn)	铜(Cu)	铅(Pb)	砷(As)	汞(Hg)
指标	≤200.0	≤5.0	≤1.0	≤0.5	≤0.3

3. 微生物指标

符合罐头食品商业无菌要求。

任务 5-2　茄汁鲭鱼罐头生产

【任务描述】

　　茄汁鲭鱼罐头是以新鲜或冷冻鲭鱼为原料，经过去头尾、去内脏、切段、腌制等处理，然后将其装入罐头容器中，脱水后加入配制好的茄汁，经排气、密封、杀菌等工序制成的产品。茄汁鲭鱼罐头是调味类水产罐头的代表产品。目前市面上常见的调味类水产罐头有茄汁沙丁鱼、豆豉鲮鱼罐头、荷包鲫鱼、红烧花蛤、豉油鱿鱼等几十种产品。

通过茄汁鲭鱼罐头生产的学习，掌握调味类水产罐头的加工技术要点。能估算用料，并按要求准备原料；掌握原料处理、调味料配制、排气、杀菌以及分段冷却等操作要点。

教学采用资讯→计划→决策→实施→检查→评价六步教学法。

 【任务实施】

一、生产任务单

生产 10000 罐茄汁鲭鱼罐头。要求：采用 7116# 抗硫涂料马口铁罐，净重 425g。

二、原料要求与准备

（一）原辅料标准

① 鲭鱼：采用鲜鱼或冷冻鱼，肌肉有弹性，骨肉紧密连接；不得使用变质的鲭鱼，每条鱼质量在 0.5kg 以上。

② 番茄酱：采用可溶性固形物含量在 22％ 以上、番茄红素含量在 20mg/kg 以上的番茄酱。

③ 月桂叶、丁香、芫荽子：干燥，无霉变，香味正常。

④ 白砂糖：应符合 GB/T 317 的要求。

⑤ 食用盐：应符合 GB/T 5461 的要求。

⑥ 精制植物油：应符合 GB 2716 的要求。

（二）用料估算

根据生产任务单可知：产品净重 425g，每罐装入肉重 382g，茄汁 127g。

根据实验得知：对于符合原料标准的鲭鱼肉，原料去头损耗 15％，去内脏 20％，不合格料 1.6％，其他损耗 2.4％，由此得出鲭鱼可利用率 61％。

生产 10000 罐茄汁鲭鱼罐头需要：

$$鲭鱼用量＝每罐鲭鱼肉重÷鲭鱼可利用率×总罐数＝382g÷61％×10000＝6262.3kg$$
$$茄汁用量＝127g×10000＝1270kg$$

综上可得：生产 10000 罐茄汁鲭鱼罐头，需要新鲜鲭鱼 6262.3kg，茄汁用量 1270kg。

三、生产用具及设备的准备

（一）空罐的准备

茄汁鲭鱼罐头采用 7116# 抗硫涂料马口铁罐作为容器，具体参数如表 5-2-1 所示。空罐经挑选、清洗、消毒后备用。

表 5-2-1　7116# 马口铁罐参数

罐号	成品规格标准尺寸/mm			计算体积/cm³	备注
	公称直径	内径(d)	外高(H)		
7116	73	72.9	116	459.13	

（二）用具及设备准备

不锈钢腌制槽（图 5-2-1）、蒸煮锅、贴标机（图 5-2-2）、自动喷码机（图5-2-3）、清洗槽、

图 5-2-1　不锈钢腌制槽

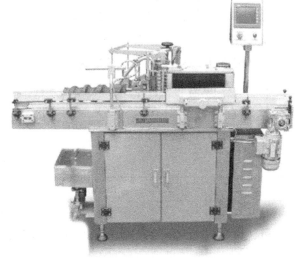

图 5-2-2　贴标机

排气箱、封罐机、杀菌锅、电子罐中心温度测定仪、不锈钢刀、砧板、塑料筐、防水计重秤等。

四、产品生产

（一）工艺流程

原料处理→腌渍→脱水→装罐→注茄汁→排气→密封→杀菌→冷却→贴标→喷码→成品

（二）操作要点

1. 原料处理

将去头、尾、鳍、内脏的鲭鱼在流动水中洗净，脊骨处的血污要洗净，横切段为382g，装鱼段长度为3～3.5cm。

2. 腌渍

在腌制槽中，用2％精盐干腌30min或用10～15°Bé盐水腌渍15～20min，捞出用水洗一次。

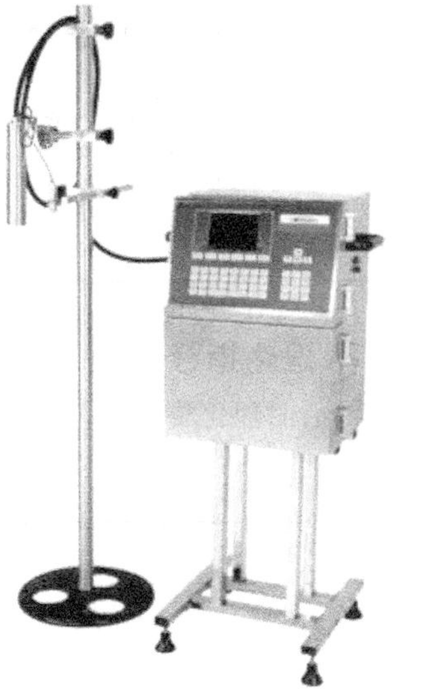

图 5-2-3　自动喷码机

3. 茄汁配制

在夹层锅中配制茄汁，其配方：番茄酱（20％）56.6kg，砂糖9.0kg，精盐2.7kg，精制植物油12kg，清水19.7kg，配成总量100kg。

4. 装罐及脱水

洗罐并消毒后，将生鱼段装罐并注满清水，放入蒸煮锅中，经95～100℃、25～30min蒸煮脱水后，脱水率为18％～22％。倒罐沥尽汤汁，加茄汁至净含量。

5. 排气及密封

热排气罐头中心温度达75～80℃，趁热密封；真空抽气密封，真空度为0.047～0.053MPa。

6. 杀菌及冷却

杀菌式：15min—70min—20min/119℃。杀菌后冷却至40℃左右，取出擦罐入库。

7. 贴标及打码

经保温检查合格后的产品，经过贴标机贴标，再经过喷码机喷码后，即为成品。

8. 说明

茄汁鲭鱼也可不经腌渍直接装罐脱水。

（三）产品质量标准

1. 感官指标

感官指标应符合表 5-2-2 的要求。

表 5-2-2　感官要求

项目	优级品	合格品
色泽	具有该种鱼罐头应有的色泽	
滋味、气味	具有该种鱼罐头应有的滋味和气味，无异味	
组织状态	组织紧密不松散、软硬适度，油炸鱼不松软，非油炸鱼肉质紧密；马口铁罐罐头无硫化铁污染内容物；结晶长度不应大于 3mm；不应含有未酥化的硬骨或硬鱼刺；条装鱼罐头：体形完整，排列整齐，可有添秤小块；段(块)装鱼罐头：部位搭配，块形大小均匀，添秤碎鱼肉不超过净含量的 5%；碎肉装鱼罐头：碎鱼肉大小均匀，粒型完整	组织较紧密、允许轻度碎散、软硬较适度，油炸鱼基本不松软，非油炸鱼肉质较紧密；马口铁罐罐头硫化铁不应明显污染内容物；结晶长度不应大于 5mm；不应含有未酥化的硬骨或硬鱼刺；条装鱼罐头：体形完整，排列整齐，可有添秤小块，碎鱼肉不超过净含量的 20%；段(块)装鱼罐头：部位搭配、块形大小较均匀，添秤碎鱼肉不超过净含量的 20%；碎肉装鱼罐头：碎鱼肉大小较均匀，粒型较完整
杂质	无外来杂质	

2. 理化指标

产品的理化要求应符合表 5-2-3 的要求。

表 5-2-3　理化指标

项目		优品级	合格品
净含量		应符合相关标准和规定，每批产品平均净含量不低于标示值	
固形物含量[①]/%	≥	65	55
氯化钠含量/%	≤	3.5	

① 每批产品的平均固形物含量不低于标示值。

3. 微生物指标

应符合罐头食品商业无菌要求。

【任务考核】

一、产品质量评定

按表 5-2-4 中项目进行检验记录。对成品质量给予评价、评分。检验方法按 GB/T 10786—2006，详见附录 2。

表 5-2-4　茄汁鲭鱼罐头成品质量检验报告单

组别		1	2	3	4	5	6
规格		425g 茄汁鲭鱼罐头产品					
真空度/MPa							
总重量/g							
罐(瓶)重/g							
净重/g							
罐与固重/g							
固形物重/g							
可溶性固形物/%							
色泽							
口感							
气味							
组织状态							
pH							
质量问题	内壁						
	瘪罐						
	硫化物污染						
	血蛋白凝固物						
	杂质						
结论(评分)							
备注							

二、学生成绩评定方案

对学生的评价方式建议采用过程考核成绩与成品质量评定成绩相结合，考评方案见表 5-2-5。

表 5-2-5　学生成绩评定方案

考评方式	过程考评		成品质量评定
	素质考评	操作考评	
	20 分	30 分	50 分
考评实施	由指导教师根据学生的平时表现考评	由指导教师依据学生生产操作时的表现进行考评以及小组组长评定，取其平均值	由指导教师带领学生对产品进行检验，按照成品质量标准评分。见表 5-2-4
考评标准	完成任务态度(5分) 团队协作(5分) 解决问题能力(5分) 创新能力(5分)	原辅料选购(5分) 生产方案设计(10分) 设备使用(5分) 操作过程(10分)	按照产品物理感官评定项目表评分

注：造成设备损坏或人身伤害的项目计 0 分。

【任务拓展】

一、茄汁沙丁鱼罐头生产

（一）原辅材料

① 沙丁鱼：采用鲜鱼或冷冻鱼，肌肉有弹性，骨肉紧密连接，每条沙丁鱼体长 10～21cm，不得使用变质的沙丁鱼。

② 番茄酱：采用可溶性固形物含量在 22% 以上、番茄红素含量在 20mg/kg 以上的番茄酱。

③ 白砂糖：应符合 GB/T 317 的要求。

④ 食用盐：应符合 GB/T 5461 的要求。

⑤ 精制植物油：应符合 GB 2716 的要求。

⑥ 洋葱：采用品质好，无霉烂变质的鲜、干红皮球形葱头。

⑦ 冰醋酸：应符合 GB 1886.10 的要求。

（二）工艺流程

原料处理→腌渍→脱水→装罐→注茄汁→排气→密封→杀菌→冷却→成品

（三）操作要点

1. 原料处理

新鲜的或是冷冻的体长为 10～21cm 的沙丁鱼，冷冻鱼须用 20℃ 以下的冷水解冻，然后去净鱼鳞、去鳍、去头、去内脏，用清水洗净腹腔内的血污，沥水。

2. 腌渍

将鱼体浸没于 10～15°Bé 盐水中，鱼体与盐水之比为 1∶1，腌渍时间为 10min 左右，腌渍时应间断翻动。盐水可使用 3 次，但在每次腌渍后，应调整其至规定的浓度。将腌渍后的鱼捞起，用清水漂洗一次，沥水。

3. 茄汁的配制

在夹层锅中配制茄子，其配方：番茄酱（20%）42kg，砂糖 10kg，精盐 1.2kg，味精 0.3kg，精制植物油 15kg，冰醋酸 0.08kg，清水约 30.5kg，油炸洋葱 1.0kg，配成总量 100kg。

4. 装罐

蒸煮脱水将生鱼装罐，采用 603 号抗硫涂料罐，将鱼背朝上整齐排列，注满 1°Bé 盐水，经倒置沥净汤汁，及时加入茄汁。

5. 排气及密封

真空封罐时，真空度为 0.048～0.053MPa，密封后倒罐装杀菌篮（车）。热排气时，罐头中心温度达 80℃ 以上，趁热密封。

6. 杀菌及冷却

杀菌式：15min—80min—20min/118℃。冷却至 40℃ 左右，取出擦罐入库。

（四）产品质量标准

1. 感官指标

感官指标应符合表 5-2-6 的要求。

2. 理化指标

① 净重　应符合表 5-2-7 中有关净重的要求，每批产品平均净重应不低于标明重量。

表 5-2-6　茄汁沙丁鱼罐头的感官指标

项目	要求
色泽	鱼色正常,茄汁色泽为橙红色
滋味气味	具有茄汁沙丁鱼罐头应有的滋味及气味,无异味
组织状态	组织紧密不碎散,排列整齐,允许其中添放 1 块

表 5-2-7　茄汁沙丁鱼罐头的净重和固形物要求

罐号	净重		固形物	
	标明重量/g	允许公差/%	规定重量/g	允许公差/%
603	340	±3.0	238	±11.0

② 固形物　应符合表 5-2-7 中有关固形物含量的要求,每批产品平均固形物重应不低于规定重量。

③ 氯化钠含量　1.0%～2.0%。

④ 重金属含量　应符合表 5-2-8 的要求。

表 5-2-8　茄汁沙丁鱼罐头的重金属含量　　　　　　单位：mg/kg

项目	锡(Sn)	铜(Cu)	铅(Pb)	砷(As)	汞(Hg)
指标	≤200.0	≤10.0	≤1.0	≤1.0	≤0.5

3. 微生物指标

符合罐头食品商业无菌要求。

二、茄汁黄鱼罐头生产

(一)原辅材料

① 黄鱼：采用鲜鱼或冷冻鱼,肌肉有弹性,骨肉紧密连接,每条鱼重在 0.5kg 以上,不得使用变质的黄鱼。

② 番茄酱：采用可溶性固形物含量在 22% 以上、番茄红素含量在 20mg/kg 以上的番茄酱。

③ 白砂糖：应符合 GB/T 317 的要求。

④ 食用盐：应符合 GB/T 5461 的要求。

⑤ 精制植物油：应符合 GB 2716 的要求。

⑥ 洋葱：采用品质好,无霉烂变质的鲜、干红皮球形葱头。

⑦ 黄酒：色黄澄清,味醇正常,含酒精 12 度以上。

⑧ 冰醋酸：应符合 GB 1886.10 的要求。

(二)工艺流程

原料处理→腌渍→油炸→装罐→注茄汁→排气→密封→杀菌→冷却→成品

(三)操作要点

1. 原料处理

经去头、去内脏和刷洗后的鱼,按罐高切成长 5～5.2cm 的鱼块(尾部宽度 2.2cm 以上),流动水漂洗 35min,沥干。

2. 盐腌

鱼块 50kg，精盐 0.45kg，黄酒 0.25kg 充分拌匀，腌渍 10min。

3. 油炸

油温 185～210℃炸至鱼块表面呈金黄色即可，脱水率约 25%。

4. 茄汁配制

在夹层锅中配制茄汁，其配方：番茄酱（20%）50.4kg，白砂糖 6.2kg，精盐 1.74kg，精制植物油 7.2kg，冰醋酸 0.52kg，洋葱泥 0.9kg，黄酒 5.8kg，蒜泥 0.058kg，辣椒油 0.2kg，味精 0.35kg，加清水配成总量 100kg。

5. 装罐

装罐时，鱼块竖装，大小部位搭配均匀。

6. 排气及密封

抽气密封：0.053～0.060MPa。

7. 杀菌及冷却

杀菌式（抽气）：10min—50min—10min/118℃。将杀菌后的罐头冷却至 40℃左右，取出擦罐入库。

（四）产品质量标准

1. 感官指标

感官指标应符合表 5-2-9 的要求。

表 5-2-9　茄汁黄鱼罐头的感官指标

项目	要求
色泽	鱼色正常,茄汁为橙红色
滋味气味	具有茄汁黄鱼罐头应有的滋味及气味,无异味
组织状态	组织紧密不碎散,鱼块竖装,排列整齐,大小部位搭配,长短大致均匀,尾部宽度不小于 20cm

2. 理化指标

① 净重　应符合表 5-2-10 中有关净重的要求，每批产品平均净重应不低于标明重量。

表 5-2-10　茄汁黄鱼罐头的净重和固形物要求

罐号	净重		固形物（鱼＋油）		
	标明重/g	允许公差/%	含量/%	规定重/g	允许公差/%
860	256	±3.0	≥70	179	±11.0

② 固形物　应符合表 5-2-10 中有关固形物含量的要求，每批产品平均固形物重应不低于规定重量。

③ 氯化钠含量为 1.2%～2.0%。

④ 重金属含量应符合表 5-2-11 的要求。

3. 微生物指标

符合罐头食品商业无菌要求。

表 5-2-11　茄汁黄鱼罐头的重金属含量　　　　　　　　单位：mg/kg

项目	锡(Sn)	铜(Cu)	铅(Pb)	砷(As)	汞(Hg)
指标	≤200.0	≤10.0	≤1.0	≤0.5	≤0.5

三、凤尾鱼罐头生产

（一）原辅材料

① 凤尾鱼：采用新鲜或冷冻鱼，鱼体全长在 12cm 以上，完整带籽，鱼鳞光亮，鳃呈红色。合格品原料允许使用部分无籽鱼。不得使用变质的凤尾鱼。

② 植物油：应符合 GB 2716 的要求。

③ 食用盐：应符合 GB/T 5461 的要求。

④ 白砂糖：应符合 GB/T 317 的要求。

⑤ 酱油：应符合 GB 2717 的要求。

⑥ 谷氨酸钠：应符合 GB/T 8967 的要求。

（二）工艺流程

原料验收→原料处理→油炸→调味→装罐→排气→密封→杀菌→冷却→成品

（三）操作要点

1. 原料处理

用流动水清洗，去尽附着于鱼体上的杂物，剔除变质、无籽、破腹等不合格鱼。然后摘除鱼头，同时拉出鱼鳃及内脏，力求鱼体完整，保留下颚，鱼腹带籽饱满不破损。得率约 83%～85%。按鱼体大小分为大、中、小三档，分开装盆。

2. 油炸

按档次分别进行油炸，鱼油之比为 1∶10，油温为 200℃左右，油炸时间约 2～3min。油炸后的鱼体无弯曲、断尾或没炸透现象。油炸得率为 55%～58%。

3. 调味

将油炸后的凤尾鱼捞起，稍沥油，随即趁热浸没于调味液中，浸渍时间约 1min，捞出沥去鱼体表面的调味液，放置回软。

调味液配方：酱油 75kg，砂糖 25kg，黄酒 25kg，高粱酒 7.5kg，精盐 2.5kg，味精 0.075kg，生姜 1kg，八角茴香 0.19kg，桂皮 0.19kg，陈皮 0.19kg，月桂叶 0.125kg，水 50kg。先将生姜、桂皮、八角茴、陈皮、月桂叶等加入煮沸 1h 以上，捞去料渣，加入其他配料，再次煮沸，最后加酒并过滤，用开水调整至总量为 100kg 调味液备用。

4. 装罐

采用抗硫涂料 401 号罐，装凤尾鱼 184g。装时，鱼腹部朝上，头尾交叉，整齐排列于罐内，同一罐的鱼体大小和色泽应大致均匀，每罐内断尾鱼不得超过 2 条。

5. 排气及密封

真空抽气真空度为 0.053MPa，冲拔罐为 0.035～0.037MPa，装罐后及时送真空封口机抽气及密封。

6. 杀菌及冷却

杀菌式（抽气）：10min—55min—反压冷却/118℃，取出擦罐入库。

（四）产品质量标准

1. 感官指标

感官指标应符合表 5-2-12 的要求。

表 5-2-12　凤尾鱼罐头的感官指标

项目	优级品	一级品	合格品
色泽	鱼体呈黄褐色	鱼体呈黄褐色至深褐色	鱼体呈黄褐色至棕褐色
滋味气味	具有凤尾鱼罐头应有的滋味和气味,无异味		
组织状态	组织软硬适度,不过韧、不松软;鱼体完整,带籽饱满,大小大致均匀,排列整齐;401 号或 602 号每罐装凤尾鱼不超过 25 条	组织软硬较适度,部分稍韧或稍软;鱼体较完整,鱼腹带籽,大小较均匀,排列整齐;允许断尾鱼或断鱼不超过 3 条	有条装和段装两种规格。条装者组织软硬尚适度,鱼体尚完整,排列尚整齐,带籽鱼和无籽鱼搭配装罐,允许断尾鱼和断鱼以条数计不超过 20%;段装凤尾鱼呈段状,允许碎屑鱼不超过净重 20%

2. 理化指标

① 净重：应符合表 5-2-13 的要求，每批产品平均净重应不低于标明重量。

表 5-2-13　凤尾鱼罐头的净重要求

罐号	标明重量/g	允许公差/%	
		优级品、一级品	合格品
401	184	±4.5	±5.0

② 氯化钠含量：1.5%～2.5%。

③ 重金属含量：应符合表 5-2-14 的要求。

表 5-2-14　凤尾鱼罐头的重金属含量　　　　　　　　单位：mg/kg

项目	锡(Sn)	铜(Cu)	铅(Pb)	砷(As)	汞(Hg)
指标	≤200.0	≤5.0	≤1.0	≤0.5	≤0.3

3. 微生物指标

符合罐头食品商业无菌要求。

四、豆豉鲮鱼罐头生产

（一）原辅材料

① 鲮鱼：采用新鲜或冷冻良好的鲮鱼，肌肉有弹性，骨肉紧密连接，每条重 0.125～0.25kg。不得使用变质的鲮鱼。

② 豆豉：应符合 GB 2712 的要求。

③ 谷氨酸钠：应符合 GB/T 8967 的要求。

④ 食盐：应符合 GB/T 5461 的要求。

⑤ 食用植物油：应符合 GB 2716 的要求。

⑥ 水：应符合 GB 5749 的要求。

（二）工艺流程

原料验收→原料处理→盐腌→清洗→油炸→调味→装罐→注油→排气→密封→杀菌→冷却→检验→成品

（三）操作要点

1. 原料处理

将活鲜鲮鱼去头、剖腹去内脏、去鳞、去鳍，用刀在鱼体两侧肉层厚处划 2～3mm 深的线，按大小分成大、中、小三级。

2. 盐腌

鲮鱼 10kg 的用盐量：4～10 月份生产时为 0.55kg，11 月份至翌年 3 月份生产时为 0.45kg。将鱼和盐充分拌搓均匀后，装于桶中，上面加压重石，鱼与石之比为 1∶（1.2～1.7）。压石时间：4～10 月份为 5～6h，11 月份至翌年 3 月份为 10～12h。

3. 清洗

盐腌完毕，移去重石迅速将鱼取出，避免鱼在盐水中浸泡，用清水逐条洗净，刮净腹腔黑膜，防止鱼在水中浸泡，取出沥干。

4. 调味汁的配制

① 香料水的配制。豆豉鲮鱼罐头用香料水配方：丁香 1.2kg，桂皮 0.9kg，沙姜 0.9kg，甘草 0.9kg，八角茴香 1.2kg，水 70kg。将配料放入夹层锅内，微沸熬煮 4h，去渣后得料水 65kg 备用。

② 调味汁的配制。豆豉鲮鱼罐头调味汁配方：香料水 10kg，砂糖 1.5kg，酱油 1.0kg，味精 0.02kg。将配料混合均匀，待溶解后过滤，总量调节至 12.52kg 备用。

5. 油炸和浸调味汁

将鲮鱼投入 170～175℃的油中炸至鱼体呈浅茶褐色，炸透而不过干为准。捞出沥油后，将鲮鱼放入 65～75℃调味汁中浸泡 40s，捞出沥干。

6. 装罐

容器清洗消毒后，按要求进行装罐。将豆豉去杂质后水洗一次，沥水后装入罐底，然后装炸鲮鱼，鱼体大小大致均匀，排列整齐，最后加入精制植物油，净含量为 227g。

7. 排气及密封

热排气罐头中心温度达 80℃以上，趁热密封；采用真空封罐时，真空度为 0.047～0.05MPa。

8. 杀菌和冷却

杀菌式（热排气）：10min—60min—15min/115℃。杀菌后罐冷却至 40℃左右，取出擦罐入库。

（四）产品质量标准

1. 感官指标

感官指标应符合表 5-2-15 的要求。

表 5-2-15　豆豉鲮鱼罐头的感官指标

项目	优级品	一级品	合格品
色泽	炸鱼呈黄褐色至茶褐色,油为黄褐色	炸鱼呈黄褐色至深茶褐色,油为深黄褐色	炸鱼呈茶褐色至棕红色,油为深褐色
滋味气味	具有豆豉鲮鱼罐头应有的滋味及气味,无异味		

续表

项目	优级品	一级品	合格品
组织状态	组织紧密,软硬及油炸适度。条装:鱼体排列整齐,允许添加小块鱼一块;段装:鱼块平整,部位搭配。块形较均匀允许添加小块鱼一块	组织较紧密,软硬及油炸较适度。条装:鱼体排列较整齐,允许添加小块鱼一块;段装:鱼块平整,部位搭配。块形大致均匀,允许添加小块鱼一块	组织尚紧密,油炸尚适度。条装:排列尚整齐,允许每罐不足两条或四条以上,允许添加小块鱼一块;段装:鱼块较整齐,块形部位搭配一般,碎块不超过鱼块质量的35%

2. 理化指标

① 净重：应符合表 5-2-16 中有关净重的要求，每批产品平均净重应不低于标明重量。

② 固形物：应符合表 5-2-16 中有关固形物含量的要求，每批产品平均固形物重应不低于规定重量。

表 5-2-16　豆豉鲮鱼罐头的净重和固形物要求

罐号	净重				固形物				
	标明重量/g	允许公差/%	含量/%	规定重量/g	鱼占比		豆豉占比		鱼允许公差/%
					%	g	%	g	
501	227	±3.0	≥90	204	60	136	≥15	≥40	±11.0

③ 氯化钠含量：2.5%～4.5%。

④ 重金属含量：应符合表 5-2-17 的要求。

表 5-2-17　豆豉鲮鱼罐头的重金属含量　　　　　　　　　　单位：mg/kg

项目	锡(Sn)	铜(Cu)	铅(Pb)	砷(As)	汞(Hg)
指标	≤200.0	≤10.0	≤1.0	≤1.0	≤0.5

3. 微生物指标

符合罐头食品商业无菌要求。

五、熏鱼罐头生产

(一) 原辅材料

① 鲢鱼：采用新鲜或冷冻良好的鲢鱼，肌肉有弹性，骨肉紧密连接，每条重 1.0kg 以上。不得使用变质的鲢鱼。

② 植物油：应符合 GB 2716 的要求。

③ 食用盐：应符合 GB/T 5461 的要求。

④ 白砂糖：应符合 GB/T 317 的要求。

⑤ 酱油：应符合 GB 2717 的要求。

⑥ 谷氨酸钠：应符合 GB/T 8967 的要求。

⑦ 茴香、桂皮、丁香：干燥，无霉变，香味正常。

⑧ 葱：色、香正常的葱。

⑨ 姜：辣味浓，无腐烂的鲜、干生姜。

⑩ 黄酒：色黄澄清，味醇正常，含酒精 12 度以上。

（二）工艺流程

原料处理→切块→盐渍→油炸→浸调味汤汁→装罐→注调味油→排气→密封→杀菌→冷却→成品

（三）操作要点

1. 原料处理

将新鲜或冷冻良好的青鱼、草鱼、鲤鱼等鱼洗净或解冻后洗净。去鳞、去头尾、去鳍、剖腹去内脏，用流动水洗净腹腔黑膜及血污。

2. 切块

切成 1.2～1.5cm 厚的鱼块。1kg 以上的鱼可切成 2cm 厚的鱼块，过大的鱼应除去脊骨，块形应整齐，按鱼体部位分别装盘。

3. 盐渍

每 10kg 鱼块加食盐 0.092kg 和白酒 10g，拌和均匀，盐渍时间为 10min，捞出沥干。

4. 调味汁配制

① 香料水的配方：桂皮 0.4kg，陈皮 0.18kg，月桂叶 0.12kg，八角茴香 0.15kg，生姜 1kg，花椒 0.18kg，青葱 1.5kg，水 10kg。

将上述配料放于夹层锅内，熬煮 2h 过滤成总量为 7.5kg 的香料水。

② 调味汁的配方：酱油 40kg，香料水 7.5kg，精盐 1.24kg，丁香粉 0.037kg，甘草粉 0.5kg，黄酒 40kg，胡椒粉 0.03kg，砂糖 25kg，味精 0.2kg。

在夹层锅内加入除味精、黄酒以外的各种配料，煮沸溶解，出锅前加入味精和黄酒，过滤备用。

5. 油炸及调味

油温 180℃，按大小鱼块及腹肉分开油炸，炸至鱼块呈茶黄色，脱水率 52％～54％。将炸好后的鱼捞出趁热浸没于调味汁中约 1～2min，取出沥干，增重率约 20％。鱼块较厚而未炸透的应挑出再于 150℃油中进行第二次油炸。

6. 调味油配制

熏鱼罐头调味油配方：月桂叶 0.12kg，陈皮 0.18kg，生姜 1kg，桂皮 0.4kg，八角茴香 0.3kg，青葱 4kg，花椒 0.2kg，精制植物油 42kg。

先将香辛料放入夹层锅内，加水加热微沸 1h 至水近干，加入精制植物油，继续加热至香气浓郁时出锅，过滤备用。

7. 装罐

采用 953 号抗硫涂料罐，净含量 198g。空罐经清洗消毒后，装鱼块 190g，每罐 4～7 块，搭配均匀，排列整齐，加调味油 8g。

8. 排气及密封

装罐后先预封或加专用盖进行热排气，排气温度 95℃，排气时间 10min，趁热密封。采用真空封罐时，真空度为 0.04MPa。

9. 杀菌及冷却

杀菌式（热排气）：15min—65min—反压冷却/118℃。将杀菌后的罐冷却至 40℃左右，取出擦罐入库。

（四）产品质量标准

1. 感官指标

感官指标应符合表 5-2-18 的要求。

表 5-2-18　熏鱼罐头的感官指标

项目	优级品	一级品	合格品
色泽	肉色正常，呈红褐色	肉色正常，呈淡红色至深红褐色	肉色正常，呈红褐色，允许略带白色
滋味气味	具有熏鱼罐头应有的滋味及气味，无异味		具有熏鱼罐头应有的滋味及气味，无异味，允许有轻微焦糊味
组织状态	组织紧密，软硬适度；鱼块骨肉连接，块形大致均匀；每罐 4～7 块，允许另添加小块鱼一块	组织较紧密，软硬较适度；鱼块骨肉连接，块形较均匀；每罐 3～8 块，允许另添加小块鱼 2 块	组织尚紧密，软硬尚适度；每罐 3～10 块，允许另添加小块鱼 2 块

2. 理化指标

① 净重：应符合表 5-2-19 的要求，每批产品平均净重应不低于标明重量。

表 5-2-19　熏鱼罐头的净重要求

罐号	净重	
	标明重量/g	允许公差/%
953	198	±4.5

② 氯化钠含量：1.5%～2.5%。

③ 重金属含量：应符合表 5-2-20 的要求。

表 5-2-20　熏鱼罐头的重金属含量　　　　　　　　　单位：mg/kg

项目	锡(Sn)	铜(Cu)	铅(Pb)	砷(As)	汞(Hg)
指标	≤200.0	≤5.0	≤1.0	≤0.5	≤0.3

3. 微生物指标

符合罐头食品商业无菌要求。

六、荷包鲫鱼罐头生产

（一）原辅材料

① 鲫鱼：采用新鲜或冷冻良好的鲫鱼，肌肉有弹性，骨肉紧密连接，每条重 0.15kg 以上。不得使用变质的鲫鱼。

② 猪肉：原料采用符合 GB/T 9959.1（带皮鲜、冻猪肉）或 GB/T 9959.2（无皮鲜、冻猪肉）或 GB/T 9959.3（分部位分割冻猪肉）的猪肉。

③ 谷氨酸钠：应符合 GB/T 8967 的要求。

④ 食盐：应符合 GB/T 5461 的要求。

⑤ 洋葱：采用品质良好、无霉烂变质的鲜、干球形葱头。

⑥ 酱油：应符合 GB 2717 的要求。

⑦ 白砂糖：应符合 GB/T 317 的要求。

⑧ 葱：色、香正常的葱。

⑨ 姜：辣味浓，无腐烂的鲜、干生姜。

（二）工艺流程

原料处理→填馅→油炸→调味→装罐→排气密封→杀菌冷却→成品检验→入库

（三）操作要点

1. 原料处理

将活鲜鲫鱼去鳞、去头尾、去鳍，掏净内脏，用流动水充分刷洗去净腹腔黑膜及血污，沥水 5～10min。

2. 填馅

荷包鲫鱼肉馅配方：绞碎猪肉 10kg，碎生姜 0.1kg，花椒粉 0.01kg，丁香粉 0.005kg，碎洋葱 0.4kg，五香粉 0.01kg，水 1.0kg。猪肉中膘肉约占 6%。将猪肉用孔径 0.5cm 绞板的绞肉机绞碎，然后加上其他配料，充分搅拌混合均匀即成肉馅。再将肉馅填入鱼腹内，填满塞紧。

3. 油炸

将鲫鱼放入 180～210℃的油中炸 3～6min，炸至鱼体呈棕红色，背部按之有弹性，肉馅表面不焦糊为宜，捞出沥油。

4. 调味汁的配制

荷包鲫鱼调味汁配方：砂糖 3.0kg，酱油 7kg，精盐 4kg，味精 0.3kg，生姜 0.5kg，花椒粉 0.125kg，水 35kg。将生姜、花椒粉放入夹层锅内，加水煮沸 30min 去渣后，加入其他配料，再次煮沸过滤，调整至总量为 50kg 的调味汁。

5. 装罐

采用抗硫涂料罐 602 号，净含量为 312g。将空罐清洗消毒后，装鲫鱼 265g，排列整齐，加调味汁 47g，汁温保持于 80℃以上，每罐再加黄酒 6g 后迅速送密封。

6. 排气及密封

真空封罐机密封，真空度为 0.033～0.036MPa，密封后罐头倒放。

7. 杀菌及冷却

密封后的罐头必须及时进行杀菌，杀菌式：30min—90min—30min/116℃。降压后出锅前，先松开杀菌锅门或盖，在锅内降温 5min 后再出锅。出锅后自然冷却 5min，再用冷水冷却至 38℃左右，擦罐入库。

（四）产品质量标准

1. 感官指标

感官指标应符合表 5-2-21 的要求。

表 5-2-21　荷包鲫鱼罐头的感官指标

项目	要求
色泽	呈酱红色或带红褐色
滋味气味	具有荷包鲫鱼应有的滋味及气味，无异味
组织状态	鱼肉组织紧密、柔嫩，鱼骨酥软，小心从罐内倒出鱼体时不碎散，允许有脱皮现象，鱼体完整，每罐装 2～12 条，大小大致均匀，整齐排列于罐内

2. 理化指标

① 净重：应符合表 5-2-22 中有关净重的要求，每批产品平均净重应不低于标明重量。

② 固形物：应符合表 5-2-22 中有关固形物含量的要求，每批产品平均固形物重应不低于规定重量。

表 5-2-22　荷包鲫鱼罐头的净重和固形物要求

罐号	净重		固形物	
	标明重量/g	允许公差/%	规定重量/g	允许公差/%
602	312	±3.0	265	±9.0

③ 氯化钠含量：1.4%～2.4%。

④ 重金属含量：应符合表 5-2-23 的要求。

表 5-2-23　荷包鲫鱼罐头的重金属含量　　　　　　　　　单位：mg/kg

项目	锡(Sn)	铜(Cu)	铅(Pb)	砷(As)	汞(Hg)
指标	≤200.0	≤10.0	≤1.0	≤1.0	≤0.5

3. 微生物指标

符合罐头食品商业无菌要求。

七、香辣黄花鱼罐头生产

（一）原辅材料

① 黄花鱼：采用新鲜或冷冻良好的小黄花鱼，鱼体完整。

② 植物油：应符合 GB 2716 的要求。

③ 食用盐：应符合 GB/T 5461 的要求。

④ 味精：应符合 GB/T 8967 的要求。

⑤ 香辛料：应符合国家食品卫生标准的要求。

（二）工艺流程

原料验收→原料缓化→原料处理选别→清洗盐渍→冲洗→沥干→油炸→熬汤→浸汤→沥汤放凉→装罐→脱气→封口→杀菌冷却→抹罐→入库

（三）操作要点

1. 原料验收

采用新鲜或冷冻良好的小黄花鱼，鱼体完整，肌肉有弹性，鱼体长度在 6cm 以上（从眼球中心到鱼体与鱼尾交接处），不得使用变质鱼。

2. 原料缓化

采用流动水解冻，水温应控制在 18℃以下，至冻块中心酥松发散，鱼体中心仍稍带冻结且鱼肚微软为宜，且不可将完全缓化的鱼在水中浸泡，解冻过程中防止对鱼体进行钩、敲、砸及人员踩踏，必须保证随解冻随加工处理，严防鱼解冻后的积压。

3. 原料处理及选别

冻鱼完全解冻后，在鱼石下部沿鱼鳃把头剪掉一部分，然后摘除内脏，不得残留鱼石，若有内脏未取净的鱼，需剖腹处理；另需选净杂质，同时按鱼体大、中、小分类并分别存放。

4. 清洗盐渍

分别对处理后的大、中、小鱼进行洗涤，以洗净鱼体表面的黏液和污渍，清洗后一同分装在筐内沥水，然后一同加入到 3% 的盐水中浸泡，盐水与鱼重的比例为 1：1，中、小鱼盐渍 30min，大鱼盐渍 50min。盐渍结束后分装在大白盘中，大、小鱼仍需分开存放，鱼层厚度不可超过 3 条鱼厚，冲洗后沥水至鱼体表面无水滴下为止，即可油炸。

5. 油炸

锅内油要求使用三级大豆油，当加热至油温为 180℃ 时，将沥水后的鱼投入到油中，鱼添加量不可过多，以加入后油温不下降到 170℃ 为宜。炸至鱼体金黄，鱼肉稍坚硬为止，油炸时间一般为 3～5min。

6. 熬汤

（1）香料水的配制　将香辛料用纱布包好后，放入到已经标定好水位的锅中，加热煮沸 1h，将纱布袋取出，补足水分，待煮第二锅时，各香辛料减半，用另一个纱布包好，与第一锅料一同熬煮，第三、第四锅以此类推，每个料包做好标识，每个料包使用四次后扔掉。香料水的配制见表 5-2-24。

表 5-2-24　香辣黄花鱼罐头生产的香料水的配制

编号	香料名称	重量
1	姜	2.48kg
2	大料	155g
3	花椒	155g
4	陈皮	62g
5	桂皮	93g
6	甘草	31g
7	月桂叶	62g
8	纯净水	62kg

（2）配汤　香料水熬好后取出料包，补足水分，之后向锅内加入一定比例的砂糖和盐，搅拌融化后出锅时加入其他辅料，每次均需测量其糖度 28%。糖度合格后方可使用。汤汁的配制见表 5-2-25。

表 5-2-25　香辣黄花鱼罐头生产的汤汁的配制

编号	辅料名称	重量/kg
1	砂糖	30
2	精盐	4
3	味精	0.8
4	调味料	3
5	香料水	62

7. 浸汤

将油炸后的鱼沥油后趁热加入汤汁中，汤汁温度为 60～70℃，鱼浸泡 3min，取出沥汤放凉至鱼体变硬，放置时间最多不可超过 2h。

8. 装罐

先将一级色拉油加热至 180℃恒温 5min，停止加热放凉至 80～90℃浇灌。采用 370mL 玻璃瓶，净重 185g。按照先入先出的原则装罐，然后加入定量的汤汁和植物油。

9. 脱气

将装好的罐头平摆在铁盘中并盖好罐盖，脱气 12min 左右，罐中心温度达 85℃以上时出锅，保证封口时温度不低于 80℃。

10. 密封

真空抽气密封，真空度为 0.04～0.053MPa。

11. 杀菌及冷却

杀菌式：15min—65min—15min/115℃，反压冷却至 40℃。

12. 抹罐入库

抹净油污和水分，装箱入库。

（四）产品质量标准

1. 感官指标

感官指标应符合表 5-2-26 的要求。

表 5-2-26　香辣黄花鱼罐头的感官指标

项目	要求
色泽	炸鱼和油呈黄褐色
滋味 气味	具有该产品应有的滋味与气味，无异味
组织 状态	鱼体呈条状，去头及内脏，组织较紧密，软硬适度，鱼体排列较整齐

2. 理化指标

① 净含量：185g，允许公差±3％，但每批产品平均净含量应不低于标明重量。

② 固形物含量：不低于净重的 85％，允许公差±11％，但每批产品平均固形物重量应不低于规定重量。炸鱼重量不低于固重的 90％。

③ 氯化钠含量：1.0％～2.0％。

④ 重金属含量：应符合表 5-2-27 的要求。

表 5-2-27　香辣黄花鱼罐头的重金属含量　　　　　　　单位：mg/kg

项目	锡（Sn）	铜（Cu）	铅（Pb）	砷（As）	汞（Hg）
指标	≤200.0	≤5.0	≤0.5	≤1.0	≤0.3

3. 微生物指标

应符合罐头食品商业无菌要求。

八、红烧花蛤罐头生产

（一）原辅材料

① 花蛤：活鲜肥满或煮熟良好的蛤肉，肉色正常，清洁，无异味，取自非污染水域，不得

使用破损变质的蛤肉。

    ② 谷氨酸钠：应符合 GB/T 8967 的要求。

    ③ 食盐：应符合 GB/T 5461 的要求。

    ④ 酱油：应符合 GB 2717 的要求。

    ⑤ 白砂糖：应符合 GB/T 317 的要求。

    ⑥ 黄酒：色黄澄清，味醇正常，含酒精 12 度以上。

    ⑦ 洋葱：采用品质良好、无霉烂变质的鲜、干球形葱头。

    ⑧ 葱：色、香正常的葱。

    ⑨ 姜：辣味浓，无腐烂的鲜、干生姜。

（二）工艺流程

原料处理→蒸煮脱水→洗涤→装罐→加注→注汤汁→排气→密封→杀菌→冷却→成品

（三）操作要点

1. 原料处理

将活鲜花蛤用流动水充分刷洗后，去净泥沙，剔除破壳蛤和死蛤。

2. 蒸煮脱水

将花蛤分装于盘中，送进杀菌锅内，采用 5min—（3～5）min—5min/110℃，蒸煮后取出，控制脱水率 28%～30%。蛤汤需回收，然后剥壳取肉。将花蛤肉用清水淘洗一次，捞出沥干。

3. 调味汁的配制

红烧花蛤调味汁配方：砂糖 6.0kg，酱油 16kg，洋葱 1.0kg，葱 0.5kg，蛤汤（1.5～2°Bé）30.0kg，生姜 0.5kg，五香粉 0.05kg，味精 0.1kg，黄酒 1.25kg，精盐 0.6kg。

将蛤汤和香辛料放入夹层锅内微沸约 15min，去渣后加入其他配料，充分溶解后过滤，最后加入黄酒，得到总量为 55kg 的调味汁。

4. 装罐

采用抗硫涂料罐 755 号，净含量为 185g。罐经清洗消毒后，装蛤肉 135g，加精制植物油 5g，加调味汁 45g，汁温不低于 75℃。

5. 排气及密封

热排气罐头中心温度达 75～80℃，趁热密封。

6. 杀菌及冷却

杀菌式：15min—35min—15min/118℃。杀菌后罐冷却至 40℃ 左右，取出擦罐入库。

（四）产品质量标准

1. 感官指标

感官指标应符合表 5-2-28 的要求。

表 5-2-28　红烧花蛤罐头的感官指标

项目	要求
色泽	肉色正常,呈红褐色
滋味 气味	具有鲜蛤(蚬)经蒸煮、去壳、装罐加调味液制成的红烧花蛤罐头应有的滋味及气味,无异味
组织 状态	蛤肉软硬适度,未煮熟过度。蛤肉大小大致均匀,允许破碎蛤肉不超过固形物重 15%

2. 理化指标

① 净重：应符合表 5-2-29 中有关净重的要求，每批产品平均净重应不低于标明重量。

② 固形物：应符合表 5-2-29 中有关固形物含量的要求，每批产品平均固形物重应不低于规定重量。

表 5-2-29　红烧花蛤罐头的净重和固形物要求

罐号	净重		固形物	
	标明重量/g	允许公差/%	规定重量/g	允许公差/%
755	185	±4.5	111	±11.0

③ 氯化钠含量：1.0%～2.0%。

④ 重金属含量：应符合表 5-2-30 的要求。

表 5-2-30　红烧花蛤罐头的重金属含量　　　　　　　　单位：mg/kg

项目	锡(Sn)	铜(Cu)	铅(Pb)	砷(As)	汞(Hg)
指标	≤200.0	≤10.0	≤1.0	≤1.0	≤0.5

3. 微生物指标

符合罐头食品商业无菌要求。

九、豉油鱿鱼罐头生产

（一）原辅材料

① 鱿鱼：新鲜或冷冻良好，鱼体完整，肉质肥满，呈青白色，不得使用变质发红或沙石严重的小鱿鱼。

② 淀粉糖浆：应符合 GB/T 20882 的要求。

③ 食盐：应符合 GB/T 5461 的要求。

④ 酱油：应符合 GB 2717 的要求。

⑤ 谷氨酸钠：应符合 GB/T 8967 的要求。

⑥ 黄酒：色黄澄清，味醇正常，含酒精 12 度以上。

⑦ 姜：辣味浓，无腐烂的鲜、干生姜。

（二）工艺流程

原料处理→盐搓→洗涤→预煮→整型→第二次预煮→装罐→注汤汁→排气→密封→杀菌→冷却→成品

（三）操作要点

1. 原料处理

将鱿鱼逐个除筋、嘴、墨管、内脏、沙袋、眼珠、头骨晶石等杂物（籽分开处理）。

2. 盐搓

胴、腿分开搓洗，按鱿鱼重加 3% 粗盐，机搓 1～3min。

3. 洗涤

逐个在流动水中清洗净，并按大、中、小分开。

4. 预煮

胴、腿分开微沸水煮 1～3min（水与鱿鱼之比为 2∶1），大致煮熟。

5. 整型

趁热将腿和籽装入胴体内，外形饱满完整。

6. 第二次预煮

原汤与鱿鱼之比为 2∶1，大个煮约 5min，中小个煮 3～4min，以煮透杀菌不失水为准。

7. 配制调味汤汁

调味汤汁配方：淀粉糖浆 14kg；精盐 4.8kg；酱色 10kg；甘草 0.7kg；生姜 2kg；黄酒 2.5kg；味精 0.6kg；原汤 75kg。

按配方将甘草、生姜先煮成香料水，再与其他配料煮成 110kg 汤汁。

8. 装罐

罐号 783，净重 312g，鱿鱼 190g（按大、中、小分开装罐）、汤汁 122g（汁温 80℃以上）。

9. 排气及密封

排气密封：中心温度 80℃以上。真空抽气密封，真空度为 0.056～0.06MPa。

10. 杀菌及冷却

杀菌式（排气）：15min—60min—15min/115℃冷却。

杀菌式（抽气）：20min—60min—15min/115℃冷却。

（四）产品质量标准

1. 感官指标

感官指标应符合表 5-2-31 的要求。

表 5-2-31　豉油鱿鱼罐头的感官指标

项目	要求
色泽	肉色呈黄褐色，汤汁允许稍有浑浊
滋味气味	具有豉油鱿鱼罐头应有的滋味及气味，无异味
组织状态	肉质软硬适度，呈长卵形，形状较完整，大小大致均匀，允许部分鱿鱼鳍脱落

2. 理化指标

① 净重：应符合表 5-2-32 中有关净重的要求，每批产品平均净重应不低于标明重量。

② 固形物：应符合表 5-2-32 中有关固形物含量的要求，每批产品平均固形物重应不低于规定重量。

表 5-2-32　豉油鱿鱼罐头的净重和固形物要求

罐号	净重		固形物	
	标明重量/g	允许公差/%	规定重量/g	允许公差/%
783	312	±3.0	172	±11.0

③ 氯化钠含量：1.2%～2.0%。

④ 重金属含量：应符合表 5-2-33 的要求。

表 5-2-33　豉油鱿鱼罐头的重金属含量　　　　　　　单位：mg/kg

项目	锡（Sn）	铜（Cu）	铅（Pb）	砷（As）	汞（Hg）
指标	≤200.0	≤10.0	≤1.0	≤1.0	≤0.5

3. 微生物指标

符合罐头食品商业无菌要求。

十、豉油海螺罐头生产

（一）原辅材料

① 海螺：采用新鲜或冷冻海螺，气味正常，不得使用变质的海螺。

② 饴糖：应符合 GB/T 20883 的要求。

③ 白砂糖：应符合 GB/T 317 的要求。

④ 食盐：应符合 GB/T 5461 的要求。

⑤ 柠檬酸：应符合 GB 1886.235 的要求。

⑥ 谷氨酸钠：应符合 GB/T 8967 的要求。

⑦ 姜：采用辣味浓，无腐烂的鲜、干生姜。

（二）工艺流程

原料处理→搓盐→洗涤→预煮→装罐→注汤汁→排气→密封→杀菌→冷却→成品

（三）操作要点

1. 原料处理

将鲜活或气味正常的冷冻海螺用水冲洗掉泥沙及污物，放入夹层锅内，加水浸没，加热煮沸 5～10min 或蒸汽蒸煮 20～30min，以肉易于取出为度，逐个取出螺肉。充分洗去附着于螺肉上的泥沙杂质，剥去角质硬盖，摘除内脏、脑、消化系统、生殖系统等。操作时要防止损伤螺肉及外套膜。螺肉过大者可切片装罐。

2. 搓盐

加入螺肉量 8% 的粗盐，机器搓洗 5～10min，立即用清水洗净新液及杂质。

3. 预煮

香螺肉用 5% 的盐水煮沸 5min，红螺肉用 0.12% 的柠檬液煮沸 15～20min，螺肉与盐水之比为 1∶2，预煮后及时冷却并充分洗净。

4. 调味汁的配制

豉油海螺罐头调味汁配方：酱色 9.62kg，葡萄糖浆 11.3kg，精盐 3.7kg，砂糖 2.0kg，琼脂 0.4kg，黄酒 3.67kg，味精 0.57kg，生姜 1.5kg，水 67kg，总量 100kg。

将生姜洗净切碎，用水煮沸 20min 后捞去姜渣，加入琼脂，待溶解后加入其他配料，再煮沸过滤，最后加入味精和黄酒，配制成 100kg 的调味汁。

5. 装罐

采用抗硫涂料罐 672 号，将容器清洗消毒后，按要求装罐。装罐时螺头向罐底，两头排列整齐，装罐后，分别加调味汁至净含量，汁温保持在 80℃ 以上。

6. 排气及密封

真空封罐时真空度为 0.056～0.067MPa，热排气罐头中心温度达 80℃ 以上，趁热密封。

7. 杀菌及冷却

杀菌式（热排气）：15min—60min—20min/116℃。

杀菌式（真空抽气）：15min—70min—20min/116℃。

杀菌后罐头冷却至 40℃ 左右，取出擦罐入库。

（四）产品质量标准

1. 感官指标

感官指标应符合表 5-2-34 的要求。

表 5-2-34　豉油海螺罐头的感官指标

项目	优级品	一级品	合格品
色泽	螺肉呈红褐色,有光泽	螺肉呈红褐色至黄褐色	
滋味气味	具有豉油海螺罐头应有的滋味及气味、无异味		
组织状态	弹性好,紧密,软硬适度,形态完整,块形大小均匀,汤汁中允许有少量螺肉碎屑和结晶	弹性较好,软硬适度,形态较完整,块形大小大致均匀,汤汁中允许有少量螺肉碎屑和结晶	尚有弹性,软硬尚适度,形态尚完整,块形大小尚均匀,汤汁中允许有少量螺肉碎屑和结晶

2. 理化指标

① 净重：应符合表 5-2-35 中有关净重的要求，每批产品平均净重应不低于标明重量。

② 固形物：应符合表 5-2-35 中有关固形物含量的要求，每批产品平均固形物重应不低于规定重量。

表 5-2-35　豉油海螺罐头的净重和固形物要求

罐号	净重		固形物（鱼＋油）		
	标明重量/g	允许公差/%	含量/%	规定重量/g	允许公差/%
672	198	±4.5	50	99	±11.0

③ 氯化钠含量：1.0%～2.0%。

④ 重金属含量：应符合表 5-2-36 的要求。

表 5-2-36　豉油海螺罐头的重金属含量　　　　　　　单位：mg/kg

项目	锡(Sn)	铜(Cu)	铅(Pb)	砷(As)	汞(Hg)
指标	≤200.0	≤10.0	≤1.0	≤1.0	≤0.5

3. 微生物指标

符合罐头食品商业无菌要求。

任务 5-3　油浸鲅鱼罐头生产

【任务描述】

油浸鲅鱼罐头是以新鲜或冷冻鲅鱼为原料，经过去鳍、去头尾、去内脏、切段、盐渍等处理，然后将其装入罐头容器中，蒸煮脱水后加入植物油，经排气、密封、杀菌等工序制成的产品。油浸鲅鱼罐头是油浸类水产罐头的代表产品。目前市面上常见的油浸类水产罐头有油浸鲱鱼、油浸烟熏鳗鱼和油浸烟熏带鱼等几十种产品。

通过油浸鲅鱼罐头生产的学习，来掌握油浸类水产罐头的加工技术要点。能估算用料，并按要求准备原料；掌握鱼类原料处理，加注植物油，排气、杀菌以及分段冷却等操作要点。

教学采用资讯→计划→决策→实施→检查→评价六步教学法。

【任务实施】

一、生产任务单

生产 10000 罐油浸鲅鱼罐头。要求：采用 860 号抗硫涂料马口铁罐；净含量为 256g。

二、原料要求与准备

（一）原辅料标准

① 鲅鱼：采用鲜鱼或冷冻鱼，肌肉有弹性，骨肉紧密连接，每条鱼重在 0.5kg 以上，不得使用变质的鲅鱼。

② 食用盐：应符合 GB/T 5461 的要求。

③ 精制油：应符合 GB 2716 的要求。

（二）用料估算

根据生产任务单可知：产品净重 256g，每罐装入鱼肉重 275g，精制油 30g，精制盐 3g。

根据实验得知：对于符合原料标准的鲅鱼肉，原料去头损耗 12%，去内脏 18%，不合格料 0.6%，其他损耗 2.4%，由此鲅鱼可利用率 67%。

生产 10000 罐油浸鲅鱼罐头需要：

$$鲅鱼用量 = 每罐鲅鱼肉重 ÷ 鲅鱼可利用率 × 总罐数 = 275g ÷ 67\% × 10000 = 4104.5kg$$

$$精制油用量 = 30g × 10000 = 300kg$$

$$精制盐用量 = 3g × 10000 = 30kg$$

综上可得：生产 10000 油浸鲅鱼罐头，需要新鲜鲅鱼 4104.5kg，精制油用量 300kg，精制盐用量 30kg。

三、生产用具及设备的准备

（一）空罐的准备

油浸鲅鱼罐头采用 860 号马口铁罐作为容器，其形状如图 5-3-2 所示，具体参数如表5-3-1 所示。空罐经挑选、清洗、消毒后备用。

表 5-3-1　860 号抗硫涂料马口铁罐参数

罐号	成品规格标准尺寸/mm			计算体积/cm³	备注
	公称直径	内径 d	外高 H		
860	83	83.3	60	294.29	

（二）用具及设备准备

清洗槽、不锈钢腌制槽、蒸煮锅、排气箱、封罐机、杀菌锅、贴标机、自动喷码机、电子罐中心温度测定仪、不锈钢刀、砧板、塑料筐、防水计重秤等。

四、产品生产

（一）工艺流程

原料处理→切段→盐渍→装罐→脱水→排气→密封→杀菌→冷却→成品

（二）操作要点

1. 原料处理

新鲜或冷冻鲅鱼经解冻后，用流动水洗净鱼体表面的污物，去鳍、去头尾、剖腹去内脏，用流动水洗净腹腔内的黑膜和血污，沥水后切成 5～5.3cm 的鱼段，尾部直径小于 2cm 者另作他用。

2. 盐渍

将鲜鱼采用 20°Bé 盐水盐渍，鱼与盐水之比为 1∶1。盐渍时间为 25min，冷冻鱼采用 10°Bé 盐水盐渍，盐渍时间为 15min，盐渍后捞出沥干。

3. 装罐、脱水、加注精制植物油

采用 860 号抗硫涂料罐，装生鱼块 275g，竖装，排列整齐，注满 1°Bé 盐水或清水，于 98～100℃经 30～35min 蒸煮脱水后，倒罐沥净汤汁，趁热加注 80～90℃的精制植物油 30g，加少量精盐。

4. 排气及密封

真空抽气密封，真空度为 0.04～0.053MPa。

5. 杀菌及冷却

杀菌式：15min—80min—15min/118℃，冷却至 40℃左右，取出擦罐入库。

（三）产品质量标准

1. 感官指标

感官指标应符合表 5-3-2 的要求。

表 5-3-2　油浸鲅鱼罐头的感官指标

项目	优级品	一级品	合格品
色泽	鱼块色泽正常，表皮有光泽，油较清晰	鱼块色泽正常，表皮尚有光泽，油较清晰	鱼块色泽较正常，油尚清晰
滋味气味	具有油浸鲅鱼罐头应有的滋味及气味，无异味		
组织状态	组织紧密有弹性，不碎散，鱼块竖装，切面平整，排列整齐，部位搭配均匀，鱼块长短大致均匀，允许轻微脱皮。尾部直径不小于 10mm，添加小块鱼不超过 1 块	组织紧密，允许轻微碎散，鱼块竖装，排列整齐，部位搭配。鱼块长短大致均匀，允许轻微脱皮。尾部直径不小于 10mm，添加小块鱼不超过 1 块	组织较紧密，允许轻度碎散，部位搭配，鱼块长短大致均匀，允许有脱皮，添加小块鱼不超过 2 块

2. 理化指标

① 净重：应符合表 5-3-3 中有关净重的要求，每批产品平均净重应不低于标明重量。

② 固形物：应符合表 5-3-3 中有关固形物含量的要求，每批产品平均固形物重应不低于规定重量。

表 5-3-3　油浸鲅鱼罐头的净重和固形物要求

罐号	净重		固形物（鱼＋油）		
	标明重量/g	允许公差/%	含量/%	规定重量/g	允许公差/%
860	256	±3.0	≥90	230	±11.0

③ 氯化钠含量：1.0%～2.0%。

④ 重金属含量：应符合表 5-3-4 的要求。

表 5-3-4　油浸鲅鱼罐头的重金属含量　　　　　单位：mg/kg

项目	锡（Sn）	铜（Cu）	铅（Pb）	砷（As）	汞（Hg）
指标	≤200.0	≤10.0	≤1.0	≤1.0	≤0.5

3. 微生物指标

符合罐头食品商业无菌要求。

【任务考核】

一、产品质量评定

按表 5-3-5 中项目进行检验记录。对成品质量给予评价、评分。检验方法按 GB/T 10786—2006 执行，详见附录 2。

表 5-3-5　油浸鲅鱼罐头成品质量检验报告单

组别	1	2	3	4	5	6
规格	256g 油浸鲅鱼罐头产品					
真空度/MPa						
总重量/g						
罐（瓶）重/g						
净重/g						
罐与固重/g						
固形物重/g						
可溶性固形物/%						
色泽						
口感						
气味						
组织状态						
pH						
质量问题 内壁						
瘪罐						
硫化物污染						
血蛋白凝固物						
杂质						
结论（评分）						
备注						

二、学生成绩评定方案

对学生的评价方式建议采用过程考核成绩与成品质量评定成绩相结合，考评方案见表 5-3-6。

表 5-3-6　学生成绩评定方案

考评方式	过程考评		成品质量评定
	素质考评	操作考评	
	20分	30分	50分
考评实施	由指导教师根据学生的平时表现考评	由指导教师依据学生生产操作时的表现进行考评以及小组组长评定，取其平均值	由指导教师带领学生对产品进行检验，按照成品质量标准评分。见表 5-2-5
考评标准	完成任务态度(5分) 团队协作(5分) 解决问题能力(5分) 创新能力(5分)	原辅料选购(5分) 生产方案设计(10分) 设备使用(5分) 操作过程(10分)	按照产品物理感官评定项目表评分

注：造成设备损坏或人身伤害的项目计 0 分。

【任务拓展】

一、油浸鲱鱼罐头生产

（一）原辅材料

① 鲱鱼：采用鲜鱼或冷冻鱼，肌肉有弹性，骨肉紧密连接，每条鱼体长 15～21cm，宜采用腺性成熟的鲱鱼。不得使用变质的鲱鱼。

② 食盐：应符合 GB/T 5461 的要求。

③ 食用植物油：应符合 GB 2716 的要求。

（二）工艺流程

原料处理→装罐→脱水→加油→排气→密封→杀菌→冷却→成品

（三）操作要点

1. 原料处理

经去头、去内脏和清洗后的鱼，靠尾基部平整剪去鱼尾，逐条以流动水充分漂洗干净，沥干。

2. 脱水

生鱼装罐后逐罐注满清水，经 30～35min/98～100℃ 蒸煮脱水后，倒罐沥净汤汁，趁热加油、盐（油加热至 180～200℃ 后冷却至 100～40℃ 备用）。

3. 装罐

采用 601 号抗硫涂料罐，净含量为 397g，装鱼块 400g。装罐时，腹部向上，排列整齐（大鱼可段装），加注 80～90℃ 精制植物油 50g，精盐 6g。

4. 排气及密封

排气密封：中心温度 70℃ 以上（加专用盖）。

抽气密封：0.047～0.053MPa。

5. 杀菌及冷却

杀菌式（抽气）：15min—80min—反压冷却/118℃。

（四）产品质量标准

1. 感官指标

感官指标应符合表 5-3-7 的要求。

表 5-3-7　油浸鲱鱼罐头的感官指标

项目	要求
色泽	鱼体色泽正常,油应清晰,汤汁允许有轻微浑浊及沉淀
滋味气味	具有油浸鲱鱼罐头应有的滋味及气味,无异味
组织状态	组织紧密适度,不碎散。鱼块排列整齐,大小大致均匀,分条状和段装两种,条装者允许另加半条鱼

2. 理化指标

① 净重：应符合表 5-3-8 中有关净重的要求，每批产品平均净重应不低于标明重量。

② 固形物：应符合表 5-3-8 中有关固形物含量的要求，每批产品平均固形物重应不低于规定重量。

表 5-3-8　油浸鲱鱼罐头的净重和固形物要求

罐号	净重		固形物（鱼＋油）		
	标明重量/g	允许公差/％	含量/％	规定重量/g	允许公差/％
601	397	±3.0	≥90	357	±9.0

③ 氯化钠含量：1.2％～2.0％。

④ 重金属含量：应符合表 5-3-9 的要求。

表 5-3-9　油浸鲱鱼罐头的重金属含量　　　　　　单位：mg/kg

项目	锡(Sn)	铜(Cu)	铅(Pb)	砷(As)	汞(Hg)
指标	≤200.0	≤10.0	≤1.0	≤0.5	≤0.5

3. 微生物指标

符合罐头食品商业无菌要求。

二、油浸烟熏鳗鱼罐头生产

（一）原辅材料

① 鳗鱼：采用鲜鱼或冷冻鱼，肌肉有弹性，骨肉紧密连接，每条鱼重在 0.75kg 以上，不得使用变质的鳗鱼。

② 食盐：应符合 GB/T 5461 的要求。

③ 食用植物油：应符合 GB 2716 的要求。

（二）工艺流程

原料处理→盐渍→烘干→烟熏→装罐→加油→排气→密封→杀菌→冷却→成品

（三）操作要点

1. 原料处理

新鲜鳗鱼或解冻后的冷冻鳗鱼用清水洗净后，去鳍、去头，剖腹去内脏，用流动水洗净腹腔内的黑膜及血污。沿脊骨剖开，去脊骨得两条带有鱼皮的鱼片，过大的鱼片可再纵切或横切成两条鱼片，修除腹部肉，按鱼片大小厚薄分成若干等级，以便盐渍时盐分的均匀渗透。

2. 盐渍

将鱼片浸没于 8°Bé 盐水中，鱼与水比为 1∶1，盐渍时间按鱼片大小、气温、新鲜程度或冷冻情况，控制在 10～30min 之间，要求盐分渗透均匀、味道咸淡适中。盐渍后的鱼捞出后用清水漂洗一次，沥干水分。

3. 烘干和烟熏

将大小一致、厚薄均匀、一定数量的鱼片吊挂或平铺于烘车网片上，送入烘房进行烘干。烘房进口处的温度为 60℃，出口处的温度为 70℃，烘干约 2h。然后将烘车送入烟熏房进行烟熏上色。熏室温度不高于 70℃，烟熏时间 30～60min，待鱼片表面呈黄色时，烟熏完毕。再将烘车送入烘房烘干，烘房温度为 70℃左右，烘干至鱼片得率为 58%～62%，取出放置在通风室内冷却至室温。

4. 装罐

采用 946 号抗硫涂料罐，用干净纱布擦去鱼片表面的灰尘油污，切成 7.5～8.5cm 长的鱼块，尾部宽度不小于 2cm。净含量为 250g，洗罐消毒后，装鱼块 210～220g，不得多于 8 块。鱼块平铺于罐内，靠罐底两片鱼肉面向外，色泽较淡的鱼片装在表面，然后加注精制植物油 30～40g。

5. 排气及密封

真空抽气密封，真空度为 0.053MPa。

6. 杀菌及冷却

杀菌式：10min—65min—15min/118℃，冷却至 40℃左右，取出擦罐入库。

（四）产品质量标准

1. 感官指标

感官指标应符合表 5-3-10 的要求。

表 5-3-10　油浸烟熏鳗鱼罐头的感官指标

项目	要求
色泽	鱼呈深黄色至棕红色,有光泽,油应清晰,汤汁允许有轻微浑浊及沉淀
滋味气味	具有烟熏鳗鱼罐头应有的滋味及气味,无异味
组织状态	组织紧密适度,鱼块排列整齐,块形大小,长短大致均匀,每罐内不得多于 8 块,允许另添加 1 块鱼,尾部宽度不小于 20mm

2. 理化指标

① 净重：应符合表 5-3-11 中有关净重的要求，每批产品平均净重应不低于标明重量。
② 固形物：应符合表 5-3-11 中有关固形物含量的要求，每批产品平均固形物重应不低于规定重量。

表 5-3-11　油浸烟熏鳗鱼罐头的净重和固形物要求

罐号	净重		固形物（鱼＋油）	
	标明重量/g	允许公差/%	规定重量/g	允许公差/%
946	250	±3.0	225	±11.0

③ 氯化钠含量：1.0%～2.0%。

④ 重金属含量：应符合表 5-3-12 的要求。

表 5-3-12　油浸烟熏鳗鱼罐头的重金属含量　　　　　　单位：mg/kg

项目	锡（Sn）	铜（Cu）	铅（Pb）	砷（As）	汞（Hg）
指标	≤200.0	≤10.0	≤1.0	≤1.0	≤0.5

3. 微生物指标

符合罐头食品商业无菌要求。

三、油浸烟熏带鱼罐头生产

（一）原辅材料

① 带鱼：采用鲜鱼或冷冻鱼，肌肉有弹性，骨肉紧密连接，每条鱼重在 0.2kg 以上，不得使用变质的带鱼。

② 食盐：应符合 GB/T 5461 的要求。

③ 食用植物油：应符合 GB 2716 的要求。

④ 谷氨酸钠：应符合 GB/T 8967 的要求。

⑤ 六偏磷酸钠：应符合 GB 1886.4 的要求。

（二）工艺流程

原料处理→盐渍→干燥→烟熏→修整切块→浸药液→装罐→加油→加调味汁→排气→密封→杀菌→冷却→成品

（三）操作要点

1. 原料处理

将新鲜或经解冻的带鱼去鳍、去尾、去腹部肉，尾部宽度控制在 2.5～3cm，以 70～75℃ 热水烫 2～6s，刮去鱼鳞，切去鱼头，用流动水洗去血污、黑膜及杂质。剖片去脊骨，再用流动水漂洗 40min，去血水。

2. 盐渍

将鱼片浸没于 4.5～5.5°Bé 盐水中盐渍，鱼片与盐水之比为 1∶2，盐渍时间为 20min。

3. 烘干和烟熏

将鱼片表面下平铺于烘车网片上，送入烘房进行烘干，烘房进口处温度为 40～60℃。随着鱼片的脱水，温度逐步升高，脱水率大鱼为 45%，小鱼为 50%。待鱼片烘干后将烘车送入熏室内进行烟熏，温度控制在 60℃ 左右，时间约 20～30min，烟熏至鱼片表面为淡黄色为止。

4. 修整切块

用干净纱布擦去鱼片表面的灰尘油污，修去不合格部位，切成长度为 8cm 的鱼块。

5. 浸药液

将鱼块浸没于 2.25% 的六偏磷酸钠溶液中，浸渍时间为 2～3s，捞出沥干，每次应补充新药液，每班要彻底更换新药液。

6. 调味汁的配制

将浸过鱼块的六偏磷酸钠溶液 3kg，加清水 2.75kg，加味精 0.05kg，拌匀备用。

7. 装罐

采用 946 号抗硫涂料罐，净含量为 256g，装鱼块 205g。装罐时，将鱼块平铺于罐内，靠罐底两块鱼肉面向下，加注 80～90℃精制植物油 42g，加调味汁 9g。

8. 排气及密封

真空抽气密封，真空度为 0.053～0.06MPa。

9. 杀菌及冷却

杀菌式：15min—55min—15min/116℃，冷却至 40℃左右，取出擦罐入库。

（四）产品质量标准

1. 感官指标

感官指标应符合表 5-3-13 的要求。

表 5-3-13　油浸烟熏带鱼罐头的感官指标

项目	要求
色泽	鱼皮表面呈灰黄色,肉面呈深黄色或棕黄色光泽,油应清晰,汤汁允许有轻微浑浊及沉淀
滋味 气味	具有油浸烟熏带鱼罐头应有的滋味及气味,无异味
组织 状态	组织紧密适度,小心从罐内向外倒出鱼块时不碎。鱼块排列整齐,块形大小均匀,每罐不得多于 20 块,尾部宽度不低于 15mm,无需添加小块鱼

2. 理化指标

① 净重：应符合表 5-3-14 中有关净重的要求，每批产品平均净重应不低于标明重量。

② 固形物：应符合表 5-3-14 中有关固形物含量的要求，每批产品平均固形物重应不低于规定重量。

表 5-3-14　油浸烟熏带鱼罐头的净重和固形物要求

罐号	净重		固形物（鱼＋油）		
	标明重量/g	允许公差/%	含量/%	规定重量/g	允许公差/%
946	256	±3.0	≥88	230	±11.0

③ 氯化钠含量：1.2%～2.0%。

④ 重金属含量：应符合表 5-3-15 的要求。

表 5-3-15　油浸烟熏带鱼罐头的重金属含量　　　　　　单位：mg/kg

项目	锡（Sn）	铜（Cu）	铅（Pb）	砷（As）	汞（Hg）
指标	≤200.0	≤10.0	≤1.0	≤0.5	≤0.5

3. 微生物指标

符合罐头食品商业无菌要求。

项目思考

1. 水产类罐头分哪几类？
2. 如何采用感官检验方法鉴别鱼类鲜度？
3. 水产类罐头常见质量问题有哪些？
4. 论述清蒸鲑鱼罐头的加工过程及各操作要点。
5. 简要回答清蒸对虾罐头的加工过程及各操作要点。
6. 简要回答原汁赤贝罐头的加工过程及各操作要点。
7. 论述茄汁鲭鱼罐头的加工过程及各操作要点。
8. 简要回答茄汁配制方法与注意事项。
9. 简要回答熏鱼罐头的加工过程及各操作要点。
10. 简要回答香辣黄花鱼罐头的加工过程及各操作要点。
11. 简要回答红烧花蛤罐头的加工过程及各操作要点。
12. 简要回答豉油鱿鱼罐头的加工过程及各操作要点。
13. 论述油浸鲅鱼罐头的加工过程及各操作要点。
14. 简要回答油浸鲱鱼罐头的加工过程及各操作要点。
15. 简要回答油浸烟熏带鱼罐头的加工过程及各操作要点。

项目6　肉禽类罐头生产

【知识目标】

◆ 了解肉禽罐头的分类。
◆ 掌握肉禽类罐头生产所用设备。
◆ 掌握肉禽类罐头生产所需原料及其处理方法。
◆ 掌握肉禽类罐头的生产工艺及操作要点。
◆ 掌握禽肉罐头生产所需的机械设备。

【能力目标】

◆ 能正确选择和处理生产肉禽罐头的原辅料。
◆ 能正确估算原辅材料用量。
◆ 会生产清蒸类、调味类、烟熏类、禽类罐头。
◆ 能正确使用与维护肉禽罐头生产机械设备与用具。
◆ 能解决肉禽类罐头生产过程中出现的问题。
◆ 能够正确检验罐头食品的各项指标。
◆ 能正确检查、记录和评价生产效果。

【知识贮备】

一、肉禽类罐头的种类

肉类罐头一般是指采用猪、牛、羊、鸡、鸭、鹅、兔等为原料，经加工制成的罐头产品。一般主要采用的罐藏容器有金属罐、玻璃罐和软包装容器。

肉禽类罐头根据加工及调味方法的不同，可分为以下几类：

（一）清蒸类罐头

清蒸类罐头是肉类罐头中生产过程比较简单的一类罐头。它的基本特点是最大限度地保持各种肉类的风味。原料经初步加工后，直接装罐，再在罐内加入食盐、胡椒、洋葱、月桂叶及猪皮等配料；或先将肉和食盐拌合，再加入胡椒、洋葱、月桂叶等后装罐，经过排气、密封、杀菌后制成。这类产品有原汁猪肉、清蒸猪肉、清蒸羊肉、白烧鸡、白烧鸭、去骨鸡等。

（二）调味类罐头

调味类罐头是肉类罐头中数量最多的一种。它是指将经过整理、预煮或烹调的肉块装罐后，加入调味汁液的罐头。有时同一种产品，因各地区消费者的口味要求不同，调味也有差异。成品应具有原料和配料的特有风味和香味、块形整齐、色泽较一致，汁液量和肉量保持一定比例。这类产品按烹调方法不同又可分为红烧、五香、浓汁、油炸、豉汁、茄汁、咖喱和沙茶等类别。如红烧扣肉、五香酱鸭、红烧鸡、咖喱牛肉等。

（三）腌制类罐头

将处理后的原料以食盐、亚硝酸钠、砂糖等一定配比组成的混合盐腌制后，再进行加工制成的罐头。如火腿、午餐肉、腌牛肉、腌羊肉等。

（四）烟熏类罐头

烟熏类罐头是指经处理后的原料经过腌制、烟熏后制成的罐头。烟熏法将腌制、烟熏两种方法综合运用，增加肉制品的风味和色泽。烟熏制品一般为棕黄色至玫瑰红色，具有较浓的烟熏香味。如熏鱼和烟熏肋肉等。

（五）香肠类罐头

是指肉经腌制、加入香料斩拌、制成肉糜后装入肠衣中，经烟熏或不经烟熏制成的罐头。按原料成分和制造方法的不同，可分为烟熏的、半烟熏的、不烟熏的、烘烤的等几类。

（六）内脏类罐头

是采用猪、牛、羊的内脏及副产品，经处理、调味或腌制后加工制成的罐头。如五香鸡肫、卤鸭杂、牛尾汤等罐头。

二、肉禽类罐头生产工艺

（一）肉类原料预处理

1. 肉类的解冻条件及方法

原料是冻肉的，须经过解冻方能加工使用。解冻过程中除保证良好的卫生条件外，对解冻的条件一定要严格控制。控制不当，肉汁大量流失，养分白白耗损，降低肉的持水性，影响产品质量。

（1）解冻条件 冷冻的肉类原料，投产前必须经解冻，解冻条件见表 6-0-1。

表 6-0-1 肉类原料的解冻条件

季节	解冻室温	解冻时间	相对湿度	解冻结束肉层中心温度
夏季	16～20℃	猪、羊肉 12～16h，牛肉 30h 以下	85%～90%	不高于 7℃
冬季	10～15℃	猪、羊肉 18～22h，牛肉 40h 以下	85%～90%	不高于 10℃

（2）解冻方法 肉类应分批吊挂，片与片间距约 5cm，最低点离地不小于 20cm；后腿朝上吊挂，最好在解冻中期前后腿调头吊挂。蹄髈及肋条堆放在高约 10cm 高的垫格上。肥膘分批用流动冷水解冻，10h 内解冻完全。也可堆放在垫格板上，在 15℃室温中自然解冻。内脏在流动冷水中解冻，夏季需 6～7h，冬季 10～12h，室内安置空调。夏季采用冷风和其他方法进行降温，冬季直接喷蒸汽或鼓热风调节，但不允许直接吹冻片肉，以免造成表面干缩，影响解冻效果；也不允许长时间用温水直接冲冻片肉，以免肉汁流损过多。

解冻过程中应经常对原料表面进行清洁工作，解冻后质量要求肉色鲜红、富有弹性、无肉汁析出、无冰结晶，气味正常，后腿肌肉中心 pH 为 6.2～6.6。解冻后的肉温，肋条肉不超过 10℃，腿部肉不超过 6℃。

2. 禽类原料的解冻

（1）解冻条件　禽类原料多采用水解冻法，也有的采用自然解冻法，解冻条件见表 6-0-2。

表 6-0-2　禽类原料解冻条件

解冻条件	解冻室温	解冻时间	备注
自然解冻	不超过 25℃	15h	仅用于清蒸类
淋水解冻	20℃左右为宜	10h 左右	

（2）解冻方法和要点　验收合格的冻禽原料置于解冻室的架子上或工作台上解冻，不得直接接触地面。为使解冻均匀，在解冻过程中要适当翻动，但动作要轻，以防破皮。解冻过程中应有专人负责，逐只检查，剔去不符合规格者，同时进行清洁工作。

原料应分批进行解冻，先解冻者先使用，以保证原料的新鲜度。

淋水解冻或自然解冻都可，主要依气候及品种来决定。如清蒸类产品最好自然解冻，以保持鲜味浓。夏天以淋水解冻为宜，冬天则可自然解冻。自然解冻时，在解冻前，冻原料可先用水冲洗一次，以去除表明污物，同时又有利于解冻的进行。夏季以淋水解冻为好，但要控制好淋水的时间间隔，不允许将冻家禽浸泡在水中，淋水解冻不允许用热水。

禽类原料的解冻程度不宜过高，一般以略带冰为宜，以便于下道工序的操作并有利于保证原料的新鲜程度。

内脏在流动冷水中解冻至解冻完全和不变质为止，翅膀可摊在台上或速冻盘中淋水或自然解冻，不允许直接放在地上。

3. 腌制用混合盐的配比及配制方法

（1）混合盐的配比　见表 6-0-3。

表 6-0-3　几种混合盐的配制

编号	精盐量 /%	砂糖 /%	亚硝酸钠量 /%	液体葡萄糖量 /%	适装品种
1	98	1.5	0.015	—	猪肝酱、午餐肉、烟熏肋肉
2	94	1.5	0.015	4	火腿
3	91.6	8	0.015	—	火腿猪肉
4	98	1.45	—	—	猪肉香肠（去肠衣）、鸭四宝

（2）混合盐的配制方法　先将砂糖和亚硝酸钠等拌和，然后加入精盐混匀。混合盐应存放于干燥处，最好现用现配。

4. 常用配料处理及要求

常用配料处理及要求见表 6-0-4。

（二）原料的预处理方法及要求

1. 肉类原料的预处理及要求

（1）原料肉的预处理　成熟或解冻的原料肉需经过预处理，即洗涤、修割、剔骨、去皮、去淋巴、去肥膘以及切除不宜加工的部分，方能加工使用。各种产品所使用的原料用清水清洗干净，除净表面的污物，砍去腿圈分段。

表 6-0-4 常用配料处理及要求

配料名称	处理方法及要求
洋葱 青葱 蒜头	去净根须、外衣、粗纤维部分、小斑点等,蒜头应分瓣,然后清洗干净,需绞碎机进行绞碎。如洋葱需油炸,则油和葱应按比例配料,将油脂加热至 180℃ 左右,投入洋葱,炸至微黄色
生姜	清洗干净,按产品要求切片或绞碎。切片要求横切成 3～4mm 的薄片;绞碎可以用 8mm 孔径的绞碎机或斩拌机绞碎
香辛料	粒状或片状的(如胡椒、桂皮等)应在拣选后用温水清洗干净,粉状的(如咖喱粉、胡椒粉、红辣椒粉等)应进行筛选除去粗粒及杂质,筛孔为 100 目筛
砂糖 精盐	如用于配汤,应和汤汁一起溶化过滤,或先溶化过滤后,再用于配汤。如直接使用时,糖则应进行拣选,盐进行过筛除去杂质
香料水	一般将八角、茴香、肉桂、青葱、生姜等(如为粉剂则装入布袋中并包扎好),加入一定量的清水,微沸熬煮 1～2h,经过滤使用
猪皮胶	去膘猪皮预煮 10min 后取出刮净皮下脂肪层,将猪皮切条后,加 2～3 倍水保持微沸熬煮,至可溶性固形物不低于 15%(以折光计)为止,经过滤后使用。直接使用时应拌和均匀,防止结块,与汤汁调成糊状
面粉	需油炒时,油与白面粉应按比例配料,将油放进锅中加热后倒进经筛过的面粉(如不需油炒,则可将面粉直接放入锅内),不断翻炒至微黄色具有香味为止

　　猪肉剔骨可将半胴体肉尸分为三段,前腿从第 5～6 肋骨之间斩断,后腿部从最后和次后腰椎间斩断,分段剔骨;牛肉原料多为 1/4 的肉尸,截断处多在第 11～12 肋骨之间。牛尸个体较大,牛片沿十三根肋骨处横截成前腿和后腿二段;为了便于操作,剔骨时再将前 1/4 肉尸分为脖头、肩脚、肋条三部分。后 1/4 肉尸从腰椎末截为背部及臀后腿两部分,分别剔骨;羊肉一般不分段,通常为整片或整只剔骨。若分级则分别剔骨去皮,将分段肉依次剔除背椎肋骨、腿骨、硬骨和软骨。

　　剔骨时应尽量保持肉的完整性,剔骨刀要锋利,并经常打磨。剔骨时,下刀要准确,避免碎肉及碎骨碴,尽量减少骨上所带的肉量,下刀深度应与骨缝基本一致,不得过深。若要留作排骨、元蹄、扣肉等的原料,则在剔骨前或后按部位选取切下留存。去皮时刀面贴近皮,要求皮上不带肥肉,肉上不带皮,然后按原料规格要求割除全部淋巴、颈部刀口肉、奶脯肉、黑色素肉、粗组织膜和淤血等,并除净表面油污、毛及其他杂质。

　　(2) 肉的腌制　在大多数肉糜罐头的制作过程中都要进行腌制,即原料肉经整理后以食盐为主,再添加亚硝酸盐、砂糖等辅料配成的混合盐进行加工处理。腌制赋予肉制品特有的色泽和风味。腌制改变肉的性质,改善肉的品质,是腌制类罐头生产的一个重要工艺环节。肉的腌制方法主要有以下几种:

　　① 干腌法　用一定量混合盐撒于肉的表面,或将混合盐与肉在搅拌机中拌匀后,在 0～4℃ 的腌制室内腌制 24～72h,通常腌制 48h。

　　② 湿腌法　先将一定量的亚硝酸钠和糖溶解于沸水中,再加入定量食盐,溶解后冷却配制成混合盐,然后将处理好的肉按一定比例浸入混合盐水中进行腌制,在 0～4℃ 上的条件下腌制 72h。

　　③ 注射腌制法　注射腌制法又分动脉注射腌制和肌肉注射腌制两种。所谓动脉注射腌制,是用泵将盐水或腌制液经动脉系统压送到肉内,但由于在分割胴体时通常不考虑原来的动脉系统的完整性,所以此法仅能用于前后腿的腌制。肌肉注射腌制就是将盐水、混合盐水或其他注射液直接用注射针注入肌肉,多采用多孔针头。

　　④ 注射滚揉腌制法　将配制好的注射液按要求注入肌肉后,再将肉放入滚揉机中进行滚揉,用外加机械作用,促进盐分的渗透和扩散。注射滚揉腌制操作应在 0～4℃ 的工作室内。采用此

法的特点是腌制时间短、渗透扩散快而均匀，使肌肉的持水性和组织弹性大大提高。

（3）肉的熏制　对于烟熏类罐头，通常原料肉在腌制后需进行烟熏处理。烟熏是利用没有完全燃烧的熏材发生的熏烟熏制制品，通过熏制而使制成品获得熏制肉制品特有的茶褐色和烟熏风味。同时由于烟熏成分的防腐作用，增加了制成品的耐贮藏性。

烟熏的方法若按烟熏前物料的生熟，可分为生熏和熟熏两种。对只经过腌制，没有经过热加工产品的熏制叫生熏，如西式火腿、培根（烟熏肋肉）等均采用生熏；对已经熟制的产品进行热熏。我国大部分传统的熏制品都是先熟制再熏制的，如熏鸡、熏肘等。

按烟熏时的温度条件，可分为冷熏、温熏、热熏和焙熏4种。

① 冷熏　熏制时温度在15～25℃，冷熏所需时间较长，一般需要4～7d，甚至2～3周。在长时间的熏制中水分蒸发，制品有所干燥，重量减轻，肉色不太好。冷熏宜在冬季进行，气温高的季节难以控制，若掌握不当，发烟不足易造成腐败。冷熏制品耐藏性较好，因熏烟时间长，熏烟成分在制品中内渗较深，醛、酚等成分的聚积量多，制品内脂肪熔化少。此法适用于干燥的生香肠的熏制。

② 温熏　熏制时温度在30～50℃。熏制时间一般为12～48h。与冷熏法比较，温熏制品减重少、风味好，但耐贮藏性较差。这种方法常用于培根、西式火腿等的熏制。

③ 热熏　熏制时温度在50～80℃，以采用60℃的为多，是目前应用最广泛的一种熏制方法。热熏法的特点是熏制温度较高，制品在短时间内就能形成较好的熏烟色泽，但在熏制时要注意升温速度不能过快，否则肌肉表面蛋白质迅速热变性凝固而形成干燥膜，影响熏烟成分向制品内部的渗透及水分的扩散造成发色不均匀。

④ 焙熏法　焙熏法是一种特殊的熏烤方法，温度在90～120℃。这种方法是在熏制的同时完成熟制，而且所需熏制时间较短。

除上述熏制方法外，还有液熏法。

液熏法：液熏法也叫湿熏法，是用液态烟熏制剂进行熏制的一种新方法。所用液态烟熏制剂由硬木等熏材下馏，并经特殊净化而制成。由于液熏法用液态烟熏制剂代替了传统的直接由熏材通过熏烟发生器发烟进行熏制，因而具有以下特点；a. 不需要熏烟发生器而大大节省投资；b. 液态烟熏制剂的成分比较稳定使制成品品质也较稳定；c. 液态烟熏制剂是经过特殊净化的已清除了熏烟中的固相残留物故无致癌危险或大大降低了致癌的可能性。

2. 禽类原料的预处理方法及要求

经解冻后的家禽，应将其身上所有的毛（包括血管毛）拔干净（头及翅尖可不拔），如遇局部隐毛密集时可局部去皮，但去皮面积不允许超过2cm²。绒毛则可用火焰烧除。

割去骚蛋，切去头，颈可留7～9cm长，但应带皮。割除翅尖、鸡尾，沿膝关节切下爪，有黑皮者应切至黑皮以上。

将家禽对准脊椎骨小间切成两半，再除去残余内脏、气管、肺、食管、血块、腰子等；剪除肛门及黑皮、粗血筋等。油块拉下后作单独处理。将横切成两半，除去黄皮及筋油后清洗干净，再用3%盐水浸30min后搓洗干净。

去骨家禽拆骨时，将整只家禽用小刀割断颈皮，然后将胸肉划开，拆开胸骨，割断脆骨筋，再将整块肉从颈沿背部往后拆下。注意不要把肉拆碎和防止骨头折断，最后拆去腿骨。膝盖骨及筋骨容易折断，要特别注意。

（三）原料的预煮

肉类在预煮时，肌肉中的蛋白质受热后逐渐凝固，使属于肌浆部分的各种蛋白质发生不可逆的变化，而成为不可溶性的物质。随着蛋白质的凝固，亲水的胶体体系遭到破坏而失去持水能力，因而发生脱水作用。由于蛋白质的凝固，使肌肉组织紧密，变成具有一定程度的硬块，便于切条、切块，同时肌肉脱水后，能使调味液渗入肌肉内，使成品的固形物量增加，同时赋予产品特殊的风味。预煮还能杀灭肌肉表面微生物，有助于提高杀菌效率。

预煮时，要控制好两个因素，一是预煮时间，二是肉水比例。预煮时间视原料肉的品种、肉块大小、嫩度而定，一般 30~60min，以肉块中心无血水为度，不宜过长。预煮时间过长，肌肉脱水过多，可溶性物质流失增加，这不仅会导致失重严重，而且也将使肌肉质地劣变。加水量以淹没肉块为准，水与肉之比一般约为 1.5：1。煮制中，适当加水保证原料煮透。预煮过程中的重量变化，主要是胶体中析出的水分流失。肥瘦中等的猪、牛、羊肉，在 100℃ 沸水中煮 30min。

预煮过程中的重量变化，则以胶体中析出的水分为主，如肥瘦中等的猪、牛、羊肉在 100℃ 水中沸煮 30min 的重量减少情况见表 6-0-5。

表 6-0-5　肉类水煮时的重量减少量

名称	水分	蛋白质	脂肪	其他	总量
猪肉	21.3	0.9	2.1	0.3	24.6
牛肉	32.2	1.8	0.6	0.5	35.1
羊肉	26.9	1.5	6.3	0.4	35.1

为了减少肉中养分流失，预煮过程中，可用少量原料分批投入沸水，加快原料表面蛋白质凝固。形成保护层，减少损失。适当缩短预煮时间，也可避免养分流失。预煮的汤汁可连续使用，并添加少量的调味品，制成味道鲜美、营养丰富的液体汤料或固体粉末汤料。

（四）原料的油炸

有些产品需要进行油炸处理，主要目的在于脱水上色，增加产品特有的风味。肉类在油炸过程中，一般要失去 28%~38% 的水分，2.11% 的含氮物质，3.1% 的无机盐，同时要吸收 3%~5% 的油，因而虽重量的损失不可避免，但肌肉的营养价值不但没有降低而且还有所提高。

目前我国一般采用开口锅进行油炸，放入植物油熬熟，然后根据锅的容量将原料分批放入锅内进行油炸。操作时要把握油的质量，同时要控制好油炸温度、时间，掌握好油炸终点。油温 160~180℃，时间依原料的组织密度、形状、块的大小、油炸温度和成品质量要求等而有不同，一般油炸时间为 1min 左右。大部分产品在油炸前都要求涂上焦糖色液，待油炸后，其表面色泽呈酱黄色或酱红色，这是判断油炸时间标志的一个重要方面。

（五）肉类罐头的装罐

1. 空罐

根据不同产品分别可采用抗硫涂料罐、防粘涂料罐或经钝化处理的素铁罐。装罐前应清洗干净并经沸水消毒，倒罐沥水或烘干。

由于空罐上附着有微生物、污染油脂和污物、残留的焊药水等，有碍卫生，为此在装罐之前必须进行洗涤和消毒。基本方式都是先用热水冲洗空罐，然后用蒸汽进行消毒。

2. 装罐要求

（1）装罐方式　根据产品的要求，分别可采用生装罐或熟装罐，人工装罐或机械装罐。

一般肉、禽块等目前仍用人工装罐，特别对经不起机械摩擦、需要合理搭配和排列整齐的肉类罐头适用。对于颗粒体、半固体和液体食品常采用机械装罐，如午餐肉、猪肉火腿、马口铁听装罐头等。

（2）装罐时要趁热装罐，肉品质量一致，保持一定的顶隙，午餐肉基本上不留顶隙，严防混入异物。

（3）装罐时应合理搭配，排列整齐　装罐时必须注意合理搭配，务必使它们的色泽、成熟度、块形大小及个数基本上一致，另外每罐的汤汁浓度及脂肪、固形物和液体间的比值应保持一致。搭配合理不仅可改善成品品质，还可以提高原料利用率和降低成本。有些罐头食品装罐时有一定的式样或定型要求，如红烧扣肉罐头装罐时必须排列整齐，皱面向上，这样就增进了产品品质。烧鸭装罐时要求翅膀、腿部等搭配装入，并将翘起的骨骼压下，使其平坦。原汁、清蒸类以及生装产品，主要是控制好肥瘦、部位的搭配、汤汁或猪皮胶的加量，以保证固形物的含量达到标准。瘦肉含水量较高，经杀菌后，水分排出易使固形物含量不足。油炸产品则主要控制油炸的脱水率。需预煮的产品，预煮的时间和温度以及夹层锅的蒸汽压的控制则十分重要。

装罐时，罐内食品应保证规定的分量和块数。装罐前食品须经过定量后再装罐。定量必须准确。

（4）装罐时保持罐口清洁，并注意排列上的整齐美观。不得有小片、碎块或油脂、糖液、盐液等留于罐口，否则会影响卷边的密封性。

（六）排气

排气主要分加热排气和抽气两种。由于加热排气多了一道工序，既花劳动力，又占用了车间面积，同时多了一次热处理，往往对产品的质量有影响，有时还会产生流胶现象，生产能力又较低，故能用真空封罐机抽气密封的产品，尽量用抽气密封。

目前对特大罐型及带骨产品尚用加热排气，若采用抽气密封，仍能保证产品质量，则尽可能采用抽气密封。

（七）密封

罐头食品之所以能够长期保存，主要是由于罐头在经过杀菌后，依靠容器的密封使食品与外界隔绝，不再受到外界空气及微生物的污染而腐败变质。这种严密的隔绝作用是由容器本身的材质和制造质量以及封口设备来完成的。罐头食品生产过程中主要借助封罐机进行密封，因此严格控制密封操作是十分重要的。

金属罐的密封是指罐身的翻边和罐盖的圆边在封口机中进行卷封，使罐身和罐盖相互卷合，压紧而形成紧密重叠的卷曲的过程，所形成的卷边称为二重卷边。封罐机的种类、形式很多，效率也各不相同，但是它们封口的主要部件基本相同，二重卷边就是在这些部件的协同作用下完成的。为了形成良好的卷边结构，封口的每一部件都必须符合要求，否则将直接影响二重卷边的质量，影响罐头的密封性能。

1. 封口操作

二重卷边的形成过程就是卷封滚轮使罐体与罐盖的周边牢固地紧密钩合而形成五层（罐盖三层，罐体二层）材料卷边的过程。为提高其密封性，盖的内侧预先涂上一层弹性胶膜或其他弹性涂料。

二重卷边常采用滚轮和钩槽导轨分两次进行滚压作业，而目前我国多用滚轮封口滚压，其作业工艺过程如下：供送（罐体罐盖）到位→压紧（压头与托盘）→头道滚轮进给→第一次卷封完成，头道滚轮退出→二道滚轮进给卷封→第二次卷封完成，二道滚轮退出→罐的封口完毕（一个罐）。

具体就是，当罐身与罐盖同时送入封罐机卷封作业位置后，在压头和托罐盘的配合作用下，先由头道卷封滚轮做径向推进，逐渐将盖钩滚压至身钩的下沿，进而使盖钩和身钩逐步弯曲，两者相互钩合，头道滚轮便可退出而完成一重卷边［见图 6-0-1（a）］，这时钩合的各层材料互不接触。

头道滚轮退出的同时，紧接着二道滚轮进入工作。二道滚轮的钩槽部分进入并与已形成的卷缝凸缘接触，并进行推压进给，盖钩和身钩进一步弯曲钩合压紧，最后达到各层重叠接触的紧密的定型状态［图 6-0-1（b）］，从而二重卷边封口完成。

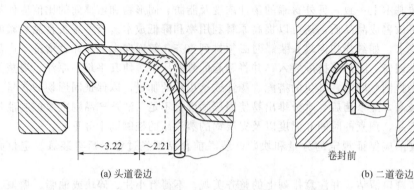

(a) 头道卷边 ～3.22 ～2.21

(b) 二道卷边 卷封前 卷封后 1.45

图 6-0-1　二重卷封作业示意图

由于工作状况不一样，作为二重卷边封口的执行机构的卷封滚轮沟槽也不一样。

2. 卷边质量判断

在罐头生产中，通常通过对头道和二道卷边的定时检测来确保卷边良好的密封性。卷边检测所需的主要工具有卷边投影仪或罐头工业专用的卷边卡尺和卷边测微计，检测的项目包括卷边的外部检测、内部检测和耐压试验。

（1）卷边外部检测　卷边外部检测又分目检和计量检测两大类，卷边的外观要求边上部平服，下缘光滑，卷边的整个轮廓卷曲适度，卷边宽度一致，无卷边不完全（滑封）、假封（假卷）大塌边、锐边、快口、牙齿、铁舌、卷边碎裂、双线、跳封等因压头或滚轮故障引起的其他缺陷，用肉眼进行观察。分别进行罐高、卷边厚度、卷边宽度、埋头度、垂唇度的测定。

（2）卷边内部检测

卷边内部目检：用肉眼在投影仪的显像屏上或借助于放大镜观察卷边内部空隙情况，包括顶部空隙、上部空隙和下部空隙，观察罐身钩、盖钩的咬合状况及盖钩的皱纹情况。

卷边内部计量检测：测定罐身钩、盖钩、叠接长度及叠接率。

耐压试验：用空罐耐压试验器检测空罐有无泄漏。装有内容物的罐头需先在罐头的任何部位开一小孔，将内容物除去，洗净、干燥，并将小孔焊上后再进行试验。

卷边的耐压要求，一般中小型圆罐采用表压为 98kPa 的加压试验，或采用真空度 68kPa 的减压试验，都要求 2min 不漏气。直径为 153mm 的大圆罐采用表压为 70kPa 的加压试验，保持 2min 以上不漏气，大圆罐的加压试验所用压力不宜过高，因内压较高时埋头部分容易挠曲产生凸角。

（3）卷边外观常见的缺陷　常见缺陷及原因、预防措施见表 6-0-6。二重卷边缺陷见图 6-0-2。

表 6-0-6　常见卷边质量问题及预防措施

卷边不良的状态	原因分析	预防措施
卷边过宽	头道滚轮滚压不足，二道滚轮滚压过紧或磨损，托盘压力过大	调整压头，更换滚轮
卷边过窄	头道滚轮滚压过紧、二道滚轮滚压不足或槽钩过窄，托盘压力过小，压头高度调节得过高	调整压头，更换滚轮
埋头度过深	两道滚轮上下支撑不好，压头直径过大或过厚，托盘压力过小	调整封罐机压头与托盘，更换压头
身钩过长	托盘压力过大，压头高度调节得过低	调整压头、调节压头与托盘间距
盖钩过短	卷边滚轮相对于压头的位置过高，头道滚轮进给过少或槽钩磨损，压头厚、直径大	调整封罐机，更换滚轮、压头

卷边不良的状态	原因分析	预防措施
快口	压头、滚轮磨损,滚轮相对于压头的位置过高,压头与托盘的间距过小,托盘压力过大,滚轮滚压过紧,身缝处焊锡过多	调整封罐机,更换滚轮、压头
卷边松弛	压头与滚轮间距过大,二道滚轮滚压不足,盖钩钩边前弯曲,头道滚轮卷曲过度或槽钩磨损	调整封罐机、更换二道滚轮

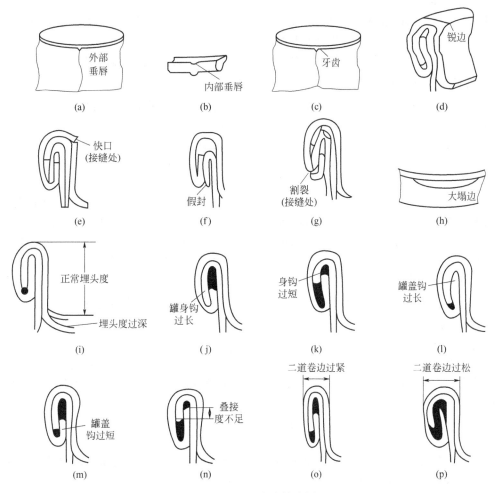

图 6-0-2　二重卷边缺陷图

　　密封前，根据罐型及品种不同，选择适宜的罐中心温度或真空度，防止成品真空度过高或过低而引起杀菌后的瘪罐或物理性胀罐。密封后的罐头用热水或洗涤液洗净罐外油污，迅速杀菌。要求密封至杀菌，不超过 60min 为宜。严防积压，以免引起罐内细菌繁殖败坏或风味恶化、真空度降低等质量问题。

（八）罐头的洗涤

　　罐头经密封后，罐外常附着或多或少的污物，应及时用热水或洗涤液洗涤后，再进行杀菌。

　　洗涤方法：一般用洗罐机擦洗；对某些附着油污较重的产品，宜用化学洗涤液清洗，配方见表 6-0-7。

表 6-0-7　罐头常用洗涤液配方　　　　　　　　　　　　　单位：kg

项目	1	2	项目	1	2
水玻璃(硅酸钠)(40°Bé)	2.0	6.5	松香(一级)	0.5	1
液体氢氧化钠(30%)	15	4	水	96	88.5

将上述配方加热溶解，保持在 90℃ 以上，罐头密封后通过洗涤液，浸洗 6～10s，立即以流动热水（90℃ 以上）冲洗干净，送往杀菌。

（九）杀菌

根据罐头食品原料品种的不同及所采用的包装容器的不同，其杀菌操作要求也不同。目前常用的有常压杀菌、高压蒸汽杀菌及加压水杀菌等几种。不管什么方法，都必须根据不同产品的要求采取相应的杀菌规程，明确杀菌的压力、温度、时间，以确保罐头产品达到商业无菌要求。

1. 高压蒸汽杀菌

低酸性食品，如大多数蔬菜、肉类及水产类罐头食品，都须采用 100℃ 以上的高温杀菌，一般使用高压蒸汽来达到高温。由于设备类型不同，杀菌操作方法也不同。

高压蒸汽杀菌操作如下：将装完罐头的杀菌篮放入杀菌锅，关闭杀菌锅的门或盖，并检查其密封性；关闭进、排水阀，开足排汽阀和泄汽阀，检查所有的仪表、调节器和控制装置；然后开大蒸汽阀使高压蒸汽迅速进入锅内，充分地排除锅内的全部空气，同时使锅内升温；在充分排汽后，须将排水阀打开，以排除锅内的冷凝水；排尽冷凝水后，关闭排水阀，随后再关闭排汽阀，泄汽阀仍开着，以调节锅内压力；待锅内压力达到规定值时，必须认真检查温度计读数是否与压力读数相对应；当锅内蒸汽压力与温度相对应，并达到规定的杀菌温度和压力时，开始计算杀菌时间，并通过调节进汽阀和泄汽阀，来保持锅内恒定的温度，直至杀菌结束。恒温杀菌延续到预定的杀菌时间后，关掉进汽阀，并缓慢打开排汽阀，排尽锅内蒸汽，使锅内压力降至大气压力。若在锅内常压冷却，即按锅内常压冷却法进行操作。或将罐取出放在水池内冷却。

2. 加压水杀菌

凡肉类、鱼类的大直径扁罐、玻璃罐以及蒸煮袋都可采用加压水杀菌或称高压水杀菌。此法的特点是能平衡罐内外压力，对于玻璃罐及蒸煮袋而言，可以保持罐盖及封口的稳定，同时能够提高水的沸点，促进传热。高压由通入的压缩空气来维持，不同压力，水的沸点不同。必须注意，高压水杀菌时，压力必须大于该杀菌温度下相应的饱和蒸汽压力，一般大于 21～27kPa，否则可能产生玻璃罐的跳盖及蒸煮袋封口爆裂现象。高压水杀菌时，其杀菌温度应以温度计读数为准。

高压水杀菌的操作过程如下：将装好罐头的杀菌篮放入杀菌锅，关闭锅门或盖，保持密闭性。关闭排水阀，打开进水阀，向杀菌锅内注水，使水位高出最上层罐头 15cm 左右。对玻璃罐来说，为防止玻璃罐遇冷水破裂的现象，一般可先将水预热至 50℃ 左右，再通入锅内。进水完毕后，关闭所有的排气阀和溢水阀，进压缩空气，使罐内压升至杀菌温度相应的饱和水蒸气压，为 21～27kPa，并在整个杀菌过程中维持这个压力。进蒸汽，加热升温，使水温升到规定的杀菌温度，以插入水中的温度计来测量温度。

升温时间一般是随蒸汽进入量的大小及产品要求等条件而定，一般为 25～60min。当锅内水温达到规定的时间、温度时，开始恒温杀菌，按工艺规程维持规定的杀菌条件。杀菌结束，关闭进气阀，打开压缩空气阀，同时打开进水阀进行冷却。对于玻璃罐，冷却水须预热到 40～50℃ 后再通入锅内，然后再通入冷却水进行冷却。冷却时，锅内压力由压缩空气来调节，必须保持压力的稳定。当冷却水灌满后，打开排水阀，并保持进水量与出水量的平衡，使锅内水温逐渐降低。当水温降至 38℃ 左右，即可关闭进水阀、压缩空气阀，继续排出冷却水。冷却完毕，打开锅门取出罐头。降温冷却的全部时间可控制在 25～60min 之间。

三、肉禽类罐头常见质量问题及防止措施

1. 固形物不足

防止措施：加强原料的验收，不符合规格的不投产；控制预煮和油炸时的脱水率；肥瘦搭配合理，在保证质量标准的前提下，适当增加肥肉比例；调整装罐量。

2. 外来杂质

防止措施：原料运输、贮藏管理时，防止杂质污染；健全车间卫生制度；加强预处理过程中原料的检查，装罐前必须复检；经常检查刀具、用具的完整情况，避免刀尖等事故；部分原料如猪舌，需经 X 射线检查，以防金属等杂质混入。

3. 物理性胀罐

防止措施：注意罐头顶隙度的大小应合适；对带骨产品应增加预煮时间，根据标准要求块形尽可能小；提高排气的罐内中心温度，排气箱出罐后立即密封，或提高真空封罐机真空室的真空度；严格控制装罐量，切勿过多；罐盖采用反打字，以增加膨胀系数；根据不同产品的要求，选用不同厚度的镀锡薄钢板。

4. 突角

防止措施：采用加压水杀菌和反压冷却，严格控制平稳的升压和降压；带骨产品的装罐力求平整；适当增加预煮时间和尽量减小块形；提高排气后的罐内中心温度或提高真空封罐机真空室的真空度；根据不同产品的要求选用不同厚度的镀锡薄钢板，尤其是罐底盖选用较厚的镀锡薄钢板；封口后，及时杀菌。

5. 油商标

防止措施：对杀菌锅和杀菌篮（车）应经常用热水清洗上面的油污；含油量较多的产品，在杀菌前应对实罐表面进行去油污处理。含有淀粉等内容物（如午餐肉等）的产品，实罐外表常有含淀粉的油脂污染，经高温杀菌后清洗将十分困难，故一般应在杀菌前对实罐进行去油污处理；如含脂量较多的产品，杀菌后的冷却水不要回流使用；封口不紧，封口胶质量不好，是经常引起油商标的原因。

6. 平酸菌败坏

平酸菌属革兰氏阳性芽孢杆菌，好盐、耐热，最适生长温度为 50～55℃，pH 为 6.8～7.2。污染平酸菌会造成罐内肉质变红和变酸。

防止措施：严格执行车间卫生制度，防止和减少微生物的污染和繁殖，每一道工序都必须做好清洁卫生工作。封罐到杀菌的半成品不要积压时间过长；加强进厂原辅材料的质量检验，并彻底做好清洗工作，以减少微生物污染的机会；装罐前检查和控制半成品中的芽孢数，以便及时发现问题，采取必要措施；调整杀菌式，杀菌后冷却必须充分；控制成品冷却后的温度，不能超过 37℃。

7. 硫化物污染

用金属罐盛装的肉禽类罐头，其罐内壁易出现蓝紫色的硫化斑纹，有漏铁点时，硫化铁还会污染食品，影响成品的感官。

防止措施：含硫量较高的产品，要严格检查空罐质量，力求减少空罐机械擦伤，必要时加补涂料；清蒸类产品用专用抗硫涂料装罐；产品尽量避免与铁、铜器接触；采用素铁罐装罐前空罐要钝化处理；保证橡胶垫圈的硫化质量。

8. 流胶

流胶主要是封口胶质量不好、耐油性差或注胶过厚而引起的。

防止措施：增加氧化锌用量；提高烘胶温度；提高陶土用量（但用量过多易龟裂）；调节注胶量，控制在 0.5～0.7mm 厚度；尽可能采用抽气密封。

9. 罐外生锈

防止措施：空罐和实罐生产过程中所用制罐模具要光洁、无损伤，严格防止铁皮的机械伤；方罐、梯形罐如采用锡铅焊罐，焊锡药水要擦干净；主罐经洗涤后要及时装罐不积压，封口后罐头力求清洗干净保持清洁，封口的滚轮、六叉转盘及托罐盘要光洁不致刮伤；杀菌篮以及冷却水应经常保持清洁；升温、冷却时间不宜过久，冷却后罐温以 38～40℃ 为宜，出锅后及时擦去水分，力求擦干并及时装箱；贮放罐头的库温以 20～25℃ 为宜，梅雨季节门窗要关闭，刮北风时要开启窗门通风；罐头如需堆放，每堆不宜太大，堆与堆间隔保持 30cm，以利空气流通；装罐的木箱和纸箱的水分要控制，不宜太潮，黄板纸的 pH 要求 8～9.5。

10. 血蛋白的凝聚

血蛋白的产生主要是使用了未排酸的热鲜肉；或采用肉质干枯、不新鲜、冷藏时间过长的肉；或在屠宰过程中放血不良、淤血未去净；或在解冻过程中，解冻不好，血水流失；或在预煮过程中，脱水不充分；用了含有部分可溶性蛋白质的肉汤等。

防止措施：为了防止和减少罐内血红蛋白的产生，原料必须冷却排酸，不得使用未排酸的热鲜肉。冻肉必须采用新鲜良好、冷藏期不超过半年的。另外，在各工序操作中，严格按照各工序质量要求，保证半成品的质量。

任务 6-1 午餐肉罐头生产

【任务描述】

午餐肉罐头是以合格猪肉为主要原料，以淀粉、盐、玉果粉、人造冰、白胡椒粉、砂糖、亚硝酸盐、植物蛋白等为辅料，经过肉的腌制、绞肉、斩拌、真空搅拌、装罐、密封、杀菌等工序制成的产品。午餐肉罐头是腌制烟熏类罐头的代表产品。腌制烟熏类罐头是指经处理后的原料经过腌制、烟熏后制成的罐头。目前市场上常见的品种有火腿、咸牛肉、咸羊肉等。

通过午餐肉罐头生产的学习，掌握原料的斩拌和制品的烟熏这一类罐头的加工技术要点，同时熟悉这类罐头生产设备的准备和使用；能估算用料，并按要求准备原料；掌握真空搅拌、装罐、排气、杀菌以及冷却等操作要点。

教学采用资讯→计划→决策→实施→检查→评价六步教学法。

【任务实施】

一、生产任务单

生产 10000 罐午餐肉罐头。要求：采用 304 号罐，净重 340g，午餐肉 340g。

二、原料要求与准备

（一）原辅料标准

（1）猪肉 应采用健康良好，宰前宰后经兽医检验合格，经冷却排酸的 1～2 级肉或冻藏不超过 6 个月的肉，不得使用冷冻两次或冷冻贮藏不善、质量不好的肉。应符合 GB/T 9959.1、

GB/T 9959.2、GB/T 9959.3、GB/T 9959.4 的要求。

(2) 淀粉 洁白细腻、无杂质、含水量不超过 20%，酸度不超过 25°T。应符合 GB 8884 或 GB 8885 的要求。

(3) 盐 采用洁白干燥，含氯化钠 98.5% 以上的精盐。应符合 GB/T 5461 的要求。

(4) 人造冰 应洁净无杂质。采用符合 SC/T 9001 要求的饮用水制成。

(5) 玉果粉 呈棕黄色、干燥无粗粒的粉末，无夹杂物，有浓郁香味，无霉变虫蛀。

(6) 白胡椒粉 应干燥，无霉变且香辣味浓郁。

(7) 亚硝酸钠 为干燥、白色结晶状细粒，纯度在 90% 以上。应符合 GB 1886.11 的要求。

(8) 砂糖 应洁白干燥，纯度在 99% 以上。应符合 GB/T 317 的要求。

(9) 猪油 采用健康猪板油或肥膘熬成，洁白无杂质，酸价不超过 2.5，水分不超过 0.3%，为改善制品质量可添加二聚磷酸盐等。

(10) 植物蛋白 采用蛋白质含量大于 60%，脂肪含量小于 1%，去腥味的植物蛋白。添加量不超过 2%。

(二) 用料估算

根据生产任务单可知：净重 340g，午餐肉 340g。

根据实验得知：对于符合原料标准的猪肉，原料去骨去皮损耗约 28%，其他损耗约 2%，因此猪肉可利用率 70%。

生产 10000 罐午餐肉罐头需要：

猪肉量＝每罐肉重÷猪排的可利用率×总罐数＝340g÷70%×10000＝4857kg

100kg 肉斩拌时加入成分按下列配方量添加：玉米淀粉 11.5kg，玉果粉 0.058kg，白胡椒粉 0.192kg，冰屑 19kg，维生素 C 0.032kg（或不加）。

综上所得：生产午餐肉罐头 10000 罐，需要新鲜猪肉 4857kg。

三、生产用具及设备的准备

(一) 空罐的准备

挑选 304 马口铁罐，对空罐要进行检验，空罐表面的文字和图案要清晰，无锈斑，罐身不应有棱角、凹瘪等变形特征，无涂料脱落现象，特别是焊接处，不能有损伤，底盖的部位也不能有任何的疵点，如果发现图案或者文字印刷反了，业内称之为"倒罐"，一定要及时把倒罐挑出来，做废弃处理。对合格的罐进行清洗、消毒。

(二) 用具及设备准备

生产用具有切肉机、腌肉槽、绞肉机、斩拌机（图 6-1-1）、真空搅拌机、装罐机、封罐机、杀菌锅等。

四、产品生产

(一) 工艺流程

原料验收→解冻→处理（分段、剔骨、去皮、修整）→分级切块→腌制→绞肉斩拌→抽空搅拌→装罐→真空密封→杀菌冷却→成品入库

(二) 操作要点

1. 解冻

冻猪肉应先行解冻。冻肉解冻条件控制的好坏，对产品质量有较大的影响。解冻条件控制得好，肉就能较好地恢复其冻结前的状态，这样的肉就可以有较高的持水性，生产出来的产品就可

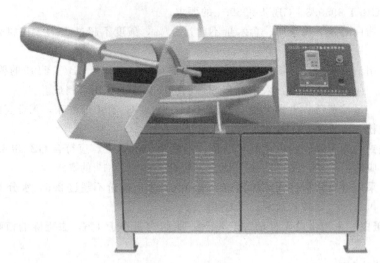

图 6-1-1　斩拌机

以保证组织紧密，脂肪不易析出。从大生产来讲，目前解冻的较好的条件是所谓"自然解冻"，即空气中解冻。解冻完毕的肉温以肋条肉不超过 7℃、腿肉不超过 4℃ 为宜。

将原料肉用切肉机切割成块，放在操作台上自然解冻。

2. 处理

解冻后的肉及时进行处理。原料解冻后的处理过程要特别注意前后衔接紧密，不应有堆叠积压现象。堆叠积压最易造成温度升高，结果会造成肉的持水能力降低。先将肉清洗，以除去肉表面的污物、附毛等，将肉块剔骨去皮，除去碎骨、软骨、淋巴结、血管、筋、粗组织膜、淤血肉、黑色素肉等，将前、后腿完全去净肥膘作为净瘦肉，严格控制肥膘在 10% 以下。肋条部分去除奶泡肉，背部肥膘留 0.5～1cm，多余的肥膘去除，作为肥瘦肉。肥瘦肉中含肥肉量不得超过 60%，肥肉多，易造成脂肪析出。净瘦肉与肥瘦肉的比例为 5：3。处理好的肉逐块检查，直至原料肉无骨无毛、无杂质等，就可送去腌制。在整个加工处理过程中操作要迅速。处理结束后，肉的温度应在 15℃ 以下。

3. 腌制

腌制使用混合盐，其组成为精盐 98%、砂糖 1.5%、亚硝酸钠 0.5%。腌制时可以加入品质改良剂三聚磷酸钠，其加入量为肉量的 0.2%，并于混合盐中加入。

腌制比例为每 100kg 肉，添加混合盐 2.25kg（不包括三聚磷酸钠），瘦肉与肥瘦肉分别腌制，腌制后均匀混合，放入 2～4℃ 冷库中进行腌制，经 24～72h，即可进行后工序加工。腌制后的肉色泽为鲜艳的亮红色，气味正常，手捏有滑黏、坚实的感觉。

4. 绞肉和斩拌

配料：肥瘦肉 80kg，玉米淀粉 11.5kg，净瘦肉 80kg，玉果粉 0.058kg，白胡椒粉 0.192kg，冰屑 19kg，维生素 C 0.032kg（或不加）。将腌制后的肉根据产品配方要求，将肥瘦肉在 7～13mm 孔径绞板的绞肉机上绞碎得到粗绞肉，应呈粒状，温度不宜超过 10℃，要求绞肉机的绞肉刀必须锋利，且与绞板配合松紧适度。将瘦肉在斩拌机上斩成肉糜状，并同时加入其他辅料。其过程为开动斩拌机后，先将肉均匀地放入斩拌机的圆盘内，然后放入冰屑，再加入淀粉和香辛料，斩拌 2～5min，斩拌后要求肉质鲜红，要有弹性，手捏无肉粒，无冰屑。

5. 真空搅拌

真空搅拌除将粗绞肉和细斩肉混合均匀之外，能够防止成品产生气泡和氧化作用，同时防止产生物理性胀罐。将上述斩拌好的肉糜倒入真空搅拌机在 $0.067\sim0.080$MPa 真空下搅拌 2min。

6. 装罐

装填操作最好采用机械装罐，这样可以使形态完全一致，避免因手工操作用力不均匀而产生形态不良。装罐时肉糜温度不超过 13℃，同时注意称量准确，装罐紧密。装罐称重后表面抹平，中心略凹。

7. 密封及杀菌冷却

采用真空密封，真空度为 $60\sim67$kPa。密封后的罐头逐个检查封口质量，合格者经温水清洗后，进行杀菌。均匀冷却到 40℃ 以下。

净重 340g 杀菌式：15min—55min—反压冷却/121.1℃（反压：0.15MPa）。

冷却后的罐头及时擦罐，入库保存。

（三）产品质量标准

1. 感官指标

产品感官指标应符合表 6-1-1 的要求。

表 6-1-1　午餐肉罐头的感官指标

项目	优级品	合格品
色泽	表面色泽正常，切面呈淡粉红色	表面色泽正常，无明显变色，切面呈浅粉红色，稍有光泽
滋味、气味	具有午餐肉罐头浓郁的滋味与气味，无异味	具有午餐肉罐头较好的滋味与气味，无异味
组织形态	组织紧密，富有弹性，切面光滑，夹花均匀，无明显的大块肥肉夹花或大蹄筋，允许有极少量最大直径小于 8mm 的小气孔，无明显缺角	组织紧密细嫩，有弹性感，略有收腰、缺角和粘罐，切面光滑，稍有大块肥肉夹花或大蹄筋，允许少量最大直径小于 8mm 的气孔，缺角不超过周长的 30%
析出物	脂肪和胶冻析出量不超过净含量的 0.5%，净含量为 198g 的析出量不超过 1%	脂肪和胶冻析出量不超过净含量的 1.0%，净含量为 198g 的析出量不超过 1.5%
杂质	无外来杂质	

2. 理化指标

其他理化指标应符合表 6-1-2 的要求。

表 6-1-2　理化指标　　　　　　　　　　　　单位：%

项目		优级品	合格品
蛋白质	≥	12.0	10.0
脂肪	≤	24.0	26.0
淀粉	≤	6.0	7.0
水分	≤	68	
氯化钠	≤	2.5	

3. 净含量

应符合相关标准和规定的要求。

4. 安全指标

应符合 GB 7098 的规定。

（四）问题分析与解决

1. 粘罐

为解决午餐肉的粘罐问题，通常的办法是装罐前在罐内壁涂一薄层熟猪油，装罐表面抹平后也应涂一层猪油。但最好的办法是制罐前在镀锡薄板上涂布脱膜涂料，用脱膜涂料生产午餐肉开罐后不粘罐，表面无白色脂肪层，外观较好，生产方便。

2. 形态不良

午餐肉形态上的缺陷主要是腰箍和缺角，应用装罐机装填，可防止上述缺点。

 【任务考核】

一、产品质量评定

按表 6-1-3 中项目进行检验记录。对成品质量给予评价、评分。检验方法按 GB/T 10786—2006 规定方法进行，详见附录 2。

表 6-1-3　午餐肉罐头成品质量检验报告单

组别		1	2	3	4	5	6
规格		304 型马口铁罐午餐肉罐头产品					
真空度/MPa							
总重量/g							
罐（瓶）重/g							
净重/g							
罐与固重/g							
固形物重/g							
亚硝酸盐/%							
NaCl/%							
色泽							
口感							
气味							
组织状态							
pH							
质量问题	内壁						
	瘪罐						
	硫化物污染						
	血蛋白凝固物						
	杂质						
结论（评分）							
备注							

二、学生成绩评定方案

对学生的评价方式建议采用过程考核成绩与成品质量评定成绩相结合，考评方案见表 6-1-4。

表 6-1-4 学生成绩评定方案

考评方式	过程考评		成品质量评定
	素质考评	操作考评	
	20分	30分	50分
考评实施	由指导教师根据学生的平时表现考评	由指导教师依据学生生产操作时的表现进行考评以及小组组长评定，取其平均值	由指导教师带领学生对产品进行检验，按照成品质量标准评分。见表6-1-3
考评标准	完成任务态度(5分) 团队协作(5分) 解决问题能力(5分) 创新能力(5分)	原辅料选购(5分) 生产方案设计(10分) 设备使用(5分) 操作过程(10分)	按照产品物理感官评定项目表评分

注：造成设备损坏或人身伤害的项目计 0 分。

【任务拓展】

一、香肠罐头生产

（一）原辅材料

（1）猪肉 应符合 GB/T 9959.1 或 GB/T 9959.2 的要求。

（2）食用盐 应符合 GB/T 5461 的要求。

（3）白砂糖 应符合 GB/T 317 的要求。

（4）淀粉 应符合 GB/T 8885 的要求。

（5）亚硝酸钠 应符合 GB 1886.11 的要求。

（6）肠衣 采用色泽、气味正常，加工良好的羊肠衣或人造肠衣，直径为 14～18mm。

（7）玉果粉 棕黄色，干燥无粗粒的粉末，无夹杂物，有显著浓郁香味，无霉变、虫蛀。

（8）胡椒粉 应符合 GB/T 7900 的要求。

（9）姜粉 采用干燥无杂质、无霉变的姜粉，香辣味正常。

（二）工艺流程

原料→去杂质→低温腌制→绞肉→斩拌→肠衣处理→灌肠→烟熏→装罐→真空密封→杀菌、冷却→擦干→入库

（三）操作要点

1. 原料预处理

采用来自非疫区、健康良好、宰前宰后兽医检验合格的、经冷却排酸的去皮、去骨、去肥膘的纯瘦肉作为原料。肥肉只能用猪的脂肪，瘦肉要除去骨、筋腱、肌膜、淋巴、血管、病变及损伤部位。

2. 肠衣处理

肠衣可以使用天然肠衣或人造肠衣。罐头香肠使用的天然肠衣为绵羊肠衣，要求色白、质

韧，内径 16～18mm，无霉变、砂眼等。人造肠衣为纤维素黏胶肠衣，其质地与玻璃纸相同，透明、有通透性，可以透过熏烟。若采用人造肠衣，应将其内外清洗干净，然后进行灌肠。

3. 低温腌制

将合格的纯瘦肉切成 0.2～0.3kg 小块肉，按比例拌上混合盐进行腌制。混合盐配比为：精盐 98%，砂糖 1.45%，亚硝酸钠 0.55%。腌制时每 100kg 瘦肉块中加入混合盐 2.5kg，搅拌均匀后放入不锈钢桶中，2～4℃的冷库中腌制 48～72h。

4. 绞肉及斩拌

将腌制后的肉经绞板孔径为 9mm 和 2mm 的双刀双绞板绞肉机绞碎，然后将 20kg 冰屑撒入斩拌机中，再加入 100kg 绞碎的纯瘦肉，斩拌机转动 1min 后均匀地加入淀粉 0.06kg，白胡椒粉 0.05kg，红辣椒粉 0.01kg，味精 0.1kg。

5. 真空搅拌

斩拌后将肉糜放入真空搅拌机中进行真空搅拌，真空控制在 80kPa，搅拌时间为 10min。左右搅拌时，肉糜温度低于 18℃。

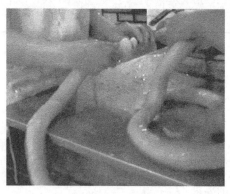

图 6-1-2　灌肠

6. 灌肠

可采用灌肠机进行灌肠（见图 6-1-2）。要求香肠每节长 7.5～8.0cm 或 9.0～9.5cm。逐根刺孔放气，打结松紧适宜。

7. 烟熏

将罐好的香肠吊挂在烟熏木棒或烟熏架上，每 5～7 节一环吊挂，再以温水淋洗去掉表面污垢的肉糜，用布擦干，否则其易在肠表面形成斑点。然后将香肠送进烟熏室内，先用温度为 100～200℃ 的明火烘烤 10min，烘烤后擦去肠头的血水，然后开始烟熏，温度为 70～80℃ 烟熏 40min 后调换香肠位置再继续烟熏 50～60min。烟熏完毕。肉馅基本凝固、有弹性，肠衣表面呈红褐色，无白点、无析油现象。

8. 预煮装罐

烟熏后的香肠趁热放入 80～85℃ 的热水中预煮 10～15min 然后进行装罐（人造肠衣制品预煮后经冷却及剥去肠衣后再装罐）。一般天然肠衣香肠要成对装，人造肠衣香肠单根装。装罐采用 7116# 罐。装罐量：净重 425g。

9. 排气密封

抽气密封 0.047～0.053MPa。

10. 杀菌冷却

密封后马上进行杀菌。

净重 425g 杀菌式（抽气）：先沸水 15min—25min/110℃，再蒸汽 25min—25min—10min/110℃，杀菌后立即冷却至 40℃ 左右。

（四）产品质量标准

1. 感官指标

香肠罐头的感官指标应符合表 6-1-5 的要求。

表 6-1-5 香肠罐头感官指标

项目	优级品	一级品	合格品
色泽	黄棕色或浅褐色,汤汁澄清。允许汤汁略浑浊,允许有少量脂肪析出,每罐色泽大致均匀,无明显花肠	呈黄棕色或浅褐色,汤汁澄清。允许汤汁略浑浊,允许有少量脂肪析出,每罐色泽大致均匀	呈棕色或浅褐色。允许略有烟熏不匀的花肠,允许汤汁浑浊,允许少量脂肪析出
滋味、气味	具有猪肉香肠罐头应有的滋味及气味,无异味		
组织形态	肉质细嫩、紧密、有弹性,长短、粗细大致均匀,无破裂、畸形,允许有刀痕。425g 每罐装 10 根,同一批根数一致	肉质较细嫩、紧密、有弹性,长短、粗细大致均匀,无破裂及明显畸形,允许有刀痕。425g 罐装 10~11 根,同一批根数一致	肉质细嫩、紧密、长短、粗细大致均匀,允许有不明显的畸形和轻微破裂。段装:段长为 40~60mm

2. 理化指标

(1) 净重 应符合表 6-1-6 中净重的要求,每批产品平均净重应不低于标明重量。

表 6-1-6 香肠罐头的净重和固形物含量

罐号	净重		固形物		
	标明重量/g	允许公差/%	含量/%	规定重量/g	允许公差/%
7116	425	±3.0	55	234	±11.0

(2) 固形物 应符合表 6-1-6 中固形物含量的要求,每批产品平均固形物重应不低于规定重量。

(3) 淀粉 含量不大于 2%。

(4) 氯化钠 含量为 1.5%~2.5%。

(5) 亚硝酸钠 含量不大于 30mg/kg。

(6) 苯并 (a) 芘 含量不大于 0.001mg/kg。

(7) 重金属 含量应符合表 6-1-7 的要求。

表 6-1-7 香肠罐头的重金属含量 　　　　单位:mg/kg

项目	锡(Sn)	铜(Cu)	铅(Pb)	砷(As)	汞(Hg)
指标	≤200.0	≤5.0	≤1.0	≤0.5	≤0.1

3. 微生物指标

应符合罐头食品商业无菌的要求。

(五) 问题分析与解决

1. 肠衣爆裂

(1) 肠衣质量不好 多发生于使用天然肠衣。该种肠衣弹性不及人造肠衣,如保管不当,弹性及牢固性极差,遇热即会破裂。

解决措施:加强天然肠衣的保管,还可在使用前用 2% 的明矾水搓洗。

(2) 肉馅充填过紧 注意不能灌得太紧太实。

(3) 煮制时温度掌握不当 一般水温达 92~94℃ 时即可下锅,水温保持在 82~85℃,并保持这一温度直至香肠煮熟。

(4) 烘烤、熏烤温度过高 注意控制烘烤、熏烤温度不宜过高。

（5）原料不新鲜或肉馅变质而导致爆裂　解决措施：①选用新鲜合格原料；②斩拌时可采用加冰屑的方法降温；③搞好生产场地、设备和容器的洗刷、消毒。

2. 香肠表面发花，色泽不一致

主要应掌握好烤制时的温度，若温度太高，则水分蒸发快，易于发花。对于人造纤维的香肠，蒸汽烤制比采用煤火烤制为好，而用煤火烤制比用木材烧火烤制为好。另外，炉膛肠衣太潮、倒风亦会引起香肠表面发花。

3. 肠头发绿，肠身发绿

可能是香肠在罐内未浸到盐水，而形成的类似氧化圈的现象。因此可加满汤汁，以防止肠头发绿。

4. 发硬、组织不细腻等

原因之一是使用设备的问题，特别是绞肉刀、斩拌刀具不锋利，使肉不细腻所致。总的来说，香肠的表面质量问题，主要决定于肉的新鲜程度、肉的解冻以及腌制过程。

5. 香肠上有气泡

主要是料温高，料中气体未排除。

6. 组织发渣

主要原因是冻肉料温高，腌制期过长，脂肪加入量过多，加水量过多。烟熏不良等。

7. 红肠有酸味或臭味

主要原因是：①料不新鲜，本身已带有腐败气味。②已分割的原料，在高温下堆积过厚，放置时间过长，以致原料"热捂"变质。③腌制温度过高。④原料在搅拌或斩拌时，由于摩擦作用肉温升高。⑤烘烤时炉温过低，烘烤时间过长。

解决措施：采用新鲜的原料，原料处理过程中不要在高温下堆积时间过长，要进行低温腌制，原料斩拌过程中要注意加冰，烘烤时温度要适当提高，不宜时间过长。

二、火腿罐头生产

（一）原辅材料

（1）猪肉　原料采用符合 GB/T 9959.1（带皮鲜、冻猪肉）或 GB/T 9959.2（无皮鲜、冻猪肉）或 GB/T 9959.3（分部位分割冻猪肉）的猪肉。来自非疫区健康良好的猪，屠宰前后经兽医检查并附有合格证书。肉肥膘不宜过厚，最好采用肥膘厚度为 1～3cm 即商品等级为 1 级或 2 级的猪肉。猪肉须冷却排酸，不允许有配种猪、母猪、黄脂猪及 2 次冷冻或质量不好的猪肉。

（2）胡椒　采用干燥、无霉变的黑色或白色的香辣味浓郁的胡椒。

（3）月桂叶　采用品质好、干燥、无蛀虫、香味正常的月桂叶。

（4）谷氨酸钠　应符合 GB/T 8967 的要求。

（5）食盐　应符合 GB/T 5461 的要求。

（二）工艺流程

取料→腌制→装罐→密封→杀菌→冷却→成品

（三）操作要点

1. 原料处理

猪后腿肉经拆骨、去皮后，切取装罐时所需要的整块，块型大小可参照罐型尺寸进行，块型应完整并除去表层的肥膘，厚度均匀，使每块腿肉重量达到 460～470g。

2. 注射盐水

混合盐配方：精盐 5.39kg，砂糖 105.6g，亚硝酸钠 4.4g。

混合盐水配制：混合盐 9kg，胡椒粒 100g，清水 31kg，味精（80％）50g，月桂叶 40g。

方法：将混合盐、月桂叶、胡椒粒及清水在夹层锅内加热至沸，待混合盐溶解后再加入味精，取出绒布过滤，用冷开水调整重量至 40kg，然后迅速冷却，即为含盐量 22.5％的混合盐水。

多聚磷酸钠溶液的配制：取多聚磷酸钠 1.25kg，放于不锈钢桶内，然后加入冷却沸水 8.75kg，待全部溶解后调整至 10kg。

注射盐水的配制：取混合盐水 40kg，多聚磷酸钠液 10kg，在不锈钢桶内进行混合，即成含盐量为 18％、多聚磷酸钠含量为 2.5％的注射盐水。配制后迅速冷却至 10～12℃即可供注射用。

将以上处理好的腿肉五块，平整铺于火腿注射模具内，按盖板小孔注入盐水，注射针应在肉层中适当地上下移动，使盐水能正确地注入肉块组织内，力求注射均匀，使每只腿肉的盐水注射量严格控制在 92～94g，重量不足可补充注入，过多时将盐水挤去。

3. 吊挂腌制

腿肉逐只分别装于聚乙烯网袋内进行挂腌，腌制温度为 2～6℃，相对湿度 80％～85％，时间为 3～4d。

4. 修整

腌制后的腿肉用小刀除去外层已变色的部分、肉筋和杂质，按火腿罐型的外形修整，肉块要求肉面平整，形态完整，每块相应控制在 455～460g，腿肉拼合处（肉与肉之间）可用抓刷，将肉表面拉毛，利于肉的黏合。

5. 装罐

采用 804 罐，净重 454g，火腿（整块）444g，明胶 10g。装罐时，空罐内壁均匀涂上一层薄猪油，装火腿时将脂肪层向下，肉块掀平，勿使凹折。每罐上层均匀地撒放一层明胶粉约 10g，然后罐盖放上。

6. 密封

排气及密封：排气密封 80～85℃，20min。

7. 杀菌

杀菌式：15min—90min—15min/108℃冷却。

(四) 产品质量标准

1. 感官指标

火腿罐头的感官指标应符合表 6-1-8 的要求。

表 6-1-8　火腿罐头的感官指标

项目	指标
色泽	具有猪肉经腌制应具有的浅红色
滋味、气味	具有猪肉经腌制装罐制成的洋火腿罐头应有的风味，无异味
组织形态	猪肉为一整块，可以切片，胶冻呈微黄色，较为透明
杂质	不允许存在

2. 理化指标

（1）净重　454g，每罐允许公差±3％，但每批平均不低于净重。

（2）**含盐量** 4％～6％。

（3）**重金属含量** 每千克制品中，锡（以 Sn 计）不超过 200mg，铜（以 Cu 计）不超过 10mg，铅（以 Pb 计）不超过 2mg。

3. 微生物指标

无致病菌及因微生物作用引起的腐败征象。

三、猪肉腊肠罐头生产

（一）原辅材料

（1）**猪肉** 应符合 GB/T 9959.1 或 GB/T 9959.2 的要求。

（2）**肠衣** 采用色泽、气味正常、加工良好的羊肠衣或人造肠衣，直径为 14～18mm。

（3）**白砂糖** 应符合 GB/T 317 的要求。

（4）**食用盐** 应符合 GB/T 5461 的要求。

（5）**亚硝酸钠** 应符合 GB 1886.11 的要求。

（二）工艺流程

原料处理→配料→灌肠→烘肠→装罐→密封→杀菌→冷却→成品

（三）操作要点

1. 原料处理方法及要求

瘦肉处理：将猪腿肉去骨去皮，修去肥膘，使瘦肉基本不带肥膘，并将淡红色的瘦肉切成 100g 左右小块，用清水冲洗几次干净后再放入 11～12mm 孔径绞板的绞肉机绞碎。色泽呈中红和深红色的瘦肉切成约为 1cm 左右的薄片，并以流动水漂洗，至肉中间基本无血水为止。

肥肉处理：将肥肉去皮，纯肥肉切成 5～7mm 肉粒，然后投入 40～45℃（夏天）或 55～60℃（冬天）温水中洗去肉粒表面上的油脂，然后再用冷水洗两次，沥干水分后备用。

2. 原料配制

配料：肉粒 100kg（瘦肉粒与肥肉粒之比约为 3∶1），酒 3～4kg（按酒的质量及气候情况决定使用数量），砂糖 10kg，精盐 2.7kg，酱油 1.0kg，硝酸钠 0.04kg，亚硝酸钠 0.03kg，水约 20kg。

方法：先将精盐、糖、硝酸钠、亚硝酸钠加水溶解，然后加入酱油，过滤备用。再将肥肉粒放入配料，搅拌均匀后腌渍 10min 左右加入瘦肉粒，再加酒，充分搅拌后即可灌肠。

3. 灌肠

灌肠时可采用灌肠机或特制漏斗进行。将已调味的肉粒灌入肠衣内，灌至末端长为 5～6cm 时在肠衣末端打一个结，待全部灌满时在首端再打一个结，扎一根绳子。

4. 洗肠

结扎后的肠子用温水（45℃）清洗一下，洗净肠外附着的油，使成品起蜡光，再在冷水中冷却 20～30s，使肠身温度迅速降至常温。

5. 打孔

把灌好肉馅扎好两端的肠，用针刺孔，排出水分、空气，针刺要均匀。

6. 扎肠

腊肠每 2.5cm 处扎一根绳，扎绳位置务必使两端腊肠相等，以保证腊肠成品长度的一致，绳子两端备晒肠、倒肠用。

7. 晒肠、倒肠

将腊肠挂在竹竿上，晒至肠衣收缩呈直线皱纹，瘦肉颜色已呈粉红色即可倒肠。晒肠时间一般为 4～6h。倒肠时，把下端挂起，使上下收缩均匀。

8. 烘肠

第一次倒肠后即可进烘房，进料后 30～60min 内温度要求达到 50～55℃，保持 5～6h，使腊肠基本收身；肠衣干爽后，即进行第二次倒肠，这时温度保持 53～58℃，烘制时间为 18h 左右，然后再将上下层腊肠调换位置，继续烘 24h 左右，使肠完全收身，基本烘透即可。

烘制好的腊肠贮放 1～3d，使肠身回潮转化即可装罐。将不符合条装的腊肠切成厚 2～3mm，宽约 1～2cm，长 2～4cm 的斜片作片状装罐。

9. 装罐

采用 854# 罐，净重 142g，装入腊肠 142g（片装）。

10. 排气及密封

预封排气密封：中心温度不低于 65℃。

抽气密封：0.040MPa 左右。

11. 杀菌及冷却

净重 142g 杀菌式（抽气）：10min—23min—10min/115℃ 冷却。

（四）产品质量标准

1. 感官指标

猪肉腊肠罐头的感官指标应符合表 6-1-9 的要求。

表 6-1-9　猪肉腊肠罐头感官指标

项目	优级品	一级品	合格品
色泽	红色鲜明，瘦肉呈暗红色，有油光，条装的两端色泽稍深，片装的允许部分色泽稍深	红色尚鲜明，瘦肉呈暗红色，略有油光，条装的两端色泽稍深，片装的允许部分色泽稍深	红色至暗红色，条装的两端色泽稍深，片装的允许部分色泽稍深
滋味、气味	具有猪肉腊肠浓郁的滋味及气味，无异味		具有猪肉腊肠应有的滋味及气味，无异味
组织形态	组织软硬适度，肥瘦肉粒比例适当。条装的长短、粗细较均匀，长度为 70～100mm。片装的呈椭圆形，长宽较均匀，长 20～40mm，宽 10～20mm，厚 4～6mm	组织软硬较适度，允许肥肉粒稍多。条装的长短、粗细大致均匀；片装的呈椭圆形，长宽尚均匀	组织软硬尚适度，允许稍软或稍硬。肥瘦搭配及长短、粗细、宽度大致均匀

2. 理化指标

（1）净重　应符合表 6-1-10 中有关净重的要求，每批产品平均净重不低于标明重量。

表 6-1-10　猪肉腊肠罐头的净重和固形物含量

罐号	净重	
	标明重量/g	允许公差/%
854	142（片装）	±4.5

（2）氯化钠　含量为 3.5%～5.0%。

(3) 亚硝酸钠 含量不大于 50mg/kg。

(4) 重金属 含量应符合表 6-1-11 的要求。

表 6-1-11 猪肉腊肠罐头的重金属含量 　　单位：mg/kg

项目	锡(Sn)	铜(Cu)	铅(Pb)	砷(As)	汞(Hg)
指标	≤200.0	≤5.0	≤1.0	≤0.5	≤0.1

3. 微生物指标

应符合罐头食品商业无菌要求。

四、咸牛肉罐头生产

(一) 原辅材料

(1) 牛肉 应符合 GB/T 9960 的规定。

(2) 淀粉 应符合 GB/T 8884 或 GB/T 8885 的规定。

(3) 食用盐 应符合 GB/T 5461 的规定。

(4) 亚硝酸钠 应符合 GB 1886.11 的规定。

(5) 白砂糖 应符合 GB/T 317 的规定。

(二) 工艺流程

原料处理→切块→腌制→预煮→斩拌→装罐→排气→密封→杀菌→冷却→成品

(三) 操作要点

1. 原料处理

去皮去骨牛肉除去过多的脂肪，切成长 15cm、厚 5cm 的条肉。

2. 腌制

每 100kg 肉加 2.5kg 1 号混合盐，在 0～4℃冷库腌制 24～72h。

3. 预煮

在连续预煮机或夹层锅预煮，水沸后卜肉煮沸 7～10min（第一锅预煮水中加入食盐适量约 1%）。得率 78%～80%。

4. 斩拌

煮后肉块经斩拌机斩成小块。斩拌时每 100kg 肉块加淀粉 6kg，斩后碎块不应有连刀现象。在使用三级牛肉时，每 100kg 肉块应加 1～2kg 熟牛肉。

5. 装罐

罐号 701# 或 953#，咸牛肉 340g，净重 340g。

6. 排气及密封

抽气密封：0.053MPa。

7. 杀菌及冷却

杀菌式（抽气）：15min—90min—反压冷却/121℃（反压：0.10～0.12MPa）。

(四) 产品质量标准

1. 感官指标

咸牛肉罐头的感官指标应符合表 6-1-12 的要求。

表 6-1-12　咸牛肉罐头感官指标

项目	优级品	一级品	合格品
色泽	肉色正常,呈淡红色	肉色正常,表面呈淡红色,略带暗红色	肉色正常,表面呈暗红色
滋味、气味	具有咸牛肉罐头应有的滋味及气味,无异味		
组织形态	每罐能切 5 片,切面有松散的小肉块,无大块粗组织膜,小于 1cm² 的粗组织膜不超过 2 块。形态完整,无明显的胶冻和汁液析出。允许内容物的一端有少量脂肪析出,但平均厚度不得超过 2mm	每罐能切 5 片,切面有尚明显的小肉块,无大块粗组织膜,小于 1cm² 的粗组织膜不超过 3 块。形态完整,稍有胶冻和汁液析出。允许内容物的一端有少量脂肪析出,但平均厚度不得超过 3mm	每罐尚能切片,切面的小肉块不明显,无大块粗组织膜,大于 22cm 的粗组织膜不超过 3 块。形态完整,有少量胶冻和汁液析出。允许内容物的一端有少量脂肪析出,但平均厚度不得超过 5mm

2. 理化指标

(1) 净重　应符合表 6-1-13 中有关净重的要求,每批产品平均净重不低于标明重量。

表 6-1-13　咸牛肉罐头的净重和固形物含量

罐号	净重	
	标明重量/g	允许公差/%
罐号 701 或 953	340	±3

(2) 氯化钠　含量为 1.5%～2.5%。

(3) 亚硝酸钠　含量不大于 50mg/kg。

(4) 重金属　含量应符合表 6-1-14 的要求。

表 6-1-14　咸牛肉罐头的重金属含量　　　　单位：mg/kg

项目	锡(Sn)	铜(Cu)	铅(Pb)	砷(As)	汞(Hg)
指标	≤200.0	≤5.0	≤1.0	≤0.5	≤0.1

3. 微生物指标

应符合罐头食品商业无菌要求。

任务 6-2　清蒸猪肉罐头生产

【任务描述】

清蒸猪肉罐头是以猪肉为主要原料,再在罐内加入食盐、胡椒、洋葱、月桂叶等配料,经过排气、密封、杀菌后制成的一类肉罐头。该罐头生产过程简单,且最大限度地保存了猪肉的原有风味,是清蒸类罐头的代表产品。目前市面上常见的清蒸类罐头主要有原汁猪肉、清蒸羊肉、清蒸牛肉等。

通过清蒸猪肉罐头生产的学习,了解清蒸类罐头的主要特点,掌握主要生产工艺,熟悉生产该类罐头主要的使用与维护;能进行原料估算,并按要求准备原料;掌握排气、杀菌以及分段冷却等操作要点。

教学采用资讯→计划→决策→实施→检查→评价六步教学法。

【任务实施】

一、生产任务单

生产 10000 罐清蒸猪肉罐头。要求：采用 8117 号罐，净重 550g，肉重 535g，精盐 7g，洋葱末 8～10g，胡椒 2～3 粒，月桂叶 0.5～1 片。

二、原料要求与准备

（一）原辅料标准

（1）猪肉 应符合 GB/T 9959.1 或 GB/T 9959.2 或 GB/T 9959.3 的要求。

（2）胡椒 采用干燥、无霉变的黑色或白色的香辣味浓郁的胡椒。胡椒粉：采用干燥、无杂质、无霉变、香辣味浓郁的胡椒粉。

（3）月桂叶 采用品质良好、干燥、无虫蛀、香味正常的月桂叶。

（4）洋葱 采用品质良好、无霉烂变质的鲜、干红皮球形葱头。

（5）食盐 应符合 GB/T 5461 的要求。

（二）用料估算

根据生产任务书可知：产品净重 550g，肉重 535g，精盐 7g，洋葱末 8～10g，胡椒 2～3 粒，月桂叶 0.5～1 片。

根据实验得知：对于符合原料标准的猪肉，原料去皮去骨损耗约 24%，其他损耗约 2%，因此猪肉可利用率为 74%。

生产 10000 罐清蒸猪肉罐头需要：

$$猪肉量＝每罐肉重÷猪肉可利用率×总罐数＝535g÷74\%×10000＝7230kg$$

$$洋葱量＝每罐洋葱的重量×总罐数＝(8～10)g×10000＝80～100kg$$

$$精盐量＝每罐精盐的重量×总罐数＝7g×10000＝70kg$$

综上可得：生产清蒸猪肉罐头 10000 罐，需要新鲜猪肉 7230kg，洋葱 80～100kg，精盐 70kg。

三、生产用具及设备的准备

（一）空罐的准备

挑选 8117 马口铁罐，除舌头、塌边等封口不良罐，剔除焊线缺陷、翻边开裂等不良罐。对合格的罐进行清洗、消毒。

（二）用具及设备准备

切刀、封罐机、高压杀菌锅。

四、产品生产

（一）工艺流程

原料→解冻→原、辅料的处理→装罐→排气、密封→杀菌、冷却→保温检验→成品

（二）操作要点

1. 原料处理及要点

切块：去骨去皮猪肉切成长宽各约 5～7cm 肉块，每块重 110～180g。腱子肉可切成 4cm 左右的肉块，分别放置，经复检后备装罐。

洋葱：洋葱经处理清洗后绞细。

2. 装罐

采用罐号 8117#，净重 550g，肉重 535g，精盐 7g，洋葱末 8～10g，胡椒 2～3 粒，月桂叶 0.5～1 片。

3. 排气及密封

抽气密封：真空度 0.053MPa；排气密封：中心温度不低于 65℃。

4. 杀菌及冷却

净重 550g 杀菌式（排气）：15min—80min—反压冷却/121℃（反压：0.17MPa）。

（三）产品质量标准

1. 感官指标

清蒸猪肉罐头的感官指标应符合表 6-2-1 的要求。

表 6-2-1　清蒸猪肉罐头的感官指标

项目	优级品	一级品	合格品
色泽	肉色正常。在加热状态下，汤汁呈淡黄色至淡褐色，允许稍有沉淀及浑浊	肉色较正常。在加热状态下，汤汁呈淡黄色至淡褐色，允许有轻微沉淀及浑浊	肉色尚正常。在加热状态下，汤汁呈黄褐色至红褐色，允许有沉淀及浑浊
滋味、气味	具有清蒸猪肉罐头应有的滋味和气味，无异味		
组织形态	肉质软硬适度，在汤汁熔化状态下，小心自罐内取出肉块时，不允许碎裂。550g 每罐装 3～5 块，块形大小大致均匀，允许添称小块不超过 2 块。肉块不带硬骨、软骨、粗筋、粗组织膜及血管，允许有少量血蛋白	肉质软硬较适度，在汤汁熔化状态下，小心自罐内取出肉块时，允许稍有碎裂。550g 每罐装 3～6 块。块形大小大致均匀，允许添称小块不超过 2 块。肉块不带硬骨、软骨、粗组织膜及血管，允许有少量血蛋白，每罐淤血肉不超过 1 块	肉质软硬尚适度，在汤汁熔化状态下，小心自罐内取出肉块时，允许碎裂，块形大小尚均匀。肉块不带硬骨、粗组织膜及粗血管。允许有血蛋白，每罐淤血肉（淤血面积不超过 1cm²）不超过 2 块

2. 理化指标

（1）净重　应符合表 6-2-2 中有关净重的要求，每批产品平均净重应不低于标明重量。

表 6-2-2　清蒸猪肉罐头的净重和固形物的要求

罐号	净重		固形物		
	标明重量/g	允许公差/%	含量/%	规定重量/g	允许公差/%
8117	550	±3.0	59	325	±9.0

（2）固形物　应符合表 6-2-2 中有关固形物含量的要求，每批产品平均固形物重应不低于规定重量。其中，优级品肥膘肉加熔化油的量个别罐允许达到净重的 20%，但平均不多于净重的 15%，一级品不多于净重的 20%，合格品不多于净重的 25%。

（3）氯化钠含量：1.0%～1.5%。

（4）卫生指标：应符合 GB 7098 的要求。

3. 微生物指标

应符合罐头食品商业无菌要求。

（四）问题分析与解决

① 月桂叶不能放在罐内的底部，应夹在肉层中间，不然月桂叶和底盖接触处易产生硫化铁。

② 精盐和洋葱等应定量装罐，不宜采用拌料装罐方法，不然会产生腌肉味或配料拌和不均现象。

 【任务考核】

一、产品质量评定

按表 6-2-3 中项目进行检验记录。对成品质量给予评价、评分。检验方法按 GB/T 10786—2006 规定方法进行，详见附录 2。

表 6-2-3　清蒸猪肉罐头成品质量检验报告单

组别		1	2	3	4	5	6
规格		8117 型马口铁罐清蒸猪肉罐头产品					
真空度/MPa							
总重量/g							
罐（瓶）重/g							
净重/g							
罐与固重/g							
固形物重/g							
亚硝酸盐/%							
NaCl/%							
色泽							
口感							
气味							
组织状态							
pH							
质量问题	内壁						
	瘪罐						
	硫化物污染						
	血蛋白凝固物						
	杂质						
结论（评分）							
备注							

二、学生成绩评定方案

对学生的评价方式建议采用过程考核成绩与成品质量评定成绩相结合，考评方案见表 6-2-4。

表 6-2-4　学生成绩评定方案

考评方式	过程考评		成品质量评定
	素质考评	操作考评	
	20 分	30 分	50 分
考评实施	由指导教师根据学生的平时表现考评	由指导教师依据学生生产操作时的表现进行考评以及小组组长评定，取其平均值	由指导教师带领学生对产品进行检验，按照成品质量标准评分。见表 6-2-3
考评标准	完成任务态度(5分) 团队协作(5分) 解决问题能力(5分) 创新能力(5分)	原辅料选购(5分) 生产方案设计(10分) 设备使用(5分) 操作过程(10分)	按照产品物理感官评定项目表评分

注：造成设备损坏或人身伤害的项目计 0 分。

【任务拓展】

一、原汁猪肉罐头生产

（一）原辅材料

(1) 猪肉　原料采用符合 GB/T 9959.1（带皮鲜、冻猪肉）或 GB/T 9959.2（无皮鲜、冻猪肉）或 GB/T 9959.3（分部位分割冻猪肉）的猪肉。来自非疫区健康良好的猪，屠宰前后经兽医检查并附有合格证书。肉肥膘不宜过厚，最好采用肥膘厚度为 1～3cm 即商品等级为 1 级或 2 级的猪肉。猪肉须冷却排酸，不允许有配种猪、母猪、黄脂猪及 2 次冷冻或质量不好的猪肉。

(2) 胡椒　采用干燥、无霉变的黑色或白色的香辣味浓郁的胡椒。胡椒粉：采用干燥、无杂质、无霉变、香辣味浓郁的胡椒粉。

(3) 月桂叶　采用品质好、干燥、无蛀虫、香味正常的月桂叶。

(4) 洋葱　采用品质好，无霉烂变质的鲜、干红皮球形葱头。

(5) 食盐　应符合 GB/T 5461 的要求。

（二）工艺流程

原料验收→解冻→去毛污→处理（剔骨、去皮、整理、分段）→切块→复验→拌料→装罐→排气密封→杀菌冷却→擦干→入库

　　　　　　　　　　　　　　　　　　　　　　　　　　　　　　　　↑
　　　　　　　　　　　　　　　　　　　　　　　　　　　　　　　猪皮胶熟制

（三）操作要点

1. 解冻

以冷冻肉为原料时须先进行解冻。解冻过程中应经常对原料表面进行清洁工作，解冻后质量要求肉色鲜红、富有弹性、无肉汁析出、无冰晶体、气味正常、后腿肌肉中心 pH 6.2～6.6。

2. 毛污处理洗除

解冻后猪肉表面的污物，去除残毛、血污肉、槽头（脖颈）、碎肉等，肥膘太厚者应片除，

227

控制肥膘厚度在 1～1.5cm 左右。

3. 清洗刮割

猪肉经解冻后，用清水洗涤，除净表面污物后，去除残毛、血污肉、脖颈、奶头肉、碎肉等。均应砍去脚圈分段。

4. 剔骨

剔骨可以整片进行，也可以分段后进行。要求剔除全部的硬骨和软骨，剔骨时必须保证肋条肉、后腿肉等的完整性，下刀要准，避免碎骨。剔骨要净，做到骨中无肉，肉中无骨，剔下来的肉片及时取走，不得积压。

5. 去皮

剔骨后的肉应去皮，去皮时刀面贴皮进刀，要求皮上不带肥肉，肉上不带皮。然后将肉的毛根、残留猪毛及杂质刮净。

6. 切块

将整理后的肉按部位切成长宽各为 3.6～6cm 的小块，每块约重 50～70g。

7. 复检

切块后的肉逐块进行一次复检，剔除残留的血污、碎骨、伤肉、猪毛、淋巴等一切杂物并注意保持肉块的完整。将肉按肥瘦、大小分开，以便搭配装罐。

8. 拌料

按肥肉、瘦肉分别拌料，以便搭配装罐。拌料比例：肉块 100kg，精盐 1.3kg，白胡椒粉 0.05kg，拌和均匀。

9. 猪皮胶或猪皮粒制备

原料猪肉罐头装罐时须添加一定比例的猪皮胶或猪皮粒。

(1) 猪皮胶熬制　取新鲜猪皮（最好是背部猪皮）清洗干净后加水煮沸 10min 取出。稍加冷却后用刀刮除皮下脂肪层及皮面污垢，并拔除毛根（毛根密集部位弃去）。然后用温水将碎脂肪屑全部洗净，切成条按 1∶2 的皮水比例在微沸状态下熬煮，熬制汤汁浓度为14％～16％，出锅以 4 层纱布过滤后备用。

(2) 猪皮粒制备　取新鲜猪皮，清洗干净后加水煮沸 10min（时间不宜煮得过长，否则会影响凝胶能力），取出在冷水中冷却后去除皮下脂肪及表面污垢，拔净毛根，然后切 5～7cm 宽的长条，在－2～5℃中冻结 2h 取出用绞肉机绞碎，搅板孔径为 2～3mm。绞碎后置于冷藏库中备用。这种猪皮粒装罐后完全熔化。

10. 装罐

罐内肥肉和熔化油含量不超过净重的 30％。因此在原料处理时除了控制肥肉厚度在 1cm 左右外，在装罐时须进行合理搭配，一般后腿与肋条肉、前腿与背部大排肉搭配装罐。每罐内添称小块肉不宜过多，一般不允许超过两块。

11. 排气密封

真空密封，真空 153.3kPa；加热排气密封应先经预封，排气后罐内中心温度不低于 65℃，密封后立即杀菌。

12. 杀菌

密封后的罐头应尽快杀菌，停放时间一般不超过 40min。原汁猪肉需采用高温高压杀菌，杀菌温度为 121℃，杀菌时间在 90min 左右。

962 罐杀菌式为：15min—60min—20min/121℃ 或 15min—70min—反压冷却/121℃（反压力

为 0.1078～0.1275MPa）。

（四）产品质量标准

1. 感官指标

原汁猪肉罐头的感官指标应符合表 6-2-5 的要求。

表 6-2-5 原汁猪肉罐头的感官指标

项目	优级品	一级品	合格品
色泽	肉色正常,在加热状态下,汤汁呈淡黄色至淡褐色,允许稍有沉淀	肉色较正常,在加热状态下,汤汁呈淡黄色至淡褐色,允许有轻微沉淀	肉色尚正常,在加热状态下,汤汁呈淡褐色至褐色,允许有沉淀
滋味、气味	具有原汁猪肉罐头应有的滋味和气味,无异味		
组织形态	肉质软硬适度,每罐装 5～7 块,块形大小大致均匀,允许添称小块不超过 2 块	肉质软硬适度,每罐装 4～7 块,块形大小大致均匀,允许添称小块不超过 2 块	肉质软硬适度,块形大小尚均匀,允许添称小块

2. 理化指标

（1）净重　应符合表 6-2-6 中有关净重的要求，每批产品平均净重应不低于标明重量。

（2）固形物　应符合表 6-2-6 中有关固形物含量的要求，每批产品平均固形物重应不低于规定重量。其中，优级品和一级品肥膘肉加溶化油的量平均不超过净重的 30％，合格品不超过 35％。

（3）氯化钠含量　0.65％～1.2％。

（4）卫生指标　应符合 GB 7098 的要求。

表 6-2-6 原汁猪肉罐头的净重和固形物的要求

罐号	净重		固形物		
	标明重量/g	允许公差/％	含量	规定重量/g	允许公差/％
962	397	±3.0	65	258	±9.0

3. 微生物指标

应符合罐头食品商业无菌要求。

二、清蒸牛肉罐头生产

（一）原辅材料

（1）牛肉　采用来自非疫区健康良好的黄牛，宰前宰后经兽医检验合格，牛肉肥度不低于三级，必须经冷却排酸。不允许用公牛肉（配种牛）、放血不净、冷冻两次或质量不好的肉。应符合 GB 9960 的要求。

（2）洋葱　采用品质良好、无霉烂变质的鲜、干球形葱头。

（3）食盐　应符合 GB/T 5461 的要求。

（4）白胡椒粒及白胡椒粉　应符合 GB/T 7900 的要求。

（5）月桂叶　采用品质良好、干燥、无虫蛀、香味正常的月桂叶。

（二）工艺流程

原料处理→切块→装罐→装辅料→排气→密封→杀菌→冷却→成品

（三）操作要点

1. 原料处理

去皮去骨牛肉根据部位分等割成大块，后背肉为一等肉，前胸、肋条及后腿肉为二等肉，前后腿腱子肉及脖颈肉为三等肉。

2. 切块

一、二等肉分别切成重 120～160g 肉块；前后腿筋纹少的腱子肉以及脖颈肉用清水浸泡，脱血后切成重 120～160g 重肉块；筋纹多的腱子肉切成重 10～20g，作添称小块。

3. 洋葱处理

鲜洋葱经处理清洗后切碎。

4. 装罐

采用 8113 罐灌装，净重 550g，肉重 480g，熟牛油 44g，洋葱 20g，精盐 6g，月桂叶 0.5～1 片，胡椒粉 0.06g（2～3 粒）。一、二等肉要搭配装罐，筋纹少的腿部腱子肉和脱血处理后的脖颈肉每罐只允许装 1 块；小块三等腱子肉及处理碎肉可作添称用。

5. 排气及密封

排气密封中心温度不低于 65℃。

6. 杀菌及冷却

杀菌式（排气）：15min—75min—20min/121℃冷却。

（四）产品质量标准

1. 感官指标

清蒸牛肉罐头的感官指标应符合表 6-2-7 的要求。

表 6-2-7　清蒸牛肉罐头的感官指标

项目	优级品	一级品	合格品
色泽	肉色正常,在加热状态下,汤汁呈淡黄色至淡褐色,允许稍有沉淀及浑浊	肉色较正常,在加热状态下,汤汁呈淡黄色至淡褐色,允许有轻微沉淀及浑浊	肉色尚正常,在加热状态下,汤汁呈黄褐色至红褐色,允许有沉淀及浑浊
滋味、气味	具有清蒸牛肉罐头应有的滋味和气味,无异味		
组织形态	肉质软硬适度,在汤汁熔化状态下,小心自罐内取出肉块时,不允许碎裂。550g 每罐装 3～5 块,块形大小大致均匀,允许添称小块不超过 2 块。肉块不带硬骨、粗筋、粗组织膜及血管,允许有少量血蛋白	肉质软硬较适度,在汤汁熔化状态下,小心自罐内取出肉块时,允许稍有碎裂。550g 每罐装 3～6 块,块形大小大致均匀,允许添称小块不超过 2 块。肉块不带硬骨、粗筋、粗组织膜及血管,允许有少量血蛋白,每罐淤血肉不超过 1 块	肉质软硬尚适度,在汤汁熔化状态下,小心自罐内取出肉块时,允许碎裂,块形大小尚均匀,肉块不带硬骨、粗筋、粗组织膜及粗血管,允许有血蛋白,每罐淤血肉不超过 2 块

2. 理化指标

（1）净重　应符合表 6-2-8 中有关净重的要求，每批产品平均净重应不低于标明重量。

表 6-2-8　清蒸牛肉罐头的净重和固形物的要求

罐号	净重		固形物		
	标明重量/g	允许公差/%	含量/%	规定重量/g	允许公差/%
8113	550	±3.0	56.5	311	±9.0

（2）**固形物** 应符合表 6-2-8 中有关固形物含量的要求，每批产品平均固形物重应不低于规定重量。其中，优级品和一级品熔化油的量平均应不小于标明重量的 8％，合格品应不小于标明重量的 12％。

（3）**氯化钠含量** 1.0％～1.5％。

（4）**卫生指标** 应符合 GB 7098 的要求。

3. 微生物指标

应符合罐头食品商业无菌要求。

三、清蒸羊肉罐头生产

（一）原辅材料

（1）**羊肉** 应符合 GB/T 9961 的规定。

（2）**洋葱** 采用品质良好、无霉烂变质的鲜、干球形葱头。

（3）**食盐** 应符合 GB/T 5461 的要求。

（4）**白胡椒粒及白胡椒粉** 应符合 GB/T 7900 的要求。

（5）**月桂叶** 采用品质良好、干燥、无虫蛀、香味正常的月桂叶。

（二）工艺流程

原料→解冻→原、辅料的处理→装罐→排气、密封→杀菌冷却→保温检验→成品

（三）操作要点

1. 原料处理

解冻：夏季在室温 16～20℃，相对湿度 85％～90％的室内进行自然解冻，时间以 12～18h 为宜；冬季在 10～15℃，相对湿度 85％～90％的室内进行自然解冻，时间以 18～20h 为宜。

羊肉：去皮去骨羊肉按部位分等割成大块，后背、臀肉、后腿为一级肉；前腿、肋肉、脖头肉等为二级肉。

切块：一、二级肉分别切成约 120～160g 重肉块。

洋葱经处理清洗后切碎。

2. 装罐

采用 8113# 罐，净重 550g，羊肉 482g，熟羊油 44g，洋葱 18g，精盐 6～7g，月桂叶 0.5～1 片，白胡椒 0.06g（2～3 粒）。

3. 排气及密封

排气密封：中心温度不低于 65℃。

4. 杀菌及冷却

杀菌式（排气）：15min—75min—20min/121℃冷却。

（四）产品质量标准

1. 感官指标

清蒸羊肉罐头的感官指标应符合表 6-2-9 的要求。

2. 理化指标

（1）**净重**：应符合表 6-2-10 中有关净重的要求，每批产品平均净重应不低于标明重量。

（2）**固形物**：应符合表 6-2-10 中有关固形物含量的要求，每批产品平均固形物重应不低于规定重量。

表 6-2-9　清蒸羊肉罐头的感官指标

项目	指标
色泽	肉色正常,在加热状态下汤汁呈淡黄色或淡褐色,过 3min 后稍有沉淀,允许汤汁略微浑浊
滋味、气味	具有羊肉经处理,生装入洋葱、食盐、月桂叶及胡椒制成的清蒸羊肉罐头应具有的滋味和气味,无异味
组织形态	肉质软硬适度,经加热熟制后,小心自罐内取出肉块时,不允许碎裂。每罐以 3～5 块为标准,允许另添称小块,不超过两块

表 6-2-10　清蒸羊肉罐头的净重和固形物的要求

罐号	净重		固形物		
	标明重量/g	允许公差/%	含量/%	规定重量/g	允许公差/%
8113	550	±3.0	54	297	±9.0

（3）氯化钠含量　1.0%～1.5%。

（4）卫生指标　应符合 GB 7098 的要求。

3. 微生物指标

应符合罐头食品商业无菌要求。

任务 6-3　红烧扣肉罐头的生产

 【任务描述】

红烧扣肉罐头是以猪肉为主要原料,经过原料处理、预煮、油炸、调味料的配制、装罐排气、密封、杀菌制成的调味类肉罐头。调味类肉罐头是肉类罐头中品种、数量最多的一类。它以我国传统烹饪技艺为基础,根据烹调方法和加入的配料不同,又可分为红烧、五香、浓汁、咖喱等品种,各个品种都各具特色。

通过红烧扣肉罐头生产的学习,了解调味类肉罐头的主要特点,掌握这一类肉罐头的主要生产工艺,熟悉生产该类肉罐头主要设备的使用与维护;能进行原料估算,并按要求准备原料;会配制各种调味液,掌握排气、杀菌以及分段冷却等操作要点。

教学采用资讯→计划→决策→实施→检查→评价六步教学法。

 【任务实施】

一、生产任务单

生产 10000 罐红烧扣肉罐头,采用 962 罐;净重 397g,肉重 280g,汤汁 117g。

二、原料要求与准备

（一）原辅料标准

（1）猪肉　应符合 GB/T 9959.1 的要求。采用总肥膘厚度不大于 30mm 的肋条肉。

（2）植物油　应符合 GB 2716 的要求。

（3）食用盐　应符合 GB/T 5461 的要求。

(4) **白糖** 应符合 GB/T 317 的要求。

(5) **酱油** 应符合 GB 2717 的要求。

(6) **谷氨酸钠** 应符合 GB/T 8967 的要求。

(7) **酱色** 应符合 GB 1886.64 的要求。

(8) **黄酒** 色黄澄清，味醇正常，含酒精 12%（体积分数）以上。

(9) **姜** 采用辣味浓、无霉烂的鲜、干姜。

(10) **葱** 色、香正常的葱。

（二）用料估算

根据生产任务单可知：产品净重 397g，每罐装入肉重 280g，汤汁 117g。

根据实验得知：对于符合原料标准的猪肉，原料去皮去骨损耗约 18%，预煮损耗约 12%，油炸损耗约 12%，其他损耗约 2%，因此猪肉可利用率 56%。

生产 10000 罐红烧扣肉罐头需要：

猪肉量＝每罐肉重÷猪肉可利用率×总罐数＝280g÷56%×10000＝5000kg

配制的汤汁总量＝（净重－肉重）×总罐数＝（397g－280g）×10000＝1170kg

汤汁中其他成分按下列配方配制：骨头汤 100kg，酱油 20.6kg，生姜 0.45kg，黄酒 4.5kg，葱 0.4kg，精盐 2.1kg，砂糖 6kg，味精 0.15kg。

综上所得：生产红烧扣肉罐头 10000 罐，需要新鲜猪肉 5000kg，需要配制汤汁 1170kg。

三、生产用具及设备的准备

（一）空罐的准备

挑选 962 马口铁罐，剔除舌头、塌边等封口不良罐，剔除焊线缺陷、翻边开裂等不良罐。对合格的罐进行清洗、消毒。

（二）用具及设备准备

夹层锅、油炸锅、切刀、排气箱、封罐机、杀菌锅等。

四、产品生产

（一）工艺流程

原料处理→预煮→上色油炸→切片→复炸→装罐→加调味液→排气密封→杀菌冷却→清洗、烘干→保温检验→成品

（二）操作要点

1. 选料

原料最好选用猪的肋条及带皮猪肉。若使用前腿肉时，瘦肉过厚者应适当割除，留瘦肉厚约 2cm 左右。肋条肉靠近脊背部肥膘厚度约 2～3cm，靠近腹部的五花肉总厚度要在 2.5cm 以上，防止过肥影响质量，过薄影响块形。

2. 预煮

将整理后的猪肉放在沸水中预煮。预煮时，由于蛋白质的凝固，使肌肉组织紧密，具有一定程度的硬块，便于切块，同时，肌肉脱水后，能使调味液渗入肌肉，对成品的固形物量提供了保证。此外，预煮处理能杀死肌肉上附着的一部分微生物，有助于提高杀菌效果。

预煮时每 100kg 肉加葱及姜末各 200g（葱、姜用纱布包好）；预煮时，加水量与肉量之比为（1.5～2）∶1，肉块必须全部浸没水中。预煮时间为 35～45min，煮至肉皮发软，有黏性时取出。

预煮得率为 88%～92%。预煮是形成红烧扣肉表皮皱纹的重要工序，必须严格控制。

3. 上色

将肉皮表面水分擦干，然后涂一层着色液（黄酒 6kg，饴糖 4kg，酱色 1kg），稍停几秒，再抹一次，以使着色均匀。着色时，肉温应保持在 70℃ 以上。上色操作时注意不要将色液涂到瘦肉上和切面上，以免炸焦。

4. 油炸

油炸可以脱除肉中的部分水分，赋予肉块特有的色泽和质地。当油温加热至 190～210℃ 时，将涂色肉块投入油锅中炸制，时间约 1min 左右，炸至肉皮呈棕红色并趋皱发脆，瘦肉转黄色，即可捞出。稍滤油后即投入冷水冷却 1min 左右，捞出切片。油炸开始投料时应皮面向下，油炸至中后期要略加翻动，以使肉块受热均匀和便于观察油炸程度。

5. 切片

227g 装扣肉切成长约 6～8cm，宽约 1.2～1.5cm 的肉片。切片时要求厚薄均匀，片形整齐，皮肉不分离，并修去焦糊边缘。

6. 复炸

切好的肉片，再投入 190～210℃ 的油锅中，炸约 30s 左右，炸好再浸一下冷水，以免肉片黏结并可以去除焦屑。

7. 配调味液

熬骨头汤：每锅加入水 300kg，放入骨头 150kg，放肉、猪皮 30kg 进行小火焖煮。时间不少于 4h。取出过滤备用。骨头汤要求澄清不浑浊。

配调味液：骨头汤 100kg，酱油 20.6kg，生姜 0.45kg，黄酒 4.5kg，葱 0.4kg，精盐 2.1kg，砂糖 6kg，味精 0.15kg。除黄酒、味精外，将上述配料在夹层锅中煮沸 5min，至出锅前加入黄酒和味精，以 6～8 层纱布过滤备用。

8. 装罐

装罐时，肉片大小、色泽大致均匀，肉片皮面向上，排列整齐，添称肉放在底部。

装罐量：采用 962# 罐；净重 397g，肉重 280～285g，汤汁 117～112g。

9. 排气及密封

抽气密封：真空度 0.047MPa 左右。

排气密封：中心温度 60～65℃。

10. 杀菌及冷却

采用 962 罐型，净重 397g 杀菌式（排气）：10min—67min—反压冷却/121℃（反压 0.12MPa），杀菌后立即冷却到 40℃ 以下。

（三）产品质量标准

1. 感官指标

红烧扣肉罐头的感官指标应符合表 6-3-1 的要求。

表 6-3-1　红烧扣肉罐头的感官指标

项目	优级品	合格品
色泽	肉色正常,具有该品种应有色泽	
滋味、气味	具有红烧猪肉类罐头应有的滋味和气味,无异味	

项目	优级品	合格品
组织形态	组织柔软,瘦肉软硬适度;表皮皱纹明显,块形大小、厚薄均匀,排列整齐,允许底部添称小块不超过两块	组织较柔软,瘦肉软硬适度;表皮皱纹较明显,块形大小、厚薄较均匀,排列较整齐,允许底部添称小块不超过三块
杂质	无外来杂质及硫化铁污染物	

2. 理化指标

(1) 净含量　应符合相关标准和规定。每批产品平均净含量不低于标示值。

(2) 固形物含量　应符合表 6-3-2 中有关固形物含量的要求,每批产品平均固形物重应不低于规定重量。

表 6-3-2　固形物含量的要求

项目		优级品/%	合格品/%
固形物	≥	70	55

(3) 氯化钠　不应大于 2.5%。

(4) 污染物限量　应符合 GB 2762 相应的要求。

3. 微生物指标

无致病菌及微生物作用引起的腐败象征,应符合罐头食品商业无菌要求。

(四) 问题分析与解决

① 扣肉表面无明显的皱纹。要掌握好预煮程度和油炸温度。预煮过度,油炸时会发生大泡,并易造成皮肉脱离,预煮不足,油炸时不能形成皱纹。

② 色泽发黑。控制油炸时间不宜过长。

③ 装罐时肉块依次排列,皮向上,小块肉应衬在底部,肥瘦度搭配均匀。

④ 净重不易控制,封口前要注意重新称量。

【任务考核】

一、产品质量评定

按表 6-3-3 中项目进行检验记录。对成品质量给予评价、评分。检验方法按 GB/T 10786—2006 规定方法进行,详见附录 2。

表 6-3-3　红烧扣肉罐头成品质量检验报告单

组别	1	2	3	4	5	6
规格	962 型马口铁红烧扣肉罐头产品					
真空度/MPa						
总重量/g						
罐(瓶)重/g						
净重/g						

	罐与固重/g				
	固形物重/g				
	亚硝酸盐/%				
	NaCl/%				
	色泽				
	口感				
	气味				
	组织状态				
	pH				
质量问题	内壁				
	瘪罐				
	硫化物污染				
	血蛋白凝固物				
	杂质				
	结论(评分)				
	备注				

二、学生成绩评定方案

对学生的评价方式建议采用过程考核成绩与成品质量评定成绩相结合，考评方案见表 6-3-4。

表 6-3-4　学生成绩评定方案

考评方式	过程考评		成品质量评定
	素质考评	操作考评	
	20 分	30 分	50 分
考评实施	由指导教师根据学生的平时表现考评	由指导教师依据学生生产操作时的表现进行考评以及小组组长评定，取其平均值	由指导教师带领学生对产品进行检验，按照成品质量标准评分。见表6-3-3
考评标准	完成任务态度(5分) 团队协作(5分) 解决问题能力(5分) 创新能力(5分)	原辅料选购(5分) 生产方案设计(10分) 设备使用(5分) 操作过程(10分)	按照产品物理感官评定项目表评分

注：造成设备损坏或人身伤害的项目计 0 分。

 【任务拓展】

一、咖喱牛肉罐头生产

（一）原辅材料

（1）牛肉　新鲜良好，来自非疫区，无腐烂变质现象，并附有兽医检验合格证明。

(2) 咖喱粉　色泽、风味正常，无异味。

(3) 面粉　选用富强粉，新鲜度好，无霉变结块现象。

(4) 植物油　应符合 GB 2716 的要求。

(5) 食用盐　应符合 GB/T 5461 的要求。

(6) 白糖　应符合 GB/T 317 的要求。

(7) 酱油　应符合 GB 2717 的要求。

(8) 谷氨酸钠　应符合 GB/T 8967 的要求。

(9) 酱色　应符合 GB 1886.64 的要求。

(10) 黄酒　色黄澄清，味醇正常，含酒精 12%（体积分数）以上。

(11) 姜　采用辣味浓、无霉烂的鲜、干姜。

(12) 葱　色、香正常的葱。

（二）工艺流程

原料处理→切块→预煮→切片→装罐→配咖喱汁→排气密封→杀菌冷却→清洗、烘干→保温检验→成品

（三）操作要点

1. 原料处理

咖喱牛肉使用腿部肉搭配部分肋条肉，去皮去骨，除去过多的脂肪，预煮前先切成 5～7cm 的长条块。

2. 预煮

肋条肉与腿肉应分别预煮，水沸下锅至肉中心部稍带血水为准，预煮时间约 10～15min。预煮时，应不断清除血沫，使肉汤保持清洁。预煮脱水率为 25%～30%。预煮后切成厚 1cm、宽 3～4cm 的肉片。

3. 配咖喱汁

汤汁配料：植物油 11.25kg，油炒面 7.8kg，精盐 4kg，姜 0.236kg，砂糖 2.5kg，蒜泥 0.3kg，咖喱粉 2.83kg，油炸洋葱 4kg（油与葱之比为 1：2），黄酒 1.15kg，骨汤 100kg。

配制方法：将植物油加热至 100℃ 以上，加入咖喱粉炒拌 3～5min，加入油炸洋葱、蒜泥、盐、糖、油炒面、骨汤（姜预先放入骨汤中煮），搅匀煮沸，出锅前倒入黄酒，最后得到汤汁约 125～129kg，装罐时温度掌握在 75℃。

4. 装罐

采用罐号 854；净重 227g，装肉片 136g，汤汁 91g。

5. 排气及密封

抽气密封真空度在 53.3kPa 以上。

6. 杀菌冷却

杀菌式（抽气）：15min—90min—反压冷却/121℃（0.10～0.12MPa）。

（四）产品质量标准

1. 感官指标

咖喱牛肉罐头的感官指标应符合表 6-3-5 的要求。

2. 理化指标

(1) 净重　应符合表 6-3-6 中有关净重的要求，每批产品平均净重应不低于标明重量。

表 6-3-5　咖喱牛肉罐头的感官指标

项目	指标
色泽	肉色正常，具有咖喱牛肉的特色
滋味、气味	具有咖喱牛肉罐头应有的滋味及气味，无异味
组织形态	肉质软硬适度，牛肉呈厚 15～25mm 的块形，块形大小基本一致

表 6-3-6　咖喱牛肉罐头的净重和固形物的要求

罐号	净重		固形物		
	标明重量/g	允许公差/%	含量/%	规定重量/g	允许公差/%
854	227	±3.0	60	136	±5.0

（2）固形物　应符合表 6-3-6 中有关固形物含量的要求，每批产品平均固形物重应不低于规定重量。

（3）氯化钠　为净重的 1.0%～2.0%。

（4）重金属含量　应符合表 6-3-7 的要求。

表 6-3-7　咖喱牛肉罐头的重金属含量　　　　　　　　　　　单位：mg/kg

项目	锡（Sn）	铜（Cu）	铅（Pb）	砷（As）	汞（Hg）
指标	≤200.0	≤5.0	≤1.0	≤0.5	≤0.1

3. 微生物指标

无致病菌及微生物作用引起的腐败象征，应符合罐头食品商业无菌要求。

二、五香排骨罐头生产

（一）原辅材料

（1）猪排　使用第 5～6 根肋骨以后的脊椎骨部位的大排，新鲜或冷藏良好，无异味、色泽正常者。

（2）植物油　应符合 GB 2716 的要求。

（3）食用猪油　应符合 GB/T 8937 的要求。

（4）食盐　应符合 GB/T 5461 的要求。

（5）白砂糖　应符合 GB/T 317 的要求。

（6）酱油　应符合 GB 2717 的要求。

（7）白酒　应符合 GB/T 10781.3 的要求。

（8）八角　应符合 GB/T 7652 的要求。

（9）胡椒粉　采用干燥，无杂质、霉变的黑色或白色胡椒粉，香辣味浓郁。

（10）玉果粉　棕黄色，无杂质，无霉变的粉末，香味浓郁。

（11）桂皮、丁香　干燥，无霉烂，香味正常。

（二）工艺流程

排骨→切块→油炸→浸调味液→装罐→注汤→加猪油→排气→密封→杀菌→冷却→成品

（三）操作要点

1. 原料处理方法及要求

切块：取猪脊椎排，除去过多肥膘，控制肥膘在 1.5cm 以内，猪排的长宽各约 5～8cm，然后切成厚 1.5～2cm 块形，保持每块脊椎排带肋骨一根，长度为 3.5～4cm。

油炸：将排骨在 180～200℃ 油温炸约 3min，要求肉面色泽呈黄棕色，防止炸焦，得率控制在 60%～62%。

2. 配料及调味

浸调味液：酱油 20kg（其中生抽 10kg），温度保持在 60～65℃，将炸后排骨 20kg 在酱油浸渍 3min，取出沥干 5min，排骨增重约 4%。调味液可连续使用，但须补充新液。

按下列配方配汤：骨汤 100kg，味精（80%）0.888kg，黄酒 3.13kg，砂糖 3.75kg，酱油 25kg，八角茴香 0.63kg，桂皮 0.375kg，生姜 0.25kg，五香粉 0.663kg，将八角茴香、桂皮、生姜、五香粉加水熬煮得香料水 12.5kg。

将以上各配料倒入夹层锅内加热煮沸，保持微沸 15min，然后加入黄酒、味精，取出过滤，得量为 125kg。

3. 装罐

采用罐号 962#；净重 340g，排骨 290g，汤汁 35g，猪油 15g。

4. 排气及密封

排气密封：中心温度不低于 75℃。

5. 杀菌及冷却

杀菌式（排气）：15min—75min—反压冷却/121℃（反压：0.17MPa）。

（四）产品质量标准

1. 感官指标

五香排骨罐头的感官指标应符合表 6-3-8 的要求。

表 6-3-8　五香排骨罐头的感官指标

项目	优级品	一级品	合格品
色泽	肉色正常,具有该品种应有的酱红色或棕红色		
滋味、气味	具有五香猪排罐头应有的滋味及气味,无异味		
组织形态	肉块组织软硬适度,块形长度50～80mm,大小大致均匀,块形完整,允许添称小块1块	肉块组织软硬较适度,块形长度50～80mm,个别块允许骨肉脱离,允许添称小块2块	肉块组织软硬尚适度,块形长度50～80mm,个别块允许骨肉脱离,允许添称小块2块

2. 理化指标

（1）净重　应符合表 6-3-9 的要求，每批产品平均净重应不低于标明重量。

表 6-3-9　五香排骨罐头的净重和固形物的要求

罐号	净重		固形物		
	标明重量/g	允许公差/%	含量/%	规定重量/g	允许公差/%
962	340	±3.5	≥85%	290	±9.0

（2）固形物　应符合表 6-3-9 中有关固形物含量的要求，每批产品平均固形物重应不低于规定重量。

（3）氯化钠含量　1.0%～2.0%。

（4）重金属含量　应符合表 6-3-10 的要求。

表 6-3-10　五香排骨罐头的重金属含量　　　　　　　　单位：mg/kg

项目	锡(Sn)	铜(Cu)	铅(Pb)	砷(As)	汞(Hg)
指标	≤200.0	≤5.0	≤1.0	≤0.5	≤0.1

3. 微生物指标

应符合罐头食品商业无菌要求。

三、回锅肉罐头生产

（一）原辅材料

(1) 猪肉　应符合 GB/T 9959.1 或 GB/T 9959.2 的要求。

(2) 植物油　应符合 GB 2716 的要求。

(3) 笋　去壳及粗纤维部分，修去笋衣、节点，剖开预煮，将笋尖或嫩二节切成厚约 4mm，宽约 15～40mm，长约 50mm 的薄片。

(4) 谷氨酸钠　应符合 GB/T 8967 的要求。

(5) 食用盐　应符合 GB/T 5461 的要求。

(6) 白砂糖　应符合 GB/T 317 的要求。

(7) 酱色　应符合 GB 1886.64 的要求。

(8) 黄酒　色黄澄清，味醇正常，含酒精 12％（体积分数）以上。

(9) 酱油　应符合 GB 2717 的要求。

(10) 豆瓣酱　酱褐色，味鲜美，浆糊状，无异味，含氯化钠 12％～15％。

(11) 辣椒酱　酱红色，辛辣味，浆糊状，无异味。

（二）工艺流程

原料→整理→切条→预煮→切块→拌料→装罐→排气→密封→杀菌→冷却→成品

（三）操作要点

1. 原料预处理及要求

原料：去皮去骨猪肉除去过多肥膘，肥膘厚度 1～1.2cm，肋条肥膘厚度不超过 0.5cm。腿肉与肋条比例为 4∶1。

切条预煮：将肉块切成 7cm 宽的条肉，在夹层锅预煮 35min 左右，以猪肉煮熟为度，肉块得率 76％左右。

切块：条肉冷却后切成厚约 0.5～0.8cm，长约 5cm 的薄片，要求厚薄均匀，形态完整。

笋处理：鲜笋去壳及粗纤维部分，修去笋衣及节点，剖开预煮约 15min，然后将笋尖或嫩二节笋切成厚约 0.4cm，宽为 1.5～4cm，长约 5cm 的薄片，再放在夹层锅中预煮 30min。煮后在流动水中漂洗 6h 以上，然后剔除杂质，再经肉汤预煮 5min，取出备用。

2. 配料及调味

调味酱配料：豆瓣酱 146kg，精盐 8.3kg，辣椒酱 83kg，砂糖 32.5kg，酱色 8.3～16.5kg，猪油 20.8kg，辣椒干 6.25～10.4kg，味精（80％）12.5kg，紫草 8.3～16.5kg，肉汤 100kg。

方法：将猪油加热至 120℃，放入辣椒干，继续升温至 150～160℃，保温 10min，取出辣椒干待温度稍低后，再加入紫草，待色素溶出后，过滤即成红油。将红油及其他配料放于夹层锅中炒拌 15min，再加入味精搅拌均匀即得混合酱约 570kg，辣油应从调味酱中撇出备装罐。

拌料配比：

肉片：10kg（其中搭配肋条肉 2kg）。

调味酱：2.9kg，充分搅拌，但应防止肉片破碎。

3. 装罐

罐号 854#；净重 198g，肉片 165g，笋片 23g，辣油 10g。

4. 排气及密封

抽气密封：真空度 0.040～0.053MPa。

5. 杀菌及冷却

杀菌式（排气）：15min—65min—15min/118℃冷却。

（四）产品质量标准

1. 感官指标

回锅肉罐头的感官指标应符合表 6-3-11 的要求。

表 6-3-11　回锅肉罐头的感官指标

项目	优级品	一级品	合格品
色泽	肉色呈酱红色至酱褐色,有光泽;笋片呈黄色至酱红色	肉色呈酱红色至酱褐色,较有光泽;笋片呈酱黄色至酱红色	肉呈淡酱黄色至暗褐色,笋片呈淡酱黄色至酱褐色
滋味、气味	具有回锅肉罐头应有的滋味和气味,无异味		
组织形态	组织软硬适度;肉片和笋片的长约50mm,厚约6mm;每罐肉片大小、厚薄大致均匀,允许少量不带皮的肉片存在;笋片无粗纤维感;肉片和笋片分层交替或二层肉片夹一层笋片装罐,笋片约占1/3	组织软硬较适度;带皮的肉片长约50mm,厚约5mm,每罐肉片大小、厚薄大致均匀,允许少量不带皮的肉片存在;笋片稍有粗纤维感;肉片和笋片分层交替或二层肉片夹一层笋片装罐,笋片约占1/3	组织软硬尚适度;肉片中允许有碎肉块和碎屑存在,但不超过固形物重的30%

2. 理化指标

（1）净重　应符合表 6-3-12 中有关净重的要求，每批产品平均净重应不低于标明重量。

表 6-3-12　回锅肉罐头净重的要求

罐号	标明重量/g	允许公差/%
854	198	±4.5

（2）熔化油　重量应不超过净重的 20%。

（3）氯化钠　含量 1.5%～2.5%。

（4）重金属　应符合表 6-3-13 的要求。

表 6-3-13　回锅肉罐头的重金属含量　　　　　　　　　单位：mg/kg

项目	锡(Sn)	铜(Cu)	铅(Pb)	砷(As)	汞(Hg)
指标	≤200.0	≤5.0	≤1.0	≤0.5	≤0.1

3. 微生物指标

应符合罐头食品商业无菌要求。

四、卤猪杂罐头生产

（一）原辅材料

（1）猪肚　原料新鲜，外形完整，无溃烂、发炎、出血、肿胀及其他病伤现象。投料量占

45%～50%。

(2) 猪舌 原料新鲜，外形完整，无发炎、淤血、肿胀等病伤现象，不带喉管（舌内不允许有针等金属物）。投料量占21%～23%。

(3) 猪心 原料新鲜，外形完整，不带血管，无发炎、淤血、肿胀等病伤现象，剪开心房并清洗净淤血，允许有轻度检验刀伤。投料量占19%～21%。

(4) 猪腰 原料新鲜，无发炎、淤血、肿胀等病伤现象，允许有轻度检验刀伤。投料量占8%～10%。

(5) 食用盐 应符合GB/T 5461的要求。

(6) 白砂糖 应符合GB/T 317的要求。

(7) 谷氨酸钠 应符合GB/T 8967的要求。

(8) 酱油 应符合GB 2717的要求。

(9) 芝麻油 应符合GB/T 8233的要求。

(10) 八角 应符合GB/T 7652的要求。

(11) 桂皮、丁香 干燥，无霉变，香味正常。

(12) 辣椒粉 色红或深红，有强烈辛辣味，干燥，无霉变。

(13) 葱 色、香正常的葱。

(14) 姜 辣味浓，无腐烂的鲜、干生姜。

(15) 黄酒 色黄澄清，味醇正常，含酒精12°以上。

（二）工艺流程

原料→处理→预煮→切块→调味→装罐→排气→密封→杀菌→冷却→成品

（三）操作要点

1. 原料及处理

采用来自非疫区健康猪只内脏（肚、舌、心及腰）原料新鲜，无异味。

猪舌：修去舌根软骨、淋巴和油肉，温水（90℃以下）烫约1min，取出后用刀刮净舌头上全部舌苔，洗净后备用。

猪肚：去除油筋，翻转内壁加4%精盐搓洗15min，以清水冲洗后加0.2%钾明矾继续搓洗，也可将0.2%钾明矾配成1%溶液进行搓擦。再以清水冲洗干净后在沸水中煮10min，取出用刀刮净黏膜及其他杂质。处理后的猪肚应无血味。

猪心：修去油筋、血管，用刀纵向切开，挖去里面的凝血块，用清水冲洗干净备用。

猪腰：剥去白膜及油筋，纵剖后修除白色油筋及尿管，再以清水冲洗净。

2. 预煮切块

猪肚、猪舌、猪心和猪腰分别进行预煮。预煮时猪内脏与水的比例为1∶1，以浸没为度。每100kg水中加入青葱1kg，生姜200g，黄酒1kg，八角茴香200g，桂皮200g。猪肚煮30～40min；猪舌煮20～30min；猪心煮8～10min；猪腰煮2min。预煮后分别切成宽1～1.2cm，长4.5～6cm的条块。

3. 配料

猪心11kg，猪肚40kg，猪舌20kg，猪腰4kg，精盐0.258kg，酱油5.4kg，砂糖2.25kg，黄酒1.0kg，味精0.6kg，精制植物油2.25kg，清水10kg。

4. 调味

植物油放入锅中加热，然后加入猪肚、猪舌、猪心调味料拌炒20min，再加入猪腰炒2～

4min 取出。猪杂得量约 58~62kg，汤汁得量约 8~9kg。

5. 装罐

采用 854 空罐，净重 227g，每罐装猪杂 200~205g，汤汁 24~19g，麻油 3g。

6. 排气密封

真空密封，真空度 46.7~53.3kPa。

7. 杀菌冷却

杀菌条件：15min—75min/121℃，反压 137.3kPa。

（四）产品质量标准

1. 感官指标

卤猪杂罐头的感官指标应符合表 6-3-14 的要求。

表 6-3-14　卤猪杂罐头的感官指标

项目	优级品	一级品	合格品
色泽	色泽正常，具有本产品应有的黄褐色至红褐色，有光泽	色泽正常，具有本产品应有的黄褐色至红褐色，较有光泽	色泽较正常，呈淡黄色至黄褐色，尚有光泽
滋味、气味	具有本产品应有的滋味及气味，口味鲜美，香气浓郁	具有本产品应有的滋味及气味，口味较鲜美，香气较浓郁	具有本产品应有的滋味及气味，香气正常
组织形态	组织柔嫩，软硬适中；猪肚稍带韧性，舌、心、腰、肚呈宽 6~15mm，长 40~60mm 的条状，允许有碎块（片）不超过固形物重的 10%	组织柔嫩，软硬适中；舌、心、腰、肚呈宽 6~15mm，长 40~60mm 的条状，允许有碎块（片）不超过固形物重的 15%	组织柔嫩，软硬较适中；舌、心、腰、肚呈宽 6~15mm，长 40~60mm 的条状，允许有碎块（片）不超过固形物重的 25%

2. 理化指标

（1）净重　应符合表 6-3-15 中有关净重的要求，每批产品平均净重应不低于标明重量。

表 6-3-15　卤猪杂罐头的净重和固形物的要求

罐号	净重		固形物		
	标明重量/g	允许公差/%	含量/%	规定重量/g	允许公差/%
854	227	±3.0	70	159	±11.0
860	256	±3.0	70	179	±11.0

（2）熔化油　重量应不超过净重的 20%。

（3）氯化钠　含量 1.5%~2.5%。

（4）重金属　应符合表 6-3-16 的要求。

表 6-3-16　卤猪杂罐头的重金属含量　　　　单位：mg/kg

项目	锡（Sn）	铜（Cu）	铅（Pb）	砷（As）	汞（Hg）
指标	≤200.0	≤5.0	≤1.0	≤0.5	≤0.1

3. 微生物指标

应符合罐头食品商业无菌要求。

任务 6-4　栗子鸡罐头生产

【任务描述】

栗子鸡罐头是以合格鸡肉为主要原料，经过清洗、预煮、油炸、装罐、密封、杀菌等工序制成的产品。该罐头属于禽类罐头，禽类罐头主要是以禽类为主要原料的一类罐头。目前市面上常见的禽类罐头有陈皮鸭、去骨鸡、烤鹅、红烧鸡、咖喱鸡、炸香鹅等几十个品种。

通过栗子鸡罐头生产的学习，重点掌握预煮、油炸等关键工序，同时熟悉禽类罐头生产设备使用和维护；能估算用料，并按要求准备原料；掌握排气、杀菌以及分段冷却等操作要点。

教学采用资讯→计划→决策→实施→检查→评价六步教学法。

【任务实施】

一、生产任务单

生产 10000 罐栗子鸡罐头，采用装量 425g 易拉罐，净重 425g，炸鸡肉 165g。

二、原料要求与准备

（一）原辅料标准

（1）鸡　采用来自非疫区、健康良好、饲养半年以内、宰前宰后检验合格的半净膛（或净膛）鸡，不得采用乌骨鸡和火鸡。

（2）植物油　应符合 GB 2716 的要求。

（3）食用盐　应符合 GB/T 5461 的要求。

（4）谷氨酸钠　应符合 GB/T 8967 的要求。

（5）桂皮　干燥，无霉烂，香味正常。

（6）洋葱　采用香气浓，无霉烂变质的新鲜洋葱。

（7）姜　采用辣味浓，无霉烂的鲜、干生姜。

（8）黄酒　色黄澄清，味醇正常，含酒精 12%（体积分数）以上。

（9）白砂糖　应符合 GB/T 317 的要求。

（10）酱油　应符合 GB 2717 的要求。

（11）八角　应符合 GB/T 7652 的要求。

（二）用料估算

根据生产任务单可知：净重 425g，炸鸡肉 165g，栗子 80g，调味液 180g。

根据实验得知：对于符合原料标准的半净膛的鸡肉，原料预处理损耗约 30%，油炸损耗约 39%，其他损耗约 2%，因此鸡肉的可利用率 29%。

生产 10000 罐栗子鸡罐头需要：

鸡肉量＝每罐肉重÷鸡肉的可利用率×总罐数＝165g÷29%×10000＝5689.7kg

栗子＝每罐栗子量×总罐数＝80g×10000＝800kg

调味液＝每罐调味液量×总罐数＝180g×10000＝1800kg

综上所得：生产栗子鸡罐头 10000 罐，需要新鲜半净膛鸡肉 5689.7kg，栗子 800kg，香料水

1800kg，花椒、八角、桂皮等适量。

三、生产用具及设备的准备

（一）空罐的准备

挑选装量425g的易拉罐，剔除舌头、塌边等封口不良罐，剔除焊线缺陷、翻边开裂等不良罐。对合格的罐进行清洗、消毒。

（二）用具及设备准备

生产用具有切刀、油炸锅（图6-4-1）、排气箱、封罐机、杀菌锅等。

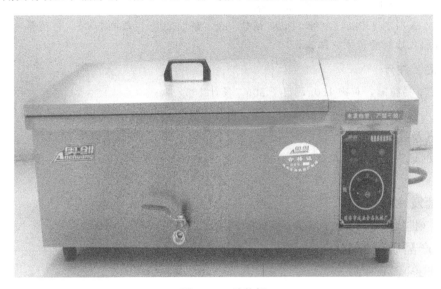

图6-4-1　油炸锅

四、产品生产

（一）工艺流程

原料→切块→清洗→预煮→油炸→装罐→注油→排气→密封→杀菌→冷却→成品

（二）操作要点

1. 净鸡处理

宰杀前禁食12～24h，颈下切断三管，宰杀后2～3min立即进行浸烫和褪毛，浸烫水温、烫毛水温以60～63℃为宜，一般烫2～3min，立即褪毛，在清水中洗净细毛，搓掉皮肤上的表皮，使鸡胴体洁白。将鸡体倒置，将鸡腹绷紧，用刀贴着龙骨向下切开小口（切口要小），用手指将全部内脏取出后，清水洗净内脏。

2. 预煮

经处理后的鸡先将鸡脖切掉，然后纵向将鸡切成两半，对每只鸡的全身和内脏部分彻底冲洗干净后进行预煮。将水烧开，把处理好的鸡倒入锅内进行预煮，煮约3～5min，同时，不断用大笊篱进行搅拌，预煮后捞出淋水。

3. 切块

将鸡切成3～4cm见方的块状，要大小均匀，便于油炸。

4. 油炸

将肉块放入油炸框内，进行油炸，油温 180～200℃炸 3～5min，炸制过程中要不断搅拌，炸至鸡块表面浅黄色时即可捞出。

5. 栗子的准备

采用的是冷冻栗子干，将栗子干放入流动的水中解冻。解冻后即可装罐。

6. 调味液的配制

香料水的配制：桂皮 12kg，八角 0.2kg，鲜姜 0.5kg，花椒 0.2kg，洋葱 0.2kg，加适量水加盖熬煮 2h 以上，取出过滤制成香料水 20kg。

每锅加入香料水 225kg，白糖 11kg，精盐 5kg，酱油 200g，黄酒 500g，香精料 650g 进行熬制，熬制后加入炒制的葱末，调味。

7. 装罐、注汁

装入 425g 易拉罐，鸡肉 160g，栗子 80g，汤汁 185g。

采用人工装罐，先将鸡块装入罐中，然后再装入解冻后的栗子干。将配好的汤汁注入罐内。

8. 排气及密封

注汁后的罐头进入排气箱，排气。排气温度 90～95℃，时间 15min。手工盖盖，然后机器密封。

9. 杀菌及冷却

杀菌式（排气）：10min—75min—反压冷却/121℃（反压：0.1MPa）。

（三）产品质量标准

1. 感官指标

栗子鸡罐头的感官指标应符合表 6-4-1 的要求。

表 6-4-1　栗子鸡罐头的感官指标

项目	优级品	一级品	合格品
色泽	肉呈黄色至浅黄色；栗子呈金黄色	肉呈浅黄色；栗子呈金黄色至浅黄色	肉呈浅酱红色；栗子呈浅黄色至黄褐色
滋味、气味	具有栗子鸡罐头应有的滋味及气味，无异味		
组织形态	肉块软硬适度，块形约 40mm，部位搭配和大小大致均匀；每罐允许搭配颈（不超过 40mm）或翅（翅尖必须斩去）各 1 块，可添称小块 1 块；可允许稍有露骨现象	肉块软硬较适度，块形约 40mm，部位搭配和大小较均匀；每罐允许搭配颈（不超过 40mm）或翅（翅尖必须斩去）各 1 块，可添称小块 2 块；允许稍有露骨现象	肉块软硬尚适度，块形约 40mm，部位搭配和大小尚均匀；每罐允许搭配颈（不超过 40mm）和翅（翅尖必须斩去）各两块；碎块、小块不超过固形物重的 10%；允许有露骨现象

2. 理化指标

（1）净重　应符合表 6-4-2 的要求，每批产品平均净重应不低于标明重量。

表 6-4-2　栗子鸡罐头净重的要求

罐号	净重	
	标明重量/g	允许公差/%
425g 易拉罐	425	±3

(2) **氯化钠含量**　1.5%～2.5%。

(3) **重金属含量**　应符合表6-4-3的要求。

表 6-4-3　栗子鸡罐头的重金属含量　　　　单位：mg/kg

项目	锡(Sn)	铜(Cu)	铅(Pb)	砷(As)	汞(Hg)
指标	≤200.0	≤5.0	≤1.0	≤0.5	≤0.1

3. 微生物指标

应符合罐头食品商业无菌要求。

【任务考核】

一、产品质量评定

按表6-4-4中项目进行检验记录。对成品质量给予评价、评分。检验方法按 GB/T 10786—2006 规定方法进行，详见附录2。

表 6-4-4　栗子鸡罐头成品质量检验报告单

组别	1	2	3	4	5	6
规格	425g 易拉罐栗子鸡罐头产品					
真空度/MPa						
总重量/g						
罐(瓶)重/g						
净重/g						
罐与固重/g						
固形物重/g						
亚硝酸盐/%						
NaCl/%						
色泽						
口感						
气味						
组织状态						
pH						
质量问题 内壁						
质量问题 瘪罐						
质量问题 硫化物污染						
质量问题 血蛋白凝固物						
质量问题 杂质						
结论(评分)						
备注						

二、学生成绩评定方案

对学生的评价方式建议采用过程考核成绩与成品质量评定成绩相结合，考评方案见表 6-4-5。

表 6-4-5　学生成绩评定方案

考评方式	过程考评		成品质量评定
	素质考评	操作考评	
	20分	30分	50分
考评实施	由指导教师根据学生的平时表现考评	由指导教师依据学生生产操作时的表现进行考评以及小组组长评定，取其平均值	由指导教师带领学生对产品进行检验，按照成品质量标准评分。见表6-4-4
考评标准	完成任务态度(5分) 团队协作(5分) 解决问题能力(5分) 创新能力(5分)	原辅料选购(5分) 生产方案设计(10分) 设备使用(5分) 操作过程(10分)	按照产品物理感官评定项目表评分

注：造成设备损坏或人身伤害的项目计 0 分。

【任务拓展】

一、陈皮鸭罐头生产

（一）原辅材料

(1) 鸭　采用来自非疫区健康良好，宰前宰后经检验并附有合格证书的半净膛（或净膛）的鸭，每只重量不低于 1.0kg，肌肉发育一般，尾部稍有脂肪，允许稍有血管毛。不得采用表皮色泽不正常、严重烫伤及冷冻两次的鸭肉。

(2) 植物油　应符合 GB 2716 的要求。

(3) 食用盐　应符合 GB/T 5461 的要求。

(4) 酱油　应符合 GB 2717 的要求。

(5) 白砂糖　应符合 GB/T 317 的要求。

(6) 谷氨酸钠　应符合 GB/T 8967 的要求。

(7) 黄酒　色黄澄清，味醇正常，含酒精12%（体积分数）以上。

(8) 葱　色、香正常的葱。

(9) 姜　辣味浓，无腐烂的鲜、干姜。

(10) 桂皮　无霉变，香味正常。

（二）工艺流程

净鸭处理→预煮→上色→油炸→调味→装罐→注汤→排气→密封→杀菌→冷却→成品

（三）操作要点

1. 净鸭处理

采用颈部宰杀，宰杀时切断三管。烫毛水温以 63～65℃为宜，宰杀后 5min 后烫毛，一般烫2～3min。

2. 腿毛

其顺序为：先拔翅毛，再拔背羽毛，最后拔腹胸毛、尾毛、颈毛，拔完后拉出鸭舌，再投入冷水中浸洗，并拔净小毛、绒毛。

3. 开膛取内脏

去翅、去脚、去内脏。在翅和腿的中间关节处，两翅和两腿切除。然后再在右翅下开一长约4cm 的直型口子，取出全部内脏并进行检验。

用清水清洗体腔内残留的破碎内脏和血液，从肛门内把肠子断头、输精管或输卵管拉出剔除。清膛后将鸭体浸入冷水中 2h 左右，浸出体内淤血，使皮色洁白。

4. 预煮

经处理后的鸭，沿脊椎骨剖开，并切除部分脊骨。放清水 35kg，鸭 50kg，在夹层锅中预煮（水沸下鸭），煮沸 12～15min。

5. 上色油炸

用白酱油将鸭表皮上色后油炸，油温为 160～170℃，时间 4～5min，炸至金黄色即可。

6. 调味

先将鸭肉 15kg 放入锅内，上面铺上陈皮及干姜一层，再将剩余鸭肉放在上面。其余配料用鸭汤溶解，经过滤后倒入锅煮沸 60～70min，取出鸭肉，汤汁过滤后从其上面取出油汁 5kg，加入胡椒粉 20g，搅拌均匀，作为汤汁，准备装罐。

7. 装罐

罐号 962；净重 340g，鸭肉 285g，汤汁 55g。

8. 排气及密封

抽气密封 40.0～46.7kPa。

9. 杀菌及冷却

杀菌式（抽气）：12min—68min—15min/121℃冷却。

（四）产品质量标准

1. 感官指标

陈皮鸭罐头的感官指标应符合表 6-4-6 的要求。

表 6-4-6　陈皮鸭罐头的感官指标

项目	指标
色泽	肉色正常，呈黄褐色至酱黄色
滋味、气味	具有鸭子经处理、油炸后与陈皮等进行调味制成的陈皮鸭罐头应有的滋味及气味，无异味
组织形态	肉质肥嫩，软硬适度，外表无脱骨现象。肉块包裹完整，无羽毛、前翅、脚掌及血管毛，其中心部分允许搭配鸭颈（长约 50mm）、鸭肫及陈皮各 1 块

2. 理化指标

净重：应符合表 6-4-7 的要求，每批产品平均净重应不低于标明重量。

表 6-4-7　陈皮鸭罐头的净重和固形物的要求

罐号	净重		固形物		
	标明重量/g	允许公差/%	含量/%	规定重量/g	允许公差/%
962	340	±3.0	≥85	289	±9.0

3. 微生物指标

应符合罐头食品商业无菌要求。

二、去骨鸡罐头生产

(一) 原辅材料

(1) 鸡 采用来自非疫区健康良好，宰前宰后经检验并附有合格证书的半净膛（或净膛）的鸡。

(2) 食用盐 应符合 GB/T 5461 的要求。

(3) 白胡椒 应符合 GB/T 7900 的要求。

(二) 工艺流程

原料验收→解冻→处理、去毛→预煮拆骨→检查→切块→配料、装罐→排气→密封→杀菌冷却→成品

(三) 操作要点

1. 原理处理

使用公、母鸡各半或 4∶6，在 25℃以下解冻。去骨家禽拆骨时，将整只家禽用小刀割断颈皮，然后将胸肉划开，拆开胸骨，割断脆骨筋，再将整块肉从颈沿背部往后拆下。注意不要把肉拆碎和防止骨头拆断，最后拆去腿骨。膝盖骨及筋骨容易折断，要特别注意。解冻后擦净汗水，用酒精灯烧去表面的细毛，并用拔毛夹拔除毛根，剖腹取出内脏，切去头、颈、尾、脚爪，除去血筋、气管、杂质，然后用清水洗净。

2. 预煮

公、母、老、嫩鸡要分别预煮，加水以淹没鸡体为度，并加入适量洋葱。预煮时间，一般嫩鸡 10min 左右，老鸡约半个小时，以达到易去骨为准。每锅预煮汤汁干物质达 2%～4% 左右，同时将汤汁取出过滤，供装罐使用。

3. 拆骨

预煮后的鸡坯趁热拆骨，拆时注意保持肉块完整，并不使鸡皮脱落。

4. 切块

将鸡肉切成 4～6cm（142g）或 6～8cm（383g）左右的小块，块形要方整，皮肉连接在一起。

5. 配料及调味

调味盐：精盐 1000g，味精 84g，白胡椒粉 88g。

6. 装罐

罐号 962，净重 383g，鸡肉重 210g，鸡汤 150g，调味盐 6g（调味盐配比为：精盐 1000g，味精 84g，白胡椒粉 88g），鸡油 17g。

7. 排气及密封

排气密封：中心温度不低于 50℃（净重 383g 者，不低于 65℃）。

抽气密封：0.053MPa。

8. 杀菌、冷却

净重 383g 罐杀菌式（排气）：10min—60min—10min/121℃。

采用抽气密封，升温时间要延长 5min。

（四）产品质量标准

1. 感官指标

去骨鸡罐头的感官指标应符合表 6-4-8 的要求。

表 6-4-8 去骨鸡罐头的感官指标

项目	指标
色泽	肉色正常，呈淡黄色或稍带红色，腿肉颜色可稍带暗红，在加热状态下汤汁呈淡黄色或琥珀色，允许略微浑浊，稍有沉淀
滋味、气味	具有鸡肉经处理、预煮、去骨、装罐加盐及胡椒、洋葱制成的去骨鸡罐头应有的滋味及气味，无异味
组织形态	肉质软硬适度，不允许碎骨存在。每罐中大块鸡肉不少于 2 块，块形大致整齐，脱皮的鸡肉允许少量存在。无羽毛、翅尖、脚爪、淤血、血管毛及内脏

2. 理化指标

（1）净重 应符合表 6-4-9 的要求，每批产品平均净重应不低于标明重量。

（2）固形物 应符合表 6-4-9 的要求，每批产品平均净重应不低于标明重量。

（3）氯化钠 1.0%～1.5%。

（4）熔化油 小于净重的 12%。

表 6-4-9 去骨鸡罐头的净重和固形物的要求

罐号	净重		固形物		
	标明重量/g	允许公差/%	含量/%	规定重量/g	允许公差/%
962	382	±3.0	≥50%	192	±11.0

3. 微生物指标

应符合罐头食品商业无菌要求。

三、美味鹅肝罐头生产

（一）原辅材料

（1）鹅肝 利用专门育肥的鹅的冷却鹅肥肝。

（2）食用盐 应符合 GB/T 5461 的要求。

（3）黑胡椒 应符合 GB/T 7901 的要求。

（二）工艺流程

原料→处理→装罐→密封→杀菌→冷却→保温检查→成品

（三）操作要点

（1）生产美味鹅肝罐头利用专门育肥的鹅的冷却鹅肥肝，熔融鹅脂肪。

（2）检查冷却鹅肥肝，摘除胆管和病理内含物，用冷水漂洗。切成 200～210g 的块装入。

（3）原料按以下比例分装：肝 87%、熔融鹅脂肪 11.9%、食盐 1.0%、黑胡椒 0.1%。

（4）在未上漆罐底放羊皮纸垫圈、食盐、黑胡椒粉，然后放一大块鹅肥肝和数小块，达到配方含量。然后注入熔融鹅脂肪。装满的未上漆罐，盖上羊皮纸垫圈、罐盖，卷边。

（5）在锅内按以下程序进行巴氏杀菌：将罐装入吊桶，放入盛有开水的锅内，加热至沸腾。在沸腾下煮 15min，然后添加冷水将水温降至 90℃，在这一温度下 1 号罐煮 60min，3 号罐煮

100min。巴氏杀菌后将罐头冷却到 20℃。

（四）产品质量标准

1. 感官指标

美味鹅肝罐头的感官指标应符合表 6-4-10 的要求。

表 6-4-10　美味鹅肝罐头的感官指标

项目	指标
外观	浇注脂肪的肝块
气味和味道	具有鹅肥肝特有的气味和味道，无异味
坚实度	柔嫩

2. 理化指标

氯化钠不多于 1.0%～1.2%。锡盐（折合成 Sn）不多于 0.01%，铅盐、杂质不许有。

3. 微生物指标

罐头内不应含有致病微生物和条件性致病微生物。

四、烤鹅罐头生产

（一）原辅材料

（1）鹅　采用来自非疫区健康良好，宰前宰后经检验并附有合格证书的半净膛（或净膛）的鹅，每只重量不低于 1.5kg，肌肉发育一般，尾部稍有脂肪，允许稍有血管毛。不得采用表皮色泽不正常、严重烫伤及冷冻两次的鹅肉。

（2）植物油　应符合 GB 2716 的要求。

（3）食用盐　应符合 GB/T 5461 的要求。

（4）酱油　应符合 GB 2717 的要求。

（5）白砂糖　应符合 GB/T 317 的要求。

（6）谷氨酸钠　应符合 GB/T 8967 的要求。

（7）黄酒　色黄澄清，味醇正常，含酒精 12%（体积分数）以上。

（8）葱　色、香正常的葱。

（9）姜　辣味浓，无腐烂的鲜、干姜。

（10）桂皮　无霉变，香味正常。

（二）工艺流程

原料处理→烤毛→预煮→上色→油炸→焖烤→切块→装罐→加调味液→密封→杀菌

（三）操作要点

1. 原料处理

烤鹅为带骨制品，处理时去头不去颈，留颈长 5～10cm 左右。

2. 烤毛

用酒精灯烤去鹅表面的绒毛，并拔除粗毛根。

3. 预煮

经处理后的鹅，在二重锅内预煮 15min 左右，加水量以淹没鹅只为止。

4. 油炸

经处理后的鹅只，表皮均匀涂一层上色液（丹阳黄酒），然后在油温 180～200℃ 中炸 2.5～3min，至呈浅酱红色为止，得率为 82% 左右。一般每锅下 50kg 油时，每次投入 6～8 只鹅为宜。

5. 焖烤

油炸后的鹅只沿脊骨对切开为两半，按鹅肉 100kg 加水 120kg、生姜 1.0kg（拍碎或切碎）、桂皮 1.0kg、葱 1.0kg，在夹层锅中预煮约 30min（水沸下鹅，沸后计时），得率为 81% 左右。

6. 切块

鹅肉切成 5～7cm 见方的块状，切去翅尖。翅切为两段，颈切成 5cm 长小段。

7. 配料及调味

配汤：酱油 5kg，黄酒 10kg，精盐 4kg，味精 0.2kg，白酱油 10kg，鹅汤 5kg（焖烤后的汤汁），砂糖 20kg。

方法：将以上配料加热煮沸 10min 过滤，汤得量为 50kg。汤汁含盐量为 10%～12%，汤温保持 70℃ 左右备用。

8. 装罐

罐号 968，净重 397g（烤鹅 320g、汤汁 32g、鹅油 40g、精盐 5g）。

9. 排气及密封

排气密封：90～98℃，时间 15min。

抽气密封：0.053MPa 左右。

10. 杀菌及冷却

杀菌式：20min—105min—反压冷却/121℃（反压：0.15～0.17MPa）。

(四) 产品质量标准

1. 感官指标

烤鹅罐头的感官指标应符合表 6-4-11 的要求。

表 6-4-11　烤鹅罐头的感官指标

项目	优级品	一级品	合格品
色泽	呈酱红色或酱褐色	呈酱红色至酱褐色，允许有轻微花皮	呈酱红色至酱褐色，允许有花皮
滋味、气味	具有烤鹅罐头应有的滋味和气味，无异味		具有烤鹅罐头应有的滋味和气味，允许有轻微焦糊味
组织形态	肉质软硬适度；块形整齐，每罐 4～6 块，搭配，块形大小大致均匀，允许稍有脱骨及破皮现象；每罐允许搭配长度不超过 50mm 的颈和翅（翅尖必须斩去）各一块	肉质软硬适度；块形较整齐，每罐 4～6 块，搭配，块形大小较均匀，允许稍有脱骨及破皮现象；每罐允许搭配长度不超过 50mm 的颈和翅（翅尖必须斩去）各一块	肉质软硬尚适度；块形大小尚均匀，允许有部分脱骨、破皮现象；每罐允许搭配不超过 50mm 的颈和翅（翅尖必须斩去）不超过三块（二块颈一块翅或二块翅一块颈）

2. 理化指标

(1) 净重　应符合表 6-4-12 中有关净重的要求，每批产品平均净重应不低于标明重量。

表 6-4-12　烤鹅罐头的净重的要求

罐号	等级	净重		固形物		
		标明重量/g	允许公差/%	含量/%	规定重量/g	允许公差/%
968	优级品、一级品	397	±3.0	85	337	±11.0
968	合格品	397	±5.0	75	298	±9.0

（2）固形物　应符合表 6-4-12 中有关固形物含量的要求，每批产品平均固形物重应不低于规定重量。

（3）氯化钠含量　1.2%～2.2%。

（4）重金属含量　应符合表 6-4-13 的要求。

表 6-4-13　烤鹅罐头的重金属含量　　　　　　　　单位：mg/kg

项目	锡（Sn）	铜（Cu）	铅（Pb）	砷（As）	汞（Hg）
指标	≤200.0	≤5.0	≤1.0	≤0.5	≤0.1

3. 微生物指标

应符合罐头食品商业无菌要求。

五、五香鸭肫罐头生产

（一）原辅材料

（1）鸭肫　采用来自非疫区健康良好，宰前宰后经兽医检验合格的鸭只的新鲜或冷藏良好的肫。

（2）芝麻油　应符合 GB/T 8233 的要求。

（3）植物油　应符合 GB 2716 的要求。

（4）食用盐　应符合 GB/T 5461 的要求。

（5）酱油　应符合 GB 2717 的要求。

（6）白砂糖　应符合 GB/T 317 的要求。

（7）谷氨酸钠　应符合 GB/T 8967 的要求。

（8）白酒　应符合 GB/T 10781.2 的要求。

（9）亚硝酸钠　应符合 GB 1886.11 的要求。

（10）葱　色、香正常的葱。

（11）姜　辣味浓，无腐烂的鲜、干姜。

（12）桂皮　无霉变，香味正常。

（13）八角　应符合 GB 7652 的要求。

（二）工艺流程

鸭肫→腌制→预煮→修整→调味→装罐→加麻油→注汤汁→排气→密封→杀菌→冷却→成品

（三）操作要点

1. 原料处理方法及要求

腌制：经处理后的鸭肫每 100kg 加混合盐 1.2kg 搅拌均匀，在 2～4℃的室温下腌 72～96h，以腌后肫内呈红色无黑心为度。

混合盐配制：精盐 98%，砂糖 1.5%，亚硝酸钠 0.5%，混合均匀即可。

预煮：经腌制后的鸭肫 100kg 加水 100kg，加生姜、青葱、黄酒各 400g，煮沸 15min，每煮两锅换水一次，脱水率 30％～35％。

修整：修除肫化白膜、污物及隐胆污染部分，并修除肫周围形态较差的肉，修正后得率 88％～90％，然后将肫纵剖成相连的两瓣。

2. 配料及调味

配料：鸭肫 100kg，砂糖 3.8kg，熟精炼植物油 4kg，酱油（19％）9kg，精盐 0.32kg，青葱 0.64kg，生姜 0.64kg，黄酒 3kg，味精（90％）0.39kg，桂皮 0.32kg，八角茴香 0.39kg，肉骨头汤（2％）42kg（桂皮、八角茴香、青葱、生姜熬煮成香料水）。

方法：加热调味 30min 取出肫，汤汁每锅保持 10～11kg，调味后鸭肫得率为 84％～86％。

3. 装罐

罐号 854，净重 227g（鸭肫 195g、麻油 10g、汤汁 22g）。

4. 排气及密封

排气密封：85～90℃，时间 10min。

抽气密封：0.047MPa

5. 杀菌及冷却

杀菌式（排气）：10min—60min—10min/118℃冷却。

杀菌式（抽气）：15min—70min—反压冷却/118℃（反压：0.14MPa）。

（四）产品质量标准

1. 感官指标

五香鸭肫的感官指标应符合表 6-4-14 的要求。

表 6-4-14　五香鸭肫的感官指标

项目	优级品	一级品	合格品
色泽	肫块表面呈酱红色，切面无明显黑心；汤汁呈酱褐色	肫块表面呈酱红色至红褐色，切面无明显黑心；汤汁呈酱褐色	肫块表面呈酱红色至红褐色，少量鸭肫切面允许略有黑心；汤汁呈褐色至酱褐色
滋味、气味	具有五香鸭肫罐头浓郁的香味及气味，无异味		具有五香鸭肫罐头应有的滋味和气味，无异味
组织形态	组织有韧性；每只肫纵剖切成相连的两瓣，形态整齐，同一罐中大小大致均匀，每罐中允许有添称鸭肫1瓣	组织稍有韧性；每只肫纵剖切成相连的两瓣；同一罐中大小较均匀，每罐中允许有添称鸭肫不超过2瓣	组织尚有韧性；每只肫纵剖切成相连的两瓣，允许有单瓣及不完整的肫块存在

2. 理化指标

（1）净重　应符合表 6-4-15 中有关净重的要求，每批产品平均净重应不低于标明重量。

表 6-4-15　五香鸭肫净重的要求

罐号	等级	净重		固形物		
		标明重量/g	允许公差/％	含量/％	规定重量/g	允许公差/％
854	优级品、一级品	227	±3.0	80	182	±11.0
854	合格品	227	±5.0	75	170	±11.0

（2）固形物　应符合表 6-4-15 中有关固形物含量的要求，每批产品平均固形物重应不低于

规定重量。

(3) **氯化钠含量** 1.5%～2.5%。

(4) **重金属** 含量应符合表 6-4-16 的要求。

表 6-4-16　五香鸭肫的重金属含量　　　　　单位：mg/kg

项目	锡(Sn)	铜(Cu)	铅(Pb)	砷(As)	汞(Hg)
指标	≤200.0	≤5.0	≤1.0	≤0.5	≤0.1

(5) **亚硝酸钠含量** ≤50mg/kg。

3. 微生物指标

应符合罐头食品商业无菌要求。

六、辣味炸子鸡罐头生产

(一) 原辅材料

(1) **鸡** 采用来自非疫区、健康良好、饲养半年以内、宰前宰后检验合格的半净膛（或净膛）鸡，不得采用乌骨鸡和火鸡。

(2) **植物油** 应符合 GB 2716 的要求。

(3) **食用盐** 应符合 GB/T 5461 的要求。

(4) **谷氨酸钠** 应符合 GB/T 8967 的要求。

(5) **白胡椒** 应符合 GB/T 7900 的要求。

(6) **洋葱** 采用香气浓，无霉烂变质的新鲜洋葱。

(7) **姜** 采用辣味浓，无霉烂的鲜、干生姜。

(8) **黄酒** 色黄澄清，味醇正常，含酒精12%（体积分数）以上。

(9) **紫草** 干燥，紫黑色，无霉变、异味。

(10) **辣椒粉** 色红或深红，有强烈辛辣味，干燥，无霉变。

(二) 工艺流程

原料→切块→腌渍→油炸→装罐→注油→排气→密封→杀菌→冷却→成品

(三) 操作要点

1. 净鸡处理

宰杀前禁食12～24h，颈下切断三管，宰杀后2～3min立即进行浸烫和褪毛，浸烫水温、烫毛水温以60～63℃为宜，一般烫2～3min，立即褪毛，在清水中洗净细毛，搓掉皮肤上的表皮，使鸡胴体洁白。将鸡体倒置，将鸡腹绷紧，用刀贴着龙骨向下切开小口（切口要小），用手指将全部内脏取出后，清水洗净内脏。

2. 切块

经处理后的鸡切成4～5cm见方的块状。接部位把背部肉、胸部肉、腿部肉、颈及翅分开，以便搭配装罐。

3. 调料盐配制

精盐8.75kg、味精1kg、白胡椒粉250g、洋葱粉550g。

4. 混合酒配制

甲级白酒5kg、苏州黄酒4kg、丹阳黄酒1kg。

5. 腌渍

原料配方：鸡 100kg，调料盐 1.86kg，混合酒 1kg，生姜汁、洋葱汁各 400g，洋葱粉 100g，辣油适当。将鸡块和配料拌合腌渍，除背部肉腌 20min 外，其他部位肉腌 25min。

6. 油炸

分部位进行油炸，油温 180～200℃ 炸 2～5min，控制脱水率在 33％～35％，炸至酱黄色或浅酱红色。

7. 辣油配制

精炼花生油 100kg、辣椒粉 2.75kg、紫草 450g、水 10kg。先用水将辣椒粉、紫草浸透再加入花生油，待加热蒸发全部水分后停止加热，静置澄清后，从表面取出清油，沉渣中的油过滤备用。

8. 装罐

罐号 962；净重 227g（鸡肉 210g、辣油 17g）。

9. 排气及密封

排气温度 90～95℃，时间 12min。

10. 杀菌及冷却

杀菌式（排气）：10min—75min—反压冷却/121℃（反压：0.1MPa）。

（四）产品质量标准

1. 感官指标

辣味炸子鸡感官指标应符合表 6-4-17 的要求。

表 6-4-17　辣味炸子鸡感官指标

项目	优级品	一级品	合格品
色泽	肉呈酱黄色至浅酱红色辣油呈橙黄色至橙红色	肉呈酱黄色至酱红色；辣油呈黄色至棕黄色	肉呈浅酱红色至酱褐色；辣油呈黄色至黄褐色
滋味、气味	具有辣味炸子鸡罐头应有的滋味及气味，无异味		
组织形态	肉块软硬适度，块形约 40mm，部位搭配和大小大致均匀；每罐允许搭配颈（不超过 40mm）或翅（翅尖必须斩去）各 1 块和添称小块 1 块；允许稍有露骨现象和稍有汤汁	肉块软硬较适度，块形约 40mm，部位搭配和大小较均匀；每罐允许搭配颈（不超过 40mm）或翅（翅尖必须斩去）各 1 块和添称小块 2 块；允许稍有露骨现象和稍有汤汁	肉块软硬尚适度，块形约 40mm，部位搭配和大小尚均匀；每罐允许搭配颈（不超过 40mm）和翅（翅尖必须斩去）各两块；碎块、小块不超过固形物重的 10％；允许有露骨现象和稍有汤汁

2. 理化指标

（1）净重　应符合表 6-4-18 的要求，每批产品平均净重应不低于标明重量。

表 6-4-18　辣味炸子鸡的净重要求

罐号	净重	
	标明重量/g	允许公差/％
962	227	±4.5

（2）氯化钠含量　1.5％～2.5％。

(3) 重金属含量 应符合表 6-4-19 的要求。

表 6-4-19 辣味炸子鸡的重金属含量 单位：mg/kg

项目	锡(Sn)	铜(Cu)	铅(Pb)	砷(As)	汞(Hg)
指标	≤200.0	≤5.0	≤1.0	≤0.5	≤0.1

3. 微生物指标

应符合罐头食品商业无菌要求。

 项目思考

1. 肉禽类罐头主要分类有哪些？
2. 冻肉的解冻方法有哪些？
3. 肉的腌制方法有哪些？
4. 肉禽类罐头装罐的要求有哪些？
5. 金属罐如何进行密封？
6. 肉禽类罐头常见的质量问题有哪些？
7. 简述清蒸牛肉罐头的工艺流程及操作要点。
8. 简述原汁猪肉罐头的工艺流程及操作要点。
9. 调味肉罐头的主要特点是什么？
10. 简述午餐肉罐头的工艺流程及操作要点。
11. 简述火腿罐头的工艺流程及操作要点。
12. 熏制的目的及常用方法有哪些？
13. 对肉馅进行斩拌的目的是什么，斩拌过程中如何操作？
14. 简述红烧猪肉罐头的工艺流程及操作要点。
15. 咖喱牛肉罐头的质量标准是什么？
16. 五香排骨罐头如何进行调味？
17. 论述栗子鸡罐头的加工过程及操作要点。
18. 简述陈皮鸭的工艺流程及操作要点。
19. 简述烤鹅罐头的工艺流程及操作要点。

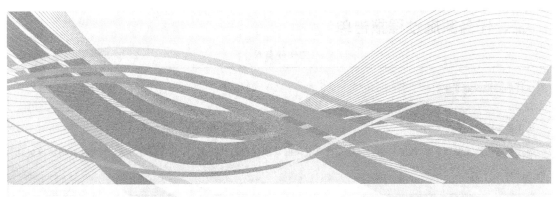

项目7 功能性罐头生产——创新设计性实训

【知识目标】

◆ 明确功能性食品概念以及所具备的保健功能。

◆ 进一步理解罐头生产相关知识。

【能力目标】

◆ 能够独立利用网络、书籍、杂志等手段查阅相关资料。

◆ 自行设计一种功能性罐头的生产方案。

◆ 能够正确开展罐头生产及独立解决生产中所遇到的问题。

◆ 培养独立思考、创新思维、举一反三来解决问题的综合能力。

一、任务实施流程图

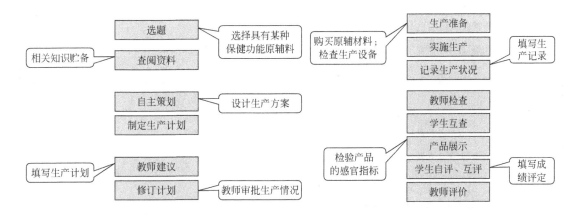

二、任务实施过程报告单

工作任务单

项目7：功能性罐头生产	学时：10学时

工作任务描述：

通过前面几种罐头的学习，能够选择一种或几种具有保健功能的材料作为原料，自行设计方案，生产具有某种保健功能的罐头。

媒体条件：

1. 食品加工实训室。

2. 多媒体设备、罐头生产的原辅材料、封罐机、杀菌锅、罐头生产用具等。

3. PPT、视频、影像资料、教材、相关图书、网上资源、网络课程等。

具体任务内容：

1. 知识贮备，查阅参考资料，获得罐头生产相关知识：

(1) 功能性食品的特点。

(2) 功能性食品原料的选择。

(3) 该类罐头加工工艺流程及操作要点。

(4) 罐头生产机械设备的使用方法。

(5) 如何评价该类罐头。

2. 根据学习资料制定工作计划，完成工作计划单。

3. 各组根据所给的原辅材料，拟定罐头生产方案。

4. 能熟练进行罐头的生产。

5. 能进行罐头的质量评定。

6. 能够分析和解决罐头生产中出现的问题。

7. 按照工作计划，遵守相关规定，独立完成每一个工作步骤，并进行记录、归档、提交报告。

对学生的要求：

1. 积极沟通，广泛收集各种资料，不得随意损坏和丢失信息资料。

2. 遵守课堂纪律，上课认真做好计划和记录，服从指挥。

3. 积极主动、按时完成工作任务，配合组长与老师的工作。

4. 自学好问、仔细观察、认真分析、制作精细。

5. 检查评价认真、公平、全面。

任务资讯单

班级		姓名		学号		第 组
学习情境 7	功能性罐头生产	学时		10 学时		
资讯方式		利用学习角进行书籍查找、网络精品课程学习、网络搜索、观看影像				

资讯问题

1. 功能性食品有哪些特点？目前你所处地区具有保健功能的原料资源有哪些？

2. 功能性罐头食品有哪些特点？你所设计的产品在生产过程中如何保持原料的功效？

3. 该类罐头的生产工艺流程如何？操作要点有哪些？与其他类罐头生产相比，你设计的这类罐头生产上的难点在哪儿？有什么对策？

4. 罐藏容器都有哪些？容器的型号有什么含义？

5. 功能性罐头食品的检验包括哪几方面？如何检验罐头的真空度？

6. 为保护产品的功效，可以采取哪些先进的杀菌技术？

7. 如何评价功能性食品的质量？

咨询引导	

任务计划单

学习情境7	功能性罐头生产	学时	10 学时
计划方式	根据工作任务单设计		
序号	实施步骤		使用资源与方法

制定计划说明	

计划评价	班级		姓名		第　组	组长签字	
	教师签字					日期	
	评语：						

任务记录单

学习情境 7	功能性罐头生产	学时	10 学时

记录评价	班级		姓名		第　组	组长签字	
	教师签字					日期	
	评语：						

任务考核标准

学习情境 7:功能性罐头生产			学时:10 学时
序号	考核内容	考核标准	参考分值
1	学习与工作态度	态度端正,学习方法多样,课堂认真,积极主动,责任心强,全部出勤。	5
2	团队协作	服从安排,积极与小组成员合作,共同制定工作计划,共同完成工作任务。	5
3	工作计划制定	有工作计划,计划内容完整,时间安排合理,工作步骤正确。	5
4	工作记录	工作记录单设计合理,完成及时,记录完整。	5
5	该类罐头生产方案的制定	根据所给原辅料,能进行罐头生产方案的制定,方案制定要合理,成本核算合理。	20
6	原辅料的选择与预处理	原辅料选择正确,用量准确,并能进行正确的预处理。	15
7	该类罐头生产的组织实施	根据生产方案的要求,人员安排合理,组织到位,各种生产环节操作规范,安全。	20
8	该类罐头生产机械设备的熟练使用与维护	熟练使用罐头生产设备等,对出现的小故障可进行简单的维修。	10
9	方法能力	能利用各种资源快速查阅获取所需知识,问题提出明确,表达清晰,有独立分析问题和解决问题的能力。	10
10	解决问题及创新能力	开动脑筋,积极思考,提出问题,并对工作任务完成过程中的问题进行分析和解决。	5
		合计	100

任务评价单

学习领域	罐头生产				
学习情境 7	功能性罐头生产		学时	10 学时	
序号	评价项目	评价内容	参考分值	个人评价	组内互评	教师评价

序号	评价项目	评价内容	参考分值	个人评价	组内互评	教师评价
1	资讯 20％	任务认知程度	2			
		资源利用与获取知识情况	5			
		该类罐头生产工艺流程及操作要点	10			
		生产机械设备的使用与维护	3			
2	决策计划 20％	整理、分析、归纳信息资料	4			
		工作计划的设计与制定	5			
		确定该类罐头生产方法和工作步骤	5			
		进行该类罐头生产的组织准备	4			
		解决问题的方法	2			
3	实施 30％	生产方案确定的合理性	5			
		生产方案的可操作性	4			
		原辅料选择的正确	8			
		果酱罐头生产的规范性	4			
		完成任务训练单和记录单全面	5			
		团队分工与协作的合理性	4			
4	检查评估 30％	任务完成步骤的规范性	5			
		任务完成的熟练程度和准确性	5			
		教学资源运用情况	5			
		产品的质量	10			
		学习纪律与敬业精神	5			

	班级		姓名		学号		总评	
	教师		第　组	组长签字：			日期	
评定	评语：							

教学反馈单

学习领域			罐头生产		
学习情境7		功能性罐头生产		学时	10学时
序号	调查内容		是	否	理由陈述
1	对于该类罐头生产要点是否清楚？				
2	会利用各种手段进行信息收集吗？				
3	知道做该类罐头的原料有什么要求吗？				
4	会计算原辅料的用量吗？				
5	该类罐头质量如何评价。				
6	知道该类罐头生产常用的机械设备吗？ 如何使用？				
7	能对该类罐头整个生产过程进行管理吗？				
8	制作的该类罐头有哪些保健功能？				
9	你对老师的本学习情境教学满意吗？				
10	你对本小组完成本学习情境工作的配合满意吗？				
你的意见对改进教学非常重要，请写出你的建议和意见。					
调查信息	被调查人签名			调查时间	

三、选题参考

（一）仙人掌保健罐头生产

仙人掌，别名仙巴掌、观音掌、玉芙蓉、霸王树等，属仙人掌科的多年生常绿肉质草本植物，是一种很好的蔬菜和多用途的药材。利用它再配上辅料加工成罐头，是一种不可多得的保健食品。仙人掌营养价值较高，每百克可食用部分含蛋白质 1.6mg，维生素 A 220mg，维生素 C 16mg，铁 2.7mg，产生热量 25～30kcal（1kcal＝4.1840kJ）。据分析，仙人掌含苹果酸、琥珀酸，茎含黏液质、树脂、苷类和酒石酸等成分。仙人掌性味淡寒，有消肿解毒、消炎止泻之功，茎为滋补强壮剂，可补脾、清肺、镇咳、安神、消肿等，具有降血脂、降血压、降血糖的作用；仙人掌含纤维素多，食用后能抑制胆固醇和脂肪吸收，能减缓人体血液对葡萄糖摄取，对糖尿病、肾炎、动脉硬化和肥胖症等疾病有一定保健功效。近年新发现它还含大量的"角蒂仙"物质，可防止癌细胞蔓延。将仙人掌与桂圆、莲子、枸杞、枣等混配制成的仙人掌保健罐头，具有多方面的保健功能。

1. 主要原辅材料

主料：仙人掌。

辅料：桂圆肉、枸杞、莲子（去心）、大枣（去核）、莲子夹心。

汤料：山药、茯苓、薏米、芡实、麦芽、扁豆（取汁 2 次）、白糖、蜂蜜、冰糖、柠檬酸、乙基麦芽酚、茶多酚（TP）。

2. 保健功能说明

根据传统中医学补益脾胃的原理，以滋补强壮的仙人掌为原料，全方配合，有助于滋养元气、补益脾胃、延年驻颜。配方中仙人掌健脾补肺、滋补强壮；桂圆肉补心益智、养血安神；枸杞滋补肝肾、益精明目；莲子补脾益肾、养心安神；大枣补中益气；茯苓益脾和胃、宁心安神；芡实补脾肾之气而固精；麦芽、扁豆除热；复以冰糖，使全方平神而无伤阴助热之弊；加入茶多酚清除过剩自由基，阻止体内过氧化。

3. 原料质量要求

① 仙人掌：选用茎肉新鲜饱满、无霉烂变质、无虫蛀及虫斑者；桂圆肉选用果大肉厚、颜色棕黄、肉质柔软、嚼之味甜、无霉烂及虫蛀的优质干果，打破外壳，剥取假种皮晒干用。

② 枸杞：选用色红粒大、肉厚籽少、果质柔软、嚼之味甜、唾液呈现红色者。

③ 莲子：选用粒大、饱满、洁白、芳香的莲子，捅去莲心（胚芽），脱去莲衣用。

④ 大枣：选用颜色紫红、果大完整、肉厚核小、无破损、无霉变及虫蛀的优质干品。

⑤ 填充液：所用山药、茯苓、薏米、芡实、麦芽、扁豆应选用干燥、无霉变及虫蛀者。

⑥ 食品添加剂：符合 GB 2760—2014 中的有关规定。

⑦ 其他：白糖、冰糖、蜂蜜、柠檬酸、乙基麦芽酚、茶多酚均应符合食品卫生标准的规定。

4. 操作规程

工艺流程：

仙人掌选择→清洗→去刺→削皮→切块→热烫 ┐
辅料→选料→去杂→清洗→浸泡→预煮→冷却 ├→装罐→加汁→抽气→密封→杀菌→冷却
滋补药物→煎煮过滤→滤汁、冰糖、蜂蜜等余下辅料　　　检验←保温

操作要点：

（1）选择、清洗　选用茎肉新鲜饱满，无虫蛀、虫斑，无霉烂变质的仙人掌，选其新鲜或长到 15～20d 的嫩茎，放入洗涤槽中，用流动清水将其充分洗净，捞出沥干。

（2）去刺、削皮　将洗净的原料用消毒镊子拔去刺，然后用不锈钢刀把外皮削掉（15～20d

左右嫩茎可以不去刺削皮），削皮时应少带茎肉。

（3）切块、热烫 削皮后用不锈钢刀将仙人掌茎切成长 3.2～4cm、宽 1.5～2cm 的长方块，要求切边平整、光滑，不得带有毛刺。为了除去原料中所含的黏液质，将切块放入 1％～2％ NaCl 沸水内热烫 10～15min，水中预先加入 0.15％～0.25％叶绿素锌钠盐进行着色，热烫到原料有透明状为好，捞出在冷水中浸泡 30～60min，以脱去大部分盐分，然后用清水漂洗，沥干水分备用。

（4）清洗、浸泡 分别用水将各辅料洗净。将桂圆肉在 30～35℃热水中浸泡 20～30min；捅心，脱衣莲子放入冷水中浸泡 10～20h，以浸透不裂口为准；枸杞在冷水内浸泡 1～1.5h；大枣在浸泡前去掉枣核，每只核孔内嵌入泡透心的莲子，然后在冷水内浸泡 2～3h，各料捞出沥干水分。

（5）预煮、冷却 将各浸泡水过滤后配制成 20％糖液，加入 0.1％～0.15％柠檬酸，搅匀煮沸，放入桂圆肉煮 5～8min，取出冷却；升温至 95～100℃，放入浸好的莲子煮 5～8min，使其煮至酥软，不可过度，充分糊化莲子淀粉，以免引起破裂，但也不可过生，防止胀罐变质，煮好后分段冷却；将枸杞在糖水内预煮 5～8min，取出急速冷却；夹心红枣在糖水中煮 20～30min，以枣有透明感即可，捞出冷却。

（6）装罐、加汁

① 填充液的准备：称取山药、茯苓、薏米各 1kg，芡实、炒麦芽、炒扁豆各 0.5kg，放入夹层锅，加水 20kg，煮沸 2h，过滤，滤渣加水 20kg，第 2 次取汁 2h，过滤，合并滤液；按开罐糖浓度 14％～18％要求，用预煮糖水经沉淀、过滤，与营养液合并，调配浓度为 30％糖液，内含蜂蜜、冰糖各 5％，0.1％乙基麦芽酚、0.06％茶多酚、柠檬酸根据糖液 pH 值添加，充分搅溶，用沸水调整至需要量，双层纱布过滤 1 次，保温 80～85℃待用。

② 装罐加汁：将烘干 510g 玻璃罐每罐装入预处理好的仙人掌块 200g（竖立整齐装入），再装入桂圆肉 5g、枸杞 15g、莲子 10g、夹心红枣 40g，然后加入保温 80℃以上填充液 240g，保证罐头净重 510g。

（7）抽气、密封 装罐加汁后盖上消毒的瓶盖，送入排气箱中在 95℃下进行排气，当罐中心温度达 85℃以上时，立即用封罐机封口密封。也可用真空封罐机抽真空密封，真空度达 40～47kPa 下封罐后认真检查，确认无误。

（8）杀菌、冷却 密封后及时送去杀菌，封罐至杀菌间隔不超过 30min。杀菌式为：5min—25min—5min/100℃。杀菌后分段冷却，各段温差不得超过 60℃，最后冷却至 40℃以下，擦干瓶盖及瓶身余水，入库保温。

（9）保温、检验 制好的罐头送入（37±2）℃的保温库中保温 1 周，进行检验，剔除胖罐、漏罐、汁液浑浊罐等不合格罐，合格品装箱入库即成。

5. 产品质量指标

（1）感官指标 仙人掌保健罐头的感官指标应符合表 7-1 的要求。

（2）理化指标 仙人掌保健罐头的理化指标应符合表 7-2 的要求。

表 7-1 仙人掌保健罐头的感官指标

项目	指标
色泽	仙人掌块呈淡绿色或紫绿色,色泽一致,汤汁呈淡棕红色,允许略带轻微浑浊、沉淀,不允许有本产品添加物之外沉淀
组织与形态	装罐整齐,大小基本一致,切削良好,软硬适度,桂圆肉、夹心枣装在仙人掌块之上,枸杞混合瓶内,不允许有本产品添加物以外的任何杂质存在
滋味、气味	甜脆可口,具有仙人掌和药食两用物质等制成的营养液保健罐头应有的滋味及气味,稍有中药味,无其他异味

表 7-2 仙人掌保健罐头的理化指标

项目	指标
净含量/g	510
每罐允许公差/%	±3
固形物	不低于净重的 52%（包括药食两用物质在内）
糖含量/%	15～18
酸度(pH)	3.4～3.6
铜(以 Cu 计)/(mg/kg)	≤5
铅(以 Pb 计)/(mg/kg)	≤1
砷(以 As 计)/(mg/kg)	≤0.5

(3) 微生物指标 无致病菌及因微生物活动所引起的腐败征象，细菌总数<100 个/mL，大肠杆菌≤3 个/mL，致病菌不得检出。

(二) 中华鳖药膳罐头生产

中华鳖一般分布在除西藏、青海之外的全国各地，朝鲜、日本、越南及美国夏威夷都有它的踪迹，因其适应性强、生长快、产品质量高，所以才成为鳖类动物中首选的养殖种类，是我国水产养殖效益最好的对象之一。对中华鳖肌肉的氨基酸和脂肪酸的分析表明，中华鳖是高蛋白低脂肪的营养品，其肌肉中的氨基酸、脂肪酸种类齐全、比例适当，特别是其中的必需氨基酸的营养性好于鸡蛋，必需脂肪酸中的重要活性物质——EPA、DHA 含量高于一般鱼类，还可作为赖氨酸的强化食品。中华鳖肉味鲜美，营养丰富，不仅是餐桌上的美味佳肴，还是一种用途很广的滋补品，全身均可入药，如鳖头可治脱肛、子宫下垂等，鳖甲养阴清热、平肝熄火、治疗痈肿泻痢等，鳖肉可治虚劳潮热、口眼歪斜等，鳖卵可补阴虚。

乌骨鸡含有丰富的蛋白质，丰富的黑色素，现代医学研究，乌骨鸡内含丰富的黑色素，入药后能起到使人体内的红血球和血色素增生的作用。还含有蛋白质、B 族维生素等 18 种氨基酸和 18 种微量元素，其中烟酸、维生素 E、磷、铁、钾、钠的含量均高于普通鸡肉，胆固醇和脂肪含量却很低，乌骨鸡的血清总蛋白和球蛋白质含量均明显高于普通鸡，乌骨鸡肉中含氨基酸、铁元素也比普通鸡肉高很多。

因此，乌骨鸡自古以来，一直被认为是滋补上品。以优质中华鳖为主料，乌骨鸡肉为配料，大枣、枸杞、莲子、桂圆等名贵药材为辅料，进行科学配制，制成了营养全面的中华鳖药膳罐头。

1. 主要原辅材料

(1) 主料 中华鳖和乌骨鸡，中华鳖体重 500g 左右，乌骨鸡 800g 左右。

(2) 辅料 大枣、枸杞、莲子、山药、香菇等药材。

2. 保健功能说明

根据传统中医学补益脾胃的原理，以滋补强壮的中华鳖、乌骨鸡为原料，全方配合，有滋养元气、补益脾胃的作用。配方中中华鳖味甘性平，自古就被视为滋补佳品，具有补阴、补血、退热、清淤之功能。鳖肉清蒸、清炖或红烧都具有滋阴补血、增强体质之功效，其营养成分十分丰富。乌骨鸡肉营养也很丰富，也具养阴退热、补肝益肾的功效，有助于改善虚劳骨蒸、脾虚滑泄等症状。各种名贵药材都与中华鳖、乌骨鸡有相似的性甘味平的特性，相配后更能相互增强功效。例如，大枣能补脾胃，益气生津，解药毒；莲子具有养心益肾，止咳去热，润肤益寿的功能；山药补脾养胃，生津益肺；枸杞能滋补肝、肾，益精明目等等。

3. 操作规程

工艺流程：

中华鳖→宰杀-放血→去皮→分割→鳖肉→称重
乌骨鸡→宰杀→净鸡→分割→乌骨鸡肉块→称重
山药、桂圆等→去皮→水洗→定量
大枣、香菇等→水发→洗净→定量
→装罐→加汤料辅料→预封排气→封罐杀菌
↓
成品←检验←冷却

操作要点：

(1) 原料预处理　中华鳖和乌骨鸡宰杀时应彻底放血，中华鳖要脱皮除腥，乌骨鸡分割鸡胸、鸡腿，其他备用。如果是冷冻品，应保证其质量，若挥发性碱性氮≥15mg/100g，细菌数≥10^7 个时不得作为原料。加工过程迅速及时，并注意防止温度升高。斩块后拣出碎骨、毛根等杂质，清水冲洗干净，随即进行装罐。装罐量为中华鳖、乌骨鸡块占 60%，汤占 30%，辅料占 5%，调味料占 5%。

(2) 预煮　预煮时，将雌、雄、老、嫩分别预煮，加水量以浸没为宜，时间一般为 30min，以达到去骨为度，预煮汁浓度为 3%～5%（以折光度计）。

(3) 抽气、密封　装罐时要防止划伤罐壁，装罐加汁后盖上消毒的瓶盖，送入排气箱中在 95℃下进行排气，持续 16min，要求罐中心温度达 50℃以上，真空度控制在 60kPa 左右。

(4) 杀菌、冷却　密封后及时送去杀菌，封罐至杀菌间隔不超过 30min。杀菌温度 121℃，杀菌时间 55min，杀菌后分段冷却，各段温差不得超过 60℃。最后冷却至 40℃以下，擦干瓶盖及瓶身余水入库保温。为防止突角和爆节，应尽量采用加热排气，并注意不使骨头部分触及罐壁和底盖。冷却后要严格控制反压在 0.12～0.13MPa，杀菌时升温、降温要平稳。

(5) 保温、检验　制好的罐头送入（37±2）℃的保温库中保温 1 周，进行检验，剔除胖罐、漏罐、汁液浑浊罐等不合格罐，合格品装箱入库即成。

4. 产品质量指标

按照 GB 4789.26—2013 进行检验。

（三）人参保健罐头生产

人参，别名山参、园参、人衔、神草、黄参、血参等，多生长在东北三省及河北、山西、湖北境内，尤其以吉林省长白山地区为多，且质优。人参含少量挥发油，如 β-榄香烯、人参炔醇等；有机酸及酯类如柠檬酸、异柠檬酸、延胡索酸等；含约 17 种氨基酸，多种维生素如维生素 B_1、维生素 B_2、维生素 B_{12}、维生素 C，烟酸，叶酸等；甾醇及其苷类如豆甾醇、胡萝卜苷、菜油甾醇、人参皂苷 P 等；此外，人参还含有腺苷转化酶、L-天冬氨酸酶、β-淀粉酶、蔗糖转化酶；麦芽醇、廿九烷；山奈酚、人参黄酮苷及铜、锌、铁、锰等二十多种微量元素。人参茎叶的皂苷成分基本上和根一致。参须、参芽、参叶、参花、参果等的总皂苷含量比根还高，值得进一步利用。现代医学认为，人参的药理作用主要是能调节中枢神经系统兴奋过程和抑制过程的平衡，提高机体的适应性，对心肌有保护作用，可以扩张血管、降低血压、降血脂和抗动脉粥样硬化作用，也能抗过敏性休克，使肝脏的解毒能力增强，对糖、蛋白质、脂质代谢均有影响，还可抗衰老、做免疫增强剂和免疫调节剂，抗肿瘤等多种功效。

1. 主要原辅材料

鲜人参 10kg，35% 糖液 400～500kg。

2. 保健功能说明

人参性平、味甘、微苦、微温。归脾、肺经。具有大补元气，滋补强壮，安神益智，生津，复脉固脱等功效。主治：劳伤虚损、食少、倦怠、反胃吐食、大便滑泄、虚咳喘促、自汗暴脱、惊悸、健忘、眩晕头痛、阳痿、尿频、消渴、妇女崩漏、小儿慢惊及久虚不复，一切气血津液不足之证。现代医学普遍认为人参对中枢神经系统、心血管系统、消化系统、免疫系统、内分泌系统、泌尿生殖系统有广泛的作用，从而可提高人体力、智力的活动能力，增强机体对有害刺激的非特异性抵抗力。人参的药理活性常因机体机能状态不同双向作用，因此人参是具有"适应原"样作用的典型代表药。

3. 工艺规程

工艺流程：

选料→漂烫→装罐→注糖液→封罐→杀菌→冷却→检查→成品

工艺要点：

(1) 选料 首先选取形体饱满、捏之有实感（俗称浆液足）、未腐烂、无伤残、无明显蚀斑和瘢痕的鲜人参做原料，用水冲洗，再用细软毛刷刷去人参体表及支根缝隙中的泥土，捞出晾干。

(2) 漂烫 置 100℃ 水中漂烫 2min。取出，沥干水分，称重，准备装罐。

(3) 配糖液 为利用漂烫液中浸出的人参有效成分，可用漂烫液溶化砂糖，配成浓度 35% 的糖液。

(4) 装罐 装"四旋瓶"，可装鲜人参 50g，糖水 250g；装"胜利瓶"，可装鲜人参 100g，糖水 400g。装进人参后，趁热（糖液 90℃ 以上）将糖液注入罐内。

(5) 杀菌、冷却 玻璃瓶封好后，立即放入装有沸水的夹层锅中，迅速加热，在夹层锅内使罐中心的温度升至 100℃。再保持沸腾状态 20min 进行杀菌。然后向夹层锅内缓缓注入冷水，在 20min 内使罐中心温度降至 40℃，取出，即制成鲜人参保健罐头。

4. 产品质量标准

人参保健罐头的感官指标应符合表 7-3 的要求。

表 7-3 人参保健罐头的感官指标

项目	指标
色泽	糖水应呈淡黄色,清澈、透明、无浑浊沉淀产生,振荡后见有少许人参表皮碎屑悬浮于汁液中;罐装鲜人参应为黄白色,参芦如人头状,参体饱满、挺实,参须完整无损
组织与形态	人参各部位完整而有弹性,用刀切之有柔韧感,切面光润,中心呈珍珠白色,外周为浅柠檬黄色
滋味、气味	有鲜人参特有的天然香味,糖水甜而不腻,回味稍苦而清香,无酸败变质味

5. 服用

罐藏人参的用量，可根据常规剂量扩大 2～3 倍计算。如每剂服用原人参需 3～6g，罐藏鲜人参则为 6～12g 或 9～18g。并应注意罐汁不可随意多饮，饮用量每次 30～50mL 为宜。

(四) 山药枸杞果酱罐头生产

山药别名山薯、山芋。我国主要产于河南省北部，河北、山西、山东及中南、西南等地区也有栽培。山药营养丰富，是一种食药两用的滋补上品，有"神仙之食"和"大棒人参"的美称。木植物的藤（山药藤）、叶腋间的珠芽（零余子）亦供药用。块茎含皂苷、黏液质、胆碱、淀粉（16%）、糖蛋白和自由氨基酸，根茎含多巴胺、山药碱，另含游离氨基酸，以及糖朊，山药含有淀粉酶、多酚氧化酶等物质，尚含淀粉 20%～30%、鞣质、黏液质、糖蛋白、多酚氧化酶等。零余子还含山药素 I。有利于脾胃消化吸收功能，是一味平补脾胃的药食两用之品。

枸杞别名西枸杞、白刺等，是茄科枸杞属多分枝灌木植物，高 0.5～1m，栽培时可达 2m多，国内外均有分布。枸杞有降低血糖、抗脂肪肝的作用，并能抗动脉粥样硬化。枸杞全身是宝，枸杞的叶、花、根也是上等的美食补品。现代医学研究表明，它含有胡萝卜素、甜菜碱、维生素 A、维生素 B$_1$、维生素 B$_2$、维生素 C 和钙、磷、铁等，具有增加白细胞活性、促进肝细胞新生的药理作用，还可降血压、降血糖、降血脂。

1. 主要原辅材料

主料：山药 50kg，枸杞 7.58kg。

辅料：卡拉胶 4.5kg，苯甲酸钠 15g，白糖 37.5kg，柠檬酸适量。

2. 保健功能说明

具体地讲，山药有以下营养保健功能：山药含有皂苷、黏液质，有润滑、滋润的作用，故可益肺气，养肺阴，有助于改善肺虚痰嗽久咳之症；黏液蛋白、维生素及微量元素，能有效阻止血脂在血管壁的沉淀，预防心血管疾病，有降低血糖及镇静的作用，可用来抗肝昏迷等。枸杞性甘、平，归肝肾经，具有滋补肝肾、养肝明目的功效，常与熟地、菊花、山药、山黄肉等药同用。枸杞子能补虚生精，用来入药或泡茶、泡酒、炖汤，如能经常饮用，便可强身健体。枸杞亦为扶正固本，生精补髓、滋阴补肾、益气安神、强身健体、延缓衰老之良药。

3. 操作规程

工艺流程：

选山药→预处理→破碎→打浆→均质→山药浆
枸杞→挑选→清洗、浸泡、打浆→均质→枸杞浆 } →调配→加热浓缩→热装罐→密封→杀菌
　　　　　　　　　　　　　　　　　　　　　　　　成品←检验←冷却

操作要点：

(1) 选料 应选择粗壮、成熟度好的山药块根，剔除腐烂变质、虫蛀等部分。

(2) 刮皮 山药需在火焰上燎掉根须，然后清洗干净，可用手工刮皮，剔除黑色根眼及夹缝处的皮污等物。刮皮时山药表面有特殊的黏性，可用清水经常冲洗。去皮后应立即浸入清水中，以防褐变。

(3) 破碎 将去皮山药放在破碎机中破碎成 2～3mm 碎块，然后放入胶体磨中磨碎。

(4) 均质 破碎后可再放在均质机中进一步细化，以使制品组织细腻。压力控制在 2～2.2MPa。

(5) 卡拉胶处理 卡拉胶清洗干净后，须在凉开水中浸泡 2～3h，让其吸足水分，然后加热煮沸溶解。待全溶解后，清除表面杂质，再趁热用 100 目筛过滤，然后备用。

(6) 白砂糖处理 白砂糖加热溶化煮沸先配成 60% 的溶液，清除表面杂质，再经糖浆过滤机过滤后使用。

(7) 枸杞处理 选用优质枸杞，剔除霉烂变质部分，清洗干净后浸入水中，2h 后，放入打浆机中打浆，再作均质处理。

(8) 调配 将均质好的山药浆液、白砂糖糖浆、卡拉胶溶解液、枸杞液、柠檬酸、苯甲酸钠、优质水按一定的比例调配好，搅拌均匀，再加热到 85℃ 左右，边加热边搅拌使其充分混合均匀。

(9) 浓缩 将调配好的物料放入浓缩锅中，缓慢打开蒸汽阀压力控制在 0.1～0.5MPa，温度为 50～60℃，浓缩到一定程度后，将糖浆和卡拉胶缓慢加入。待浓缩到可溶固形物达到 66% 时迅速出锅。

(10) 装罐密封 浓缩出锅后的果酱，应迅速趁热装入消好毒的玻璃罐中，最好在 20min 左右装完，密封好，最多不应超过 30min。酱温应保持在 85℃ 以上。顶隙保留在 8～10mm 左右。

(11) 杀菌及冷却 密封后应立即杀菌，选用沸水杀菌，杀菌式：5min—15min/100℃（水），杀菌后立即冷却到 38℃ 左右擦掉表面水分后，入库。

4. 质量标准

(1) 感官指标 山药枸杞果酱罐头的感官指标应符合表 7-4 的要求。

表 7-4 山药枸杞果酱罐头的感官指标

项目	指标
色泽	乳白色酱体中略透红色光泽,均匀一致
组织与形态	酱体为黏稠状,有一定的流动性,不具流散性,均匀细腻,无气泡,无结晶,无沉淀,无漂浮
滋味、气味	具有轻微的山药天然滋味和枸杞的天然风味,酸甜适宜,无焦糊味及其他异味
杂质	允许存在

(2) 理化指标 山药枸杞果酱罐头应符合表 7-5 的要求。

表 7-5 山药枸杞果酱罐头的理化指标

项目	指标
净含量/g	454
每罐允许公差/%	±2
可溶性固形物(以折光度计)/%	65
总糖含量/%	30
酸度(pH)	3.5~3.8
铜(以 Cu 计)/(mg/kg)	≤10
铅(以 Pb 计)/(mg/kg)	≤1
砷(以 As 计)/(mg/kg)	≤0.5
锡(以 Sn 计)/(mg/kg)	<200

(3) 微生物指标 细菌总数<100 个/mL,大肠杆菌群<3 个/100mL;致病菌不得检出,应符合罐头食品卫生要求。

(五) 金针菇保健罐头生产

金针菇学名毛柄金钱菌,又称冬菇、朴菇、益智菇等,因其菌柄细长,似金针菜,故称金针菇,属伞菌目口蘑科金钱菌属。金针菇色泽金黄,以其菌盖滑嫩、柄脆、营养丰富、味美适口而著称于世,是著名的观赏性真菌和美味食品。据测定,金针菇氨基酸的含量非常丰富,高于一般菇类,尤其是赖氨酸的含量特别高。金针菇干品中含蛋白质 8.87%,碳水化合物 60.2%,粗纤维达 7.4%,经常食用可防治溃疡病。金针菇在世界上已属四大人工栽培食用菌之一。近年来其栽培量日益增加,但鲜菇销售量受货架期短的限制,到产菇高峰期,造成大量鲜菇积压,为此开发金针菇加工产品已成生产所必需。金针菇既是一种美味食品,又是较好的保健食品,金针菇的国内外市场日益广阔。

1. 主要原辅材料

(1) 金针菇 新鲜幼嫩,菌体完整,菌伞未完全开放,呈淡黄色或金黄色,无病虫害及泥沙等杂质。具有金针菇本身特有的正常气味,无其他不良气味,要求菌体整齐,长度、长短大致均匀,菌盖直径为 1.5cm 左右,菌柄长约 15cm 左右。切口平整。

(2) 白砂糖 执行 GB/T 317 技术标准。

(3) 精盐 执行 GB 2721 技术标准。

(4) 氯化钙 执行 GB 1886.45 技术标准。

(5) 罐藏用水 执行 GB 5749 技术标准。

2. 保健功能说明

金针菇有以下营养保健功能：金针菇含有人体必需氨基酸成分较全，其中赖氨酸和精氨酸含量尤其丰富，且含锌量比较高，对增强智力尤其是对儿童的身高和智力发育有良好的作用，人称"增智菇""一休菇"；金针菇中还含有一种叫朴菇素的物质，有增强机体对癌细胞的抗御能力，常食金针菇有助于降胆固醇，预防肝脏疾病和肠胃道溃疡，增强机体正气，防病健身；金针菇可抑制血脂升高，有助于防治心脑血管疾病；金针菇具有抵抗疲劳，抗菌消炎、清除重金属盐类物质的作用。一般人群均可食用，特别适合气血不足、营养不良的老人、儿童、癌症患者、肝脏病及胃肠道溃疡、心脑血管疾病患者食用；但脾胃虚寒者不宜吃太多金针菇。

3. 工艺规程

工艺流程：

原料→分级→漂洗→切段→热烫→冷却→漂洗→装罐→加汤→抽气密封→杀菌→冷却→保温检验→包装→成品

操作要点：

(1) 选料　按原辅料相应质量标准选择原辅材料。

(2) 分级切断　按照原料标准进行分级，根据罐型的内高进行切段。

(3) 热烫　放入75～85℃热水中烫漂30～45s取出用清水及时冷却漂洗干净（切勿热烫过度导致组织软烂无法装罐）。

(4) 配汤料　按1.5%～2%加入精盐配成汤料，在盐水中可同时加入不多于1%的白砂糖进行调味。

(5) 白砂糖处理　白砂糖加热溶化煮沸先配成60%的溶液，清除表面杂质，再经糖浆过滤机过滤后使用。

(6) 装罐　装罐切口要整齐，汤料要注满菌体，顶隙留空1cm左右，在装罐汤料中加入0.08%氯化钙，可增加金针菇的硬度，保持形态完整。

(7) 密封　装罐后立即封口，要求采用全自动真空封口机，真空度控制在0.06～0.07MPa。

(8) 杀菌及冷却　密封后应立即杀菌，杀菌式为15min—60min—10min/112℃，杀菌后立即冷却至中心温度35℃左右。

(9) 保温　要求微生物生长适宜温度（37±1）℃，时间5～7昼夜。然后成品入库。

4. 质量标准

(1) 感官指标　金针菇保健罐头的感官指标应符合表7-6的要求。

表7-6　金针菇保健罐头的感官指标

项目	指标
色泽	菇体基本上为象牙色。允许菌盖伞部颜色稍深。汤汁清澈透明，不允许有浑浊现象或絮状沉淀物
组织与形态	菇体形如白嫩的豆芽。菌柄、菌盖基本完整。菌柄长度在15cm，直径在1.5cm左右的菇体不少于90%，菌盖基本上呈半球形，菇伞已开放的菇体不得超过20%。同一罐中菇体长短、色泽大致均匀
滋味、气味	具有清水金针菇特有的香气和风味，无异味

(2) 理化指标　金针菇保健罐头的理化指标应符合表7-7的要求。

(3) 微生物指标　应符合罐头商业无菌的食品卫生要求。

（六）黄粉虫罐头生产

黄粉虫属鞘翅目、拟步甲科、粉甲属，别名有大黄粉虫、面包虫等，既是一种大型仓贮害虫

表 7-7　金针菇保健罐头的理化指标

项目	指标
净含量/g	340
每罐允许公差/%	±3
可溶性固形物(以折光度计)/%	≥70(允许误差±2%)
铜(以 Cu 计)/(mg/kg)	≤10
铅(以 Pb 计)/(mg/kg)	≤2
砷(以 As 计)/(mg/kg)	≤0.5
锡(以 Sn 计)/(mg/kg)	<200
氯化钠含量/%	0.6～1.0
2,4-二氨基甲苯	不超过 0.017mg/kg
甲苯二异氰酸酯	不超过 0.024mg/kg

和生理、遗传学实验材料,又为极具开发潜力的重要资源昆虫,素有"动物蛋白饲料之王"的称誉。黄粉虫具有很高的营养价值,它的幼虫、蛹、成虫都含有较多的蛋白质、脂肪、糖类、无机盐、维生素等营养物质。黄粉虫的蛋白质含量在 46.8%～54%,其中不饱和氨基酸和饱和脂肪酸的比例与人体需要相适应;脂肪含量在幼虫和蛹时较高,达到 30%,而且不饱和脂肪酸含量高,除此之外,还含有钾、钠、钙、磷、镁、锌、铁和维生素 B 族等。目前,黄粉虫作为对人有益的资源昆虫,在饲料、食品和医药保健品以及抗菌蛋白等方面具有的诱人的综合利用价值备受人们的青睐,正处在大力开发中。

1. 主要原辅材料

主料:黄粉虫 100kg。

辅料:料酒 5kg,葱 8kg,姜 4kg,花椒 1kg,陈皮 1kg,大、小茴香各 5kg,盐 3kg,白糖 5kg,植物油、味精适量。

2. 保健功能说明

黄粉虫幼虫具降血脂功能,黄粉虫具有一定的促进生长、益智、抗疲劳和抗组织缺氧的营养保健作用。黄粉虫幼虫干粉滤液具有较好的抗疲劳、延缓衰老和降低血脂及促进胆固醇代谢的功能,并能提高小鼠外周淋巴细胞转化和降低骨髓微核率。黄粉虫的核黄素和维生素 E 储量都很高,维生素 E 有保护细胞膜中的脂类免受过氧化物损害的抗氧化作用,是一种不可缺少的营养素和药品。黄粉虫含有丰富的不饱和脂肪酸可提纯做医用和化妆品用脂肪,同时该产品具有提高皮肤的抗皱功能,对皮肤疾病也有一定的治疗和缓解症状的作用。从黄粉虫中提取超氧化物歧化酶精制品具有抗衰老、防皱及防病保健功能。黄粉虫还含有一种抗菌肽,能抑制革兰阳性菌的生长。总之,黄粉虫在活血强身、治疗消化系统疾病及康复治疗、老弱病人群的基本营养补充方面有着切实的辅助作用。

3. 工艺规程

工艺流程:

香辛料→纱布包裹→浸泡煮沸
　　　　　　　　　　　　↓
新鲜黄粉虫→挑选→清洗→煮制→调配→加热浓缩→装罐→密封→杀菌→保温检验→成品

操作要点:

(1) 选料　优质的原料才能生产出优质的产品,因此对黄粉虫原料进行挑选的时候要把碎虫、死虫去掉,应选体形大小均匀一致,爬动灵活无病害,加工前 3h 内将黄粉虫单独选出置于洁净容器内喂食，使其排净身体内的废物。

（2）清洗除杂 用 2% 淡盐水清洗，过程中要除去不合格的黄粉虫以及漂浮在水面的麸皮、麦糠等杂质，水温应控制在 40℃ 左右，清洗 2~3 遍，直到虫体表面光洁为止，然后用漏勺从水中捞到干净的塑料筐中控水待用。

（3）煮制 将预先配好的香辛料加入水中煮沸 30~40min，然后加入控水后的黄粉虫以及食盐适量，调料水为黄粉虫重量的 3 倍左右，然后 100℃ 煮制 30min。

（4）调配 煮好的黄粉虫冷却后进行调味，葱、姜要切成碎末。将大小茴香、陈皮、花椒洗净、磨碎，加 1000g 水熬煮 30min，浓缩至 500g。过滤后加入料酒、味精、白糖、盐等，搅拌溶解均匀后再熬煮 10min，熬煮过程中及时撤除浮沫及污物。汤汁冷却后同黄粉虫搅拌均匀后静置 2h，入味后即可进行装罐。

（5）装瓶 调配好的黄粉虫采用热力排气法和真空封罐，并留有 3~5mm 的顶隙，真空度达到了 0.05MPa 以上，封罐后及时检验，剔除封口不良罐。

（6）灭菌 将装好瓶的黄粉虫罐头放入夹层锅中 120℃ 左右维持 20min，罐头中心温度要达到 72℃，杀菌后立即冷却至 40℃ 后出锅。

（7）成品 出锅清洗罐面后入保温库，37℃ 条件保温 7 昼夜，同时作微生物和理化指标检验，检验合格后贴标出厂。

4. 质量标准

（1）感官指标 黄粉虫保健罐头的感官指标应符合表 7-8 的要求。

表 7-8 黄粉虫保健罐头的感官指标

项目	指标
色泽	黄褐色或褐色、油润光亮、汤汁浑浊，允许有少量碎屑
组织与形态	黄粉虫软硬适度，形态完整，大小均匀一致
滋味、气味	具有新鲜黄粉虫制品加工而成的黄粉虫罐头应有的滋味和气味，香味浓郁，无异味

（2）理化指标 黄粉虫保健罐头的理化指标应符合表 7-9 的要求。

表 7-9 黄粉虫保健罐头的理化指标

项目	指标
每罐允许公差/%	±3
可溶性固形物(以折光度计)/%	≥80
铜(以 Cu 计)/(mg/kg)	≤5.0
铅(以 Pb 计)/(mg/kg)	≤1.0
砷(以 As 计)/(mg/kg)	≤1.0
锡(以 Sn 计)/(mg/kg)	<200
汞/(mg/kg)	≤0.5

（3）微生物指标 细菌检验按照 GB 4789.26—2013《食品微生物检验 罐头食品商业无菌的检验》进行，不应检出致病菌。

附录 罐头生产安全管理

一、GMP 与罐头生产安全控制

GMP 是英文 good manufacturing practice 的缩写，中文意为"良好操作规范"。食品 GMP 为基本指导性文件，包括了对食品生产、加工、包装、储存，企业的基础设施、加工设备，人员卫生、培训，仓储与分销、环境与设备的卫生管理、加工过程的控制管理所作出的详细规定。目前，所有 GMP 法规仍在不断完善，最新版本的 GMP 被称为通用良好操作规范（CGMP，current good manufacturing practice）。

（一）食品 GMP 的实质及推行的意义

要点 1　食品 GMP 的精神实质

食品 GMP 的精神实质是：①解决食品生产中的质量和安全卫生问题，要求食品生产企业具有良好的生产设备、合理的生产过程、完善的卫生质量控制系统和严格的检测系统，以确保食品的质量和安全性符合标准；②降低食品生产过程中人为的错误，防止食品在生产过程中遭到污染或品质劣变，建立健全自主性品质保证体系；③是一种包括 4M 管理要素的质量保证制度，即选用规定要求的原料（material）、以合乎标准的厂房设备（machines）、由胜任的人员（man）、按照既定的方法（methods），制造出品质稳定、安全卫生的食品的一种质量保证制度。

要点 2　推行食品 GMP 的目的和意义

推行食品 GMP 的目的和意义是：①提高食品卫生安全质量，保障消费者的健康；②为食品生产提供一套可遵循的规范，促使食品生产企业采用新技术、新设备，严格要求食品生产中的原料、辅料和包装材料；③促使食品生产和经营人员形成积极的工作态度，激发对食品质量高度负责的精神，消除生产上的不良习惯；④为食品生产及卫生监督提供有效的监督检查手段；⑤为建立实施 HACCP 体系或 ISO 22000 国际食品安全管理体系奠定基础；⑥利于食品的国际贸易。

（二）我国出口食品的 GMP 法规及主要内容

我国原国家商检局于 1995～1996 年陆续发布了包括《出口罐头加工企业注册卫生规范》等 9 个出口食品企业注册卫生规范。此外，2002 年国家质检总局颁发了《出口食品生产企业卫生注册登记管理规定》。该法规共包括 3 个附件，其中附件 2《出口食品生产企业卫生要求》围绕

"出口食品卫生质量体系的建立"为核心内容，突出强调了食品生产加工过程中的安全卫生控制，对出口食品生产企业提出了强制性的卫生要求，是我国出口食品生产企业的 GMP 通用法规。9个专门食品 GMP 法规和 1 个 GMP 通用法规共同构成了我国出口食品的 GMP 法规体系。如果企业的罐头出口到美国，还必须遵守美国的三个法规，即《良好操作规范（GMP）》（21 CFR Part 110）、《FDA 低酸性罐装食品 113 法规》（21 CFR Part 113）和《酸化食品 114 法规》（21 CFR Part 114）；如果罐头出口到日本，则必须符合日本的《食品小六法》。

（三）GMP 涉及的基本内容

内容 1　人员

机构的设置、人员的资格、教育培训的开展等。

内容 2　设计与设备

工厂的选址、周围的环境、生产区与生活区的布局等；厂房及车间配置；厂房建筑、地面与排水；屋顶及天花板、墙壁与门窗；采光、照明设施；通风设施、供水设施；污水排放设施、废气物处理设施等。

内容 3　原料与成品贮存、运输

原料的采购、运输、购进、贮存等；半成品和成品的贮存和运输等。

内容 4　生产加工过程

生产加工操作规程的制定与执行；原、辅料处理；生产加工作业的卫生要求等。

内容 5　品质管理

包括质量管理手册的制定与执行、原材料的品质管理、专业检验设备管理、加工中的品质管理；包装材料和标志的管理、成品的品质管理；储存、运输的管理；售后意见处理和成品回收以及记录的处理程序等。

内容 6　卫生管理

包括卫生制度、环境卫生、厂房卫生、生产设备卫生、辅助设施卫生、人员卫生及健康管理等。

实施 HACCP 认证的企业必须通过 GMP 认证。GMP 是一项具有法律效力的技术法规，各国都有各自的 GMP，如果一个国家在另一个国家的境内从事食品生产加工，必须遵照该国的食品 GMP。在进行食品贸易时，一般说，没有经过 GMP 认证的食品，不能获准进入对方市场。在国内，按食品加工的不同品种、不同类型，规定了食品厂必须完成 GMP 认证的年限，否则将取消该食品加工厂的生产加工资格，这与自愿性质的 ISO 9000 系列认证不一样。凡是新建食品厂（车间）或食品厂厂房的搬迁都应通过 GMP 认证。只有通过 GMP 认证的食品厂（车间），才能得到食品加工生产许可证书和接受委托加工任务。认证证书原则上只能在本国有效，但是也可以签订国与国之间的互认协议。食品 GMP 体系文件全部作为食品加工生产的内部文件，并拥有知识产权。

我国政府已经开始整顿食品市场，并严格规范食品加工企业，大幅度提高食品加工的技术安全卫生门槛。根据新规则，工厂如果达不到 GMP 标准就要被淘汰出局。

二、SSOP 与罐头生产安全控制

（一）概念

SSOP 是卫生标准操作程序（santantion standard operation procedures）的简称，是食品企业为了达到 GMP 所规定的要求，保证所加工的食品符合卫生要求而制定的指导食品生产加工过程

中如何实施清洗、消毒和卫生保持的作业指导文件。它没有 GMP 的强制性，是企业内部的管理性文件。但 SSOP 的规定是具体的，主要是指导卫生操作和卫生管理的具体实施，相当于 ISO 9000 质量体系中过程控制程序中的"作业指导书"。制定 SSOP 计划的依据是 GMP，GMP 是 SSOP 的法律基础，使企业达到 GMP 的要求，生产出安全卫生的食品制定和执行 SSOP 的最终目的，是实施 HACCP 的前提条件。

(二) 食品卫生标准操作程序

规范 1　用于接触食品或食品接触面的水，或用于制冰的水的安全

要点(1)　生产加工用水的要求

食品加工用水应符合《生活饮用水卫生标准》（GB 5749—2006）；水产品加工中冲洗原料使用的海水应符合《海水水质要求》（GB 3097—1997）；软饮料用水质量达到国家标准。《生活饮用水卫生标准》中规定了 106 项指标，其中细菌总数 $<100cfu/mL$，总大肠菌群、耐热大肠菌群、大肠埃希氏菌不得检出，贾第鞭毛虫（个/10L）、隐孢子虫（个/10L）<1；管网末梢游离余氯量不低于 0.05mg/L。

要点(2)　防止生产用水被污染的措施

应建立和保存详细的供水网络图；有蓄水池的工厂，水池要有完善的防尘、防虫和防鼠措施，与外界相对封闭，并制定定期清洗消毒计划；两种供水系统并存的企业，应用不同颜色标记管道，防止饮用水与非饮用水混淆；水管离水面距离应为水管直径的 2 倍，水管管道有空气隔断或使用真空排气阀；供水设施完好，损坏应立即维修。

企业自行打井的水应注意水质必须符合相应的生活饮用水标准，若需要使用化学消毒剂，常采用 10mg/L 浓度的加氯消毒处理。

直接与产品接触的冰必须采用符合饮用水标准的水制造，制冰设备和盛装冰块的器具，必须保持良好的清洁卫生状况，冰的存放、粉碎、运输、盛装等都必须在卫生条件下进行，防止与地面接触造成污染。

要点(3)　供水安全的监测

任何一种水源在使用前都必须有合格证后方可使用。城市公共用水，当地卫生防疫部门每年至少一次检验全项目；自备水源一年至少两次。企业对水的微生物检验每月至少一次；水的余氯每天检测一次。

规范 2　食品接触面的卫生状况和清洁程度

包括工器具、设备、手套和工作服，目的是防止交叉污染。

要点(1)　与食品接触表面的要求

材料的要求：应选用耐腐蚀、不生锈、表面光滑、易清洗的无毒材料，如 300 系列的不锈钢材料。不能使用木制品、纤维制品、含铁金属、镀锌金属、黄铜等材料。

设计安装要求：本着便于清洗和消毒的原则，制作工艺精细，无粗糙焊缝、凹陷、破裂等，易排水并不积存污物；安装及维护方便，始终保持良好保养的状况；设计安全，在加工人员犯错误情况下不致造成严重后果。

要点(2)　与食品接触表面的清洗、消毒

加工设备与工器具：清扫（首先用刷子、扫帚彻底清除设备、工器具表面的食品残渣和污物）；预冲洗（用清洁水冲洗设备和工器具表面，除去清扫后遗留的微小残渣）；清洗（选用清洗剂如碱性或酸性或溶剂型等清洗剂对设备及工器具进行清洗）；冲洗（用流动的洁净水冲去与食品接触面上的清洁剂和污物）；消毒（应用消毒剂如 82℃热水或含氯消毒剂或过氧化氢等进行喷洒或浸泡）；冲洗（消毒结束后，应用符合卫生条件的水对被消毒对象进行清洗，尽可能减少消

毒剂的残留）。设隔离的工器具洗涤消毒间，将不同清洁度的工器具分开。

工作服和手套：由专用洗衣房清洗消毒，不同清洁区域的工作服应分别清洗消毒，分别存放；存放工作服的房间设有臭氧、紫外线等设备，且干燥清洁。

空气消毒：①紫外线照射法，每 $10\sim15m^2$ 安装一支 30W 紫外灯，消毒时间不少于 30min，当车间温度低于 20℃、高于 40℃，相对湿度大于 60％时，要延长消毒时间，此方法适用于更衣室、厕所。②臭氧消毒法，一般消毒 1h，此方法适用于加工车间。③药物熏蒸法用过氧乙酸、甲醛，每 $10mL/m^2$ 进行熏蒸，此方法适用于冷库、保温车。

清洁频率：大型设备，每班加工结束后进行清洁；工器具根据不同产品而定；工作服和手套被污染后立即清洁。常用消毒剂为氯与氯制剂（漂白粉、次氯酸钠、二氧化氯），常用浓度（余氯）洗手液为 50mg/L、消毒工器具为 100mg/L、消毒鞋靴为 $200\sim300mg/L$。

规范 3　防止发生食品与不洁物、食品与包装材料、人流与物流、高清洁度区域的食品与低清洁度区域的食品、生食与熟食之间的交叉污染

交叉污染是指通过生的食品、食品加工者或食品加工环境把生物的或化学的污染物转移到食品上的过程。

明确（1）　清洁区域的划分

清洁区一般指各类内包装间如速冻包装间、无菌灌装间；准清洁区一般指制作、均质、过滤区等；一般作业区指装箱、外包、洗菜洗肉区、杀菌间等。

明确（2）　交叉污染的控制和预防

① 工厂选址、设计和建筑应符合食品加工企业的要求　食品厂应选择在环境卫生状况比较好的区域建厂，注意远离粉尘、有害气体、放射性物质和其他扩散性污染源，也不宜建在闹市区或人口稠密的居民区；厂区的道路应该为水泥或沥青铺制的硬质路面，路面平坦、不积水、无尘土飞扬，厂区要植树种草进行立体绿化；锅炉房设在厂区下风处，厕所、垃圾箱远离车间；并按照规定提前请有关部门审核设计图纸。生产车间地面一般有 $1°\sim1.5°$ 的斜坡以便于废水排放；案台、下脚料盒和清洗消毒槽的废水直接排放入沟；废水应由清洁区向非清洁区流动，明地沟加不锈钢箅子，地沟与外界接口处应有水封防虫装置。排出的生产污水应符合国家环保部门和卫生防疫部门的要求，污水处理池地点的选择应远离生产车间。

② 车间工艺流程布局　加工过程都是从原料到半成品到成品的过程，即从非清洁到清洁的过程，因此，加工车间的生产原则上应该按照产品的加工进程顺序进行布局，不允许在加工流程中出现交叉和倒流；清洁区与非清洁区之间要采取相应的隔离措施，以便控制彼此间的人流和物流，从而避免产生交叉污染；加工品的传递通过传递窗或专用滑道进行；初加工、精加工、成品包装车间应分开；清洗、消毒与加工车间分开。

③ 个人卫生要求　加工人员进入车间前要穿着专用的清洁的工作服，更换工作鞋靴，戴好工作帽，头发不得外露。加工供直接食用的产品的人员，尤其是在成品工段的工作人员，要戴口罩；与工作无关的个人物品不得带入车间，不得戴首饰和手表，并且不得化妆；加工人员进入车间前用消毒剂消毒手和鞋靴；大小便、处理废料及其他污染材料，处理生肉制品、蛋制品或乳制品，接触货币，吸烟、咳嗽、打喷嚏后，开工前或离开车间后都应该清洗消毒双手；禁止在工作场所吃东西、嚼口香糖、喝饮料或吸烟，工作期间不得随意串岗；勤洗澡、勤洗头（每周至少两次），勤剪指甲、勤洗内衣和工作服。

规范 4　手的清洗消毒设施以及卫生间设施的维护

明确（1）　洗手消毒和卫生间设施要求

① 洗手消毒设施　车间入口处要设置与车间内人员数量相当的洗手消毒设施，一般每 10 人配 1 个洗手龙头，200 人以上每 20 人增设 1 个；洗手龙头必须为非手动开关，洗手处须有皂液

盒，并有温水供应；盛放洗手消毒液的容器，在数量上也要与使用人数相适应，并合理放置，以方便使用；干手器具必须是不会导致交叉污染的物品，如一次性纸巾、烘手机等；车间内适当位置应设足够数量的洗手、消毒设施，以便工人在生产操作过程中定时洗手、消毒，或在弄脏手后能及时和方便地洗手。

② 卫生间设施　为了便于生产卫生管理，与车间相连的卫生间不应设在加工作业区内，可以设在更衣区内；卫生间的数量与加工人员相适应，卫生间的门窗不能直接朝向加工作业区；卫生间的墙面、地面和门窗应该用浅色、易清洗消毒、耐腐蚀、不渗水的材料建造，并配有冲水、洗手消毒设施；防虫蝇装置、通风装置齐备。

③ 卫生间要求　卫生间通风良好，地面干燥，清洁卫生，无任何异味；手纸和纸篓保持清洁卫生；员工在进入卫生间前要脱下工作服和换鞋，如厕之后进行洗手和消毒。

④ 设备的维护与卫生保持　洗手消毒和卫生间设备保持正常运转状态。

明确(2)　洗手消毒程序

① 方法　清水洗手→用皂液或无菌皂洗手→清水冲净皂液→于 50mg/L（余氯）消毒液中浸泡 30s→清水冲洗→干手（用纸巾或干手机）。

② 频率　每次进入加工车间时，手接触了污染物或如厕之后，应根据不同加工产品规定清洗消毒。

规范5　保护食品、食品包装材料和食品接触面免受外部污染物污染

认识(1)　外部污染物的来源

① 有毒化合物的污染　例如由非食品级润滑剂、清洗剂、消毒剂、杀虫剂、燃料等化学制品的残留造成的污染以及来自非食品区域或邻近加工区域的有毒烟雾和灰尘。

② 不清洁水带来的污染　由不洁净的冷凝水滴入或不清洁水的飞溅而带来的污染。

③ 其他物质带来的污染　由无保护装置的照明设备破损和不卫生的包装材料带来的污染。

认识(2)　外部污染的防止与控制

① 化学品的正确使用和妥善保管　食品加工机械要使用食品级润滑剂，要按照有关规定使用食品厂专用的清洗剂、消毒剂和杀虫剂，对工器具清洗消毒后要清水冲洗干净，以防化学品残留。车间内使用的清洗剂、消毒剂和杀虫剂要专柜存放，专人保管并做好标示。

② 冷凝水控制　车间保持良好通风，车间的温度稳定在 0～4℃的变化范围内，在冬天应将送进车间的空气升温；车间的顶棚设计成圆弧形，各种管道、管线尽可能集中走向，冷水管不宜在生产线、设备和包装台上方通过；将热源如蒸柜、烫漂锅、杀菌锅等单独设房间集中排气；如果天花板上有冷凝水，应该及时用真空装置或消毒过的海绵拖把加以消除。

③ 包装材料的控制　包装材料存放库要保持干燥清洁、通风、防霉，内外包装分别存放，上有盖布下有垫板，并设有防虫鼠设施。每批内包装进厂后要进行微生物检验，细菌数＜100 个/cm²，不能有致病菌存在，必要时可进行消毒。

④ 食品的储存库　食品的储存库应保持卫生，不同产品、原料、成品分别存放，并设有防鼠设施。

⑤ 其他污染物的控制　车间对外要相对封闭，正压排气，车间内定期消毒生产废弃物并擦洗地面，定期消毒，防止灰尘和不洁污染物对食品的污染；车间使用防爆灯，对外的门设挡鼠板，地面保持无积水，如果在准备生产时，清洗后的地板还没有干燥，就需要采用真空装置将其吸干或用拖把擦干。

规范6　有毒化学物质的正确标志、贮存和使用

认识(1)　有毒化学物质种类

包括清洁剂、消毒剂、空气清新剂、杀虫剂、灭鼠药、机械润滑剂、食品添加剂和化学实验

室试剂等。

认识(2)　有毒化学物质的使用和贮存

企业应编写本厂使用的有毒有害化学物质一览表。所使用的有毒化学物质要有主管部门批准生产、销售的证明。原包装容器的标签应标明主要成分、毒性、浓度、使用剂量、正确使用的方法和注意事项等，并标明有效期。有毒化学物质在使用时应有使用登记记录。有毒化学物质应设单独的区域进行贮存，如贮存于带锁的柜子里，并设有警告标示，由经过培训的专门人员管理、配制和使用。

规范 7　直接或间接接触食品的职工健康状况的控制

健康要求(1)　食品加工人员上岗前要进行健康检查，经检查身体健康人员才能上岗。以后定期进行健康检查，每年至少进行一次体检。

健康要求(2)　食品生产企业应制定体检计划，并设有体检档案，凡患有有碍食品卫生的疾病的人员，如病毒性肝炎患者、活动性肺结核患者、肠伤寒及其带菌者、细菌性痢疾及其带菌者、化脓性或渗出性脱屑皮肤病患者、手外伤未愈合者，均不得参加直接接触食品的加工，痊愈后经体检合格后方可重新上岗。

健康要求(3)　生产人员要养成良好的个人卫生习惯，按照卫生规定从事食品加工，进入加工车间更换清洁的工作服、帽、口罩、鞋等，不得化妆、戴首饰、戴手表等。

健康要求(4)　食品生产企业应制定卫生培训计划，定期对加工人员进行培训，并记录存档。

规范 8　害虫控制及去除（防虫、灭虫、防鼠、灭鼠）

要点(1)　防治计划

企业要制定详细的厂区环境清扫消毒计划，定期对厂区环境卫生进行清扫，特别注意不留卫生死角。并制定灭鼠分布图，在厂区范围甚至包括生活区范围进行防治。防治重点是厕所、下脚料出口、垃圾箱周围和食堂。

要点(2)　防治措施

清除害虫、老鼠孳生地；采用风幕、水幕、纱窗、黄色门帘、暗道、挡鼠板、返水弯等防止害虫、老鼠进入车间；厂区用杀虫剂，车间入口用灭蝇灯杀灭害虫；用粘鼠胶、鼠笼、灭鼠药杀灭老鼠。

三、HACCP 与罐头生产安全

（一）概念

HACCP 是危害分析与关键控制点（hazard analysis and critical control point）的简称，是一种食品安全保证体系，由食品的危害分析（hazard analysis，HA）和关键控制点（critical control point，CCP）两部分组成。

HACCP 是以科学性和系统性为基础，识别特定危害，确立控制措施，确保食品安全性。HACCP 是一种评价食品危害和确立控制体系的工具，着重强调对危害的预防，向加工管理因素转移，而不是主要依赖于对最终产品的检验来判断其卫生与安全程度。通过生产过程的危害分析来确定容易发生食品安全问题的环节和关键控制点，建立相应的预防措施，将不合格的产品消灭在生产加工过程之中，减少了产品在加工过程终端被拒绝或丢弃的情况，从而降低了加工和出口销售不安全产品的风险。

（二）HACCP 的基本内容

HACCP 管理体系是针对食品加工生产的特点，专门总结制定出来的一套科学、系统、规范的管理模式，它根据食品的卫生与安全完全取决于对食品加工全过程的危害分析与监控这一理论，提出了 HACCP（即危害分析，关键控制点）管理原则，该管理原则主要由以下 7 项基本原理所组成。

原理一：进行危害分析。

原理二：确定关键控制点（CCPs）。

原理三：制定关键限值。

原理四：建立监测体系以监测每个关键控制点的控制情况。

原理五：建立当关键控制点失去控制时应采取的纠偏措施。

原理六：建立确认 HACCP 系统有效运行的验证程序。

原理七：建立有关上述原则及其应用的必要程序和记录。

（三）HACCP 对食品安全体系的控制

步骤 1　组建 HACCP 工作小组

HACCP 工作小组应包括负责产品质量控制、生产管理、卫生管理、检验、产品研制、采购、仓贮和设备维修等各方面的专业人员，应具备该产品相关专业知识和技能，同时 HACCP 工作组的关键成员（包括组长）必须熟知 HACCP 体系的知识。工作小组主要职责是制定、修改、确认、监督实施及验证 HACCP 计划，负责对企业员工的 HACCP 的培训；负责编制 HACCP 管理体系的各种文件等工作。

步骤 2　产品描述

对产品描述应包括产品名称（说明生产过程类型）、产品原料和主要的成分、产品的理化性质及杀菌方法、包装方式、销售方式、销售区域、产品的预期用途和消费人群、食用方法、运输、贮藏和销售条件、保质期、标签说明等。必要时，还应包括有关食品安全的流行病学资料。

步骤 3　绘制和验证产品工艺流程图

HACCP 工作小组应深入生产现场，详细了解产品的生产加工过程，在此基础上绘制产品的生产工艺流程图，制作完成后要现场验证流程图。流程图应充分明确包括产品加工的每一个步骤，以便识别潜在危害。

步骤 4　危害分析与预防措施（HA，HACCP 原理一）

就工艺流程图的每一步骤分析潜在的危害及危害物（附图 1），描述控制这些危害物的预防措施。

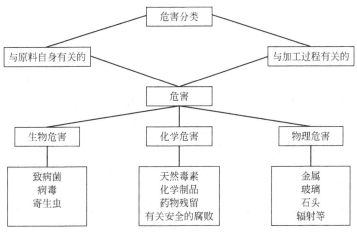

附图 1　危害分类

危害物主要是指在食品生产中产生的潜在的有损人类健康的生物、化学或物理因子。预防控制措施是指用来防止或消除食品安全危害或使它降低到可接受水平的行为和活动。

步骤5 确定关键控制点（CCPs，HACCP 原理二）

CCP 是指在果蔬罐头加工流程的每个加工工序或每一个步骤都能进行控制，并能防止或消除食品安全危害，或将其降低到消费者可以接受水平的必要程度。确定某个加工步骤是否为 CCP 要应用专业知识、了解相关法规的要求，有时可借助于"判断树"来帮助简化这一任务，原则上关键控制点所确定的危害是在后面的步骤不能消除或控制的危害。关键控制点应根据不同产品的特点、配方、加工工艺、设备、GMP 和 SSOP 等条件具体确定。一个 HACCP 体系的关键控制点数量最好能控制在 6 个以内。

步骤6 建立关键的控制限值（CL，HACCP 原理三）

每个关键控制点可有一项或多项控制措施确保预防、消除已确定的显著危害或将其减至可接受的水平。关键限值指标为一个或多个必须有效的规定量，若这些关键限值中的任何一个失控，则 CCP 失控，并存在潜在（可能）的危害。最常使用的关键限值判断依据是温度、时间、湿度、水活度、pH、滴定酸度、添加剂、食盐浓度、有效氯等标准所规定的物理或化学的极限值。在某些情况下，还有组织形态、气味、外观、感官性状等，一个 CCP 的安全控制可能需要许多不同种类的标准或规范。

确立关键限值时应包括被加工产品的内在因素和外部加工工序两方面的要求。如食品内部的温度和相关设备须达到的温度及温度持续时间。为了确定关键控制点的限值指标，应全面收集法规、技术标准资料，从中找出与产品性质及安全有关的限量，还应有产品加工工艺技术、操作规范等方面的资料，从中确定操作过程中应控制的因素限制指标。

步骤7 建立关键控制点监控系统（M，HACCP 原理四）

监控是指为了评价 CCP 是否处于控制之中，建立从监测结果来判定控制效果的技术程序。一个监控系统的设计必须确定：

（1）监控内容 通过观察和测量来评估一个 CCP 的操作是否在关键限值内。

（2）监控方法与设备 CCP 上的大多数监控需迅速完成，因其涉及现场操作，没有时间进行长时间的分析试验。由于费时较多，微生物试验几乎对监测 CCP 无效，因此物理或化学测量应优先，因为它们能迅速完成并显示此过程对微生物的控制，应用物理和化学方法还可实现连续监测。但对原料而言，对毒物、食品添加剂污染物等常进行化学检验，而对肠道致病菌类、大肠杆菌、沙门菌等则应做微生物检验。总之，监测要在最接近控制目标的地方进行。

（3）监控频率 连续的监控，如冷库温度、金属探测器的工作；非连续的监控，如产品中心温度、厚度、设备运行速度。对于非连续的监控，要保证监测的数量或频率能确保关键控制点是在控制中。

（4）监控人员 可以是流水线上的人员、设备操作者、监督员、维修人员、质量保证人员，同时这些人员必须接受有关 CCP 监控技术的培训，完全理解 CCP 监控的重要性，能及时进行监控活动、准确报告每次监控工作，随时报告违反关键限值的情况，以便及时采取纠偏活动。

步骤8 建立纠正程序（CA，HACCP 原理五）

当关键限值发生偏离时，应当采取预先制定好的文件纠正程序。纠正程序中的措施应列出恢复控制的程序和对受到影响的产品的处理方式。纠正措施应考虑以下两方面：更正和消除产生问题的原因，以便关键控制点能重新恢复控制，并避免偏离再次发生；隔离、评价以及确定有问题产品的处理方法。同时必须在 HACCP 记录中注明：查明偏差的产品批次，采取保证这些批次产品安全性的纠正措施，并在产品预定的保存期后将文件保留至一个合理的时间。

步骤 9 建立验证程序 (V, HACCP 原理六)

验证工作可由 HACCP 小组、受过培训的有实际经验的人员、客户、有资格的第三方认证机构、官方机构执行。验证要素包括确认、CCP 验证、HACCP 系统的验证。

① 确认 即获取能表明 HACCP 方案诸要素的有效证据，由 HACCP 小组或受过适当培训或经验丰富的人员执行。首次确认是在 HACCP 计划执行之前；再次确认（出现以下情况时）可以是在原料改变，产品或加工形式改变，验证与预期结果相反，反复出现偏差，当分销方式和消费方式发生变化时。

② CCP 验证活动 指监控设备的校正，有针对性地取样和检测 CCP 记录的复查。

③ HACCP 系统的验证 每年至少一次，包括内审和外审。

步骤 10 建立有效的记录和保持系统 (R, HACCP 原理七)

记录是为了证明体系按计划的要求有效地运行，证明实际操作规程符合相关法律法规要求。所有与 HACCP 体系相关的文件和活动都必须记录和控制。

至少要保存四种记录：HACCP 方案所用的参考文献，CCP 监控记录，纠错行动记录，验证（审核）工作记录。

记录的要求：①监控记录要现场填写，计算机记录要防止篡改，记录应有复查者的签名并注明日期。②HACCP 支持文件包括危害分析工作单和用于进行危害分析和建立关键限值的任何信息、数据的记录。支持文件也包括 HACCP 小组的名单和他们的职责，在制定 HACCP 计划中采取的预备步骤和必须具备的前提程序。③CCP 监视记录是用于证明对 CCPs 实行了控制而保存的。通过追踪监视记录上的值，操作者或管理者可以确定一个加工是否符合关键限值。通过复查记录可以确定加工的倾向，对加工进行必要的调整。④验证记录应包括 HACCP 计划的修改情况（如配料、配方、加工、包装和销售的改变），加工者的审核记录（以确保供货商的证书及保证的有效性），校准所有的监控仪器情况、微生物质疑、检测的结果、环境微生物检测结果、定期生产线上的产品和成品微生物的化学的和物理的试验结果；室内、现场的检查结果；设备评估试验的结果。

四、罐头生产企业 HACCP 体系审核

HACCP 体系审核通常包括两个阶段。第一阶段是对企业的 HACCP 体系文件以及与法律法规符合性的审核，第二阶段是对企业 HACCP 体系符合性的审核。这两个阶段的审核应在企业现场进行。

（一）HACCP 体系的文件审核

总体审核：即从总体上对形成文件的 GMP、SSOP 要求和 HACCP 体系进行文件的符合性审核，包括 HACCP 计划的完整性、与审核准则的符合性、工艺流程验证是否符合要求、各 CCP 点的关键限值是否适当等。

重点审核：即罐头食品企业在 HACCP 计划中对关键控制点的监控是否适当，监控和验证措施与文件的一致性，是否制定了 HACCP 计划的验证程序，支持性文件是否合理，以及 HACCP 计划的发布、运行、完成时间等。

文件管理的全面审核：即 HACCP 文件应为现行有效版本，并经过最高管理者或有关责任人的审核和批准；所有的记录应按规定记录和保存。如果组织使用电子媒体保存记录，应特别注意是否对于授权修改进行了严格控制。审核的主要内容包括 HACCP 工作单（包括说明的危害、控制措施、关键控制点、关键限值、监控程序和纠正措施等），验证工作清单，监控和验证的结果记录，HACCP 计划的支持性文件等。总之，应全面审核体系文件的现行有效性和准确性。

（二）HACCP 体系的现场审核

要点 1　审核策划

审核策划的主要内容包括审核目的、审核依据、审核范围、审核组人员的确定和审核计划的安排等。

要点 2　审核组组成

HACCP 体系审核组由接受过 HACCP 体系审核培训，具有食品卫生审核经验和能力，具备相应资格的人员组成，人员数量视受审核方产品的复杂程度和生产规模而定。

要点 3　审核计划

（1）审核组长依据审核策划制定具体的审核计划。

（2）确定审核所需要的时间。主要考虑企业的生产区域分布、受审核部门和活动数量以及审核工作效率等因素。

（3）确定受审核部门或活动。应充分考虑受审核部门的硬件、软件、实验室的情况，以便对企业实施 HACCP 体系的有效性和充分性做出正确的结论。

要点 4　审核技术

（1）通过提问和谈话收集证据。提问或谈话内容主要包括：食品安全卫生质量方针和卫生质量目标；HACCP 计划的工作职责；产品工艺流程、产品加工信息及布局；对加工控制和验证情况的描述与现场的一致性；假设性问题的提出及其处理方法等。

（2）审查文件、资料、记录、收集证据。包括 HACCP 体系的各种文件、报告以及各种记录等。这些都可作为客观证据。主要查看文件版本是否有效、文件是否存在未经授权的更改、检测器具校准证书是否超过有效期以及检验记录内容是否完整等。

（3）观察生产运行情况并收集证据。主要观察生产运行中是否有有悖于食品安全卫生规定的不合格项或关键点，以及各关键点控制的记录及控制措施是否与计划一致。现场查看记录，当超过 CL 值时是否有适当的纠偏措施。

（4）抽取已检验过的产品重新检验或重复某项工作，用以收集证据。如糖水黄桃罐头冷却控制点的关键限值余氯浓度、糖水橘子罐头封口控制点的关键限值三率（紧密度、叠接率、接缝盖钩完整率）等。

（5）验证资源的充分性和适宜性。主要验证产品标准的资源条件是否符合相关 HACCP 标准或准则，以及人力资源、基础设施、工作环境等与相关法律法规要求的适宜性。

要点 5　审核内容

（1）对食品安全卫生质量目标的审核。质量目标与质量方针是否保持一致，相关目标是否在相应职能部门和作业层得到了落实。

（2）法律法规符合性审核。主要是审核企业运用法律法规的能力以及和相关生产工艺与法律法规要求的符合性。

（3）对 HACCP 管理的审核。包括企业最高管理层对 HACCP 体系运行情况的掌握程度、员工对罐头食品的实际作业情况和专业技术人员的技术应用情况。

（4）对危害分析的审核。审核罐头食品危害分析，以确认受审核方对所有的显著危害是否进行识别。进行危害分析应识别存在的特定危害而不只是标明类别。若审核员进行的危害分析与企业人员的危害分析不一致，要通过与企业交流和查阅有关技术资料消除差异。有些资料可以独立于 HACCP 计划的 SSOP 进行控制，只要企业的 SSOP 计划和卫生控制记录能显示这些危害处于受控状态即可。若企业识别的危害或关键控制点与审核员不一致，审核员可以利用食品安全方面的专业知识或向技术专家咨询，以作出最终的判断和决定。

（5）对 HACCP 计划及其控制措施有效性的审核。评价 HACCP 计划各关键控制点的控制措施能否将显著危害控制在可接受的范围。审核员应审核 HACCP 计划是否列明了所有的关键控制点，各关键控制点的关键限值是否合适，有关支持性文件对关键控制点的监控是否到位，监控的对象、方法、频率、人员是否合适，以及监控设备是否适宜，纠偏措施是否使用，不安全食品是否得到有效控制等。

要点 6　HACCP 体系审核程序

分为 HACCP 体系审核的首次会议，现场审核，不符合项报告，审核组内部会议，末次会议，审核报告以及跟踪审核等。

参 考 文 献

[1]　无锡轻工业学院，天津轻工业学院合编. 食品工艺学（上）[M]. 北京：轻工业出版社，1985.

[2]　天津轻工业学院，无锡轻工业学院合编. 食品工艺学（中）[M]. 北京：轻工业出版社，1982.

[3]　杨邦英. 食品工业手册（新版）[M]. 北京：中国轻工业出版社，2002.

[4]　陈伯祥等. 肉与肉制品的工艺学 [M]. 南京：江苏科学技术出版社，1993.

[5]　蒋爱民等. 肉制品工艺学 [M]. 西安：陕西科学技术出版社，1996.

[6]　葛长荣，刘希亮. 肉品工艺学 [M]. 昆明：云南科学技术出版社，1997.

[7]　周光宏. 肉品学 [M]. 北京：中国农业科技出版社，1997.

[8]　陈仪男. 果蔬罐藏加工技术 [M]. 北京：中国轻工业出版社，2010.

[9]　李慧文. 罐头制品（下）323 例 [M]. 北京：科学技术文献出版社，2003.

[10]　赵晋府. 食品工艺学 [M]. 北京：中国轻工业出版社，2004.

[11]　罐头工业手册编写组编. 罐头工业手册（第六分册）[M]. 北京：轻工业出版社，1986.

[12]　罐头工业手册编写组编. 罐头工业手册（第二分册）[M]. 北京：轻工业出版社，1986.

[13]　田呈瑞. 蔬菜加工技术 [M]. 北京：中国轻工业出版社，2000.

[14]　李慧文. 罐头制品（上）[M]. 北京：科学技术文献出版社，2003.

[15]　中国就业培训技术指导中心组织编写. 酱腌菜制作工 [M]. 北京：中国劳动社会保障出版社，2006.

[16]　李雅飞. 食品罐藏工艺学 [M]. 上海：上海交通大学出版社，1988.

[17]　王丽琼. 果蔬贮藏与加工 [M]. 北京：中国农业大学出版社，2008.

[18]　纪家笙等. 水产品工业手册 [M]. 北京：中国轻工业出版社，1999.

[19]　沈月新. 水产食品学 [M]. 北京：中国农业出版社，2001.

[20]　李文慧等. 罐头制品（下）323 例 [M]. 北京：科学技术文献出版社，2003.

[21]　汪之和. 水产品加工与利用 [M]. 北京：化学工业出版社，2003.

[22]　刘红英. 水产品加工与贮藏 [M]. 北京：化学工业出版社，2006.

[23]　吴云辉. 水产品加工技术 [M]. 北京：化学工业出版社，2009.

[24]　滕瑜，周生炎，刘庆慧等. 中华鳖药膳罐头工艺研究与分析 [J]. 海洋水产研究，2003，24（1）：66-68.

[25]　吕长鑫，李雨露，赵大军等. 山药板栗营养保健软罐头的工艺技术研究 [J]. 粮油加工，2009，（12）：157-160.

[26]　白耀宇，程家安. 我国黄粉虫的营养价值和饲养方法 [J]. 昆虫知识，2003，40（4）：317-322.

[27]　王文亮，孙守义，王守经等. 黄粉虫罐头的加工工艺 [J]. 中国食品与营养，2008（2）：44-45.

[28]　霍建聪. 黄粉虫罐头的加工工艺 [J]. 加工与开发，2007（4）：17-18.

[29]　陈月英，佘远国. 食品加工技术 [M]. 北京：中国农业大学出版社，2009.

[30]　刘振华，高书岐. 酱金针菇罐头的研制 [J]. 食品科学，1996，17（7）：70-80.

[31]　江建军. 罐头生产技术 [M]. 北京：中国轻工业出版社，2000.

[32]　赵晨霞. 果蔬贮运与加工（第二版）[M]. 北京：中国农业出版社，2009.